石油化工安全问答丛书

电气安全技术问答
（第二版）

主　编　李盈康
副主编　蔡永亮　何修亮
主　审　化林平

中国石化出版社

内 容 提 要

　　本书主要讲述电气安全与防护知识,内容包括电气防火防爆、人体触电及防护、电气系统接地与安全、静电安全技术、继电保护及常见电气设备实用安全技术、电气运行实用安全技术、雷电与防雷保护、发电安全技术等。全书以人、机、系统的安全防护原理及技术为基础,结合电力安全技术规程和工作实际,以问答的形式详述了电气工作中的技术措施和相关要求。

　　本书可供从事电气/电力设计、运行、管理工作的人员使用,亦可作为用电企业维保操作人员的培训教材使用。

图书在版编目(CIP)数据

电气安全技术问答 / 李盈康主编 . —2 版 . —北京:
中国石化出版社, 2018
(石油化工安全问答丛书)
ISBN 978-7-5114-4895-8

Ⅰ.①电… Ⅱ.①李… Ⅲ.①电气安全-问题解答
Ⅳ.①TM08-44

中国版本图书馆 CIP 数据核字(2018)第 109251 号

中国石化出版社出版发行
地址:北京市朝阳区吉市口路 9 号
邮编:100020　电话:(010)59964500
发行部电话:(010)59964526
http://www.sinopec-press.com
E-mail:press@ sinopec.com
北京富泰印刷有限责任公司印刷
*
710×1000 毫米 16 开本 19.25 印张 331 千字
2019 年 4 月第 2 版　2019 年 4 月第 1 次印刷
定价:58.00 元

再版前言

本书是在 2006 年第一版的基础上进行相应的补充、删改修编而成。全书依据现行的标准规范，对电气防火防爆部分进行了适应性修正；结合十多年的技术革新及变化，增补完善了静电安全技术及工作规程中涉及的技术措施和管理要求；针对石油化工行业，对现场设备设施及作业环节的关键点（注意事项）进行了重点叙述。在保留原版基本框架的基础上，对电气运行实用安全技术、发电安全技术进行了完善性的修编，同时更加突出实用性，对现场工作有较强的指导作用。

本书主要讲述电气安全与防护知识，内容包括电气防火防爆、人体触电及防护、电气系统接地与安全、静电安全技术、继电保护及常见电气设备实用安全技术、电气运行实用安全技术、雷电与防雷保护、发电安全技术等。全书以人、机、系统的安全防护原理及技术为基础，结合电力安全技术规程和工作实际，以问答的形式详述了电气工作中的技术措施和相关要求。可供从事电气/电力设计、运行、管理工作的人员使用，亦可作为用电企业维保操作人员的培训教材使用。

第二版由李盈康担任主编，蔡永亮、何修亮担任副主编，曹振远、郝德东、孙勇、于文博、朱小海参加了部分内容的编写。全书由化林平主审。在本书修编再版过程中，得到了许多读者的反馈意见，还有许多同行、朋友给予了热情的鼓励，在此一并表示衷心的感谢！

由于编制的水平所限，书中难免有不妥之处，恳请读者批评指正。

第一版前言

石化企业是用电大户，许多石化企业都建有自己的自备电厂，生产中涉及发电、输电、供电的方方面面。石化工业对电力的依赖性日益增加，安全用电十分重要。为了满足石化企业广大电气从业人员学习安全用电技术的需要，我们组织了部分电气管理和技术人员编写了本书。

作者在查阅了大量资料的基础上编写了此书，希望能对石化企业电气事业的发展、安全保障起到一定的积极作用。本书涉及面较广，不仅介绍了发电、供用电相关的安全技术，还涉及静电防护、雷电防护等内容。在编写时作者注意了安全理论与实际的结合，希望对读者有所帮助。

本书作者均是在石化企业从事电气技术工作的技术人员；有的已经从事电气技术工作20多年，有的是石化企业电气技术工作的后起之秀，大家对电气工作都有自己独到的理解。在编写过程中，首先由主编化林平和副主编李盈康、张俊岭对内容和体系进行了全面的设计，然后全体作者进行了讨论，最后由主编、副主编统一修改定稿。

本书编写分工如下：

第一章：崔方彦；第二章：朱小海；第三章：祁宇；第四、五章：张明忠；第六、七章：何修亮；第八章：曹振远、蔡永亮。

尽管作者下了很大的努力，但是由于时间仓促，水平不高，经验有限，肯定会在很多方面存在不足之处，这些有待于在今后由读者和专家加以检验，欢迎读者和专家批评指正，以便我们今后加以改进。

目　录

第八章　发电安全技术 ································· （205）

第一章 电气防火防爆

1. 什么是电气火灾爆炸？

由于电气方面的原因引起的火灾和爆炸事故，称为电气火灾爆炸。

2. 发生电气火灾和爆炸的两个条件是什么？

一是要有易燃易爆物质和环境；二是要有引燃条件。

3. 常见的易燃易爆物质有哪些？

煤炭中产生的瓦斯气体，军工企业的火药，石油企业的石油、天然气，化工企业的原料、产品，纺织、食品企业生产场所的可燃气体、粉尘或纤维等均为易燃易爆物质，并容易在生产、储存、运输和使用过程中与气体混合，形成爆炸性混合物。

4. 常见的易产生引燃的条件有哪些？

生产场所的动力、照明、控制、保护、测量等系统和生活场所的各种电气设备和线路，在正常工作或事故中常常会产生电弧、火花和危险的高温，这就具备了引燃或引爆的条件。

5. 爆炸性气体环境分为几区？各区是什么环境？

爆炸性气体环境应根据爆炸性气体混合物出现的频繁程度和持续时间分为 0 区、1 区、2 区，分区应符合下列规定：

0 区应为连续出现或长期出现爆炸性气体混合物的环境；

1 区应为在正常运行时可能出现爆炸性气体混合物的环境；

2 区应为在正常运行时不太可能出现爆炸性气体混合物的环境，或即使出现也仅是短时存在的爆炸性气体混合物的环境。

6. 爆炸性粉尘环境危险区域分为几区？各区是什么环境？

爆炸性粉尘环境危险区域应根据爆炸性粉尘环境出现的频繁程度和持续时间分为 20 区、21 区、22 区，分区应符合下列规定：

20 区应为空气中的可燃性粉尘云持续地或长期地或频繁地出现于爆炸性环境中的区域；

21 区应为在正常运行时，空气中的可燃性粉尘云很可能偶尔出现于爆炸性环境中的区域；

22 区应为在正常运行时，空气中的可燃粉尘云一般不可能出现于爆炸性粉尘环境中的区域，即使出现持续时间也是短暂的。

7. 满足防爆要求的电气设备有哪些类型？

隔爆型、增安型、本质安全型、正压型、充油型、充砂型、无火花型、粉尘防爆型和防爆特殊型等。

8. 隔爆型电气设备主要通过什么方式实现防爆功能？

隔爆型电气设备把能点燃爆炸性混合物的部件封闭在外壳内，该外壳能承受内部爆炸性混合物的爆炸压力，并阻止向周围的爆炸性混合物传爆。

9. 增安型电气设备主要通过什么方式实现防爆功能？

增安型电气设备在正常运行条件下，不会产生点燃爆炸性混合物的火花或危险温度，并在结构上采取措施，提高其安全程度，以避免在正常和规定的过载条件下出现点燃现象。

10. 本质安全型电气设备主要通过什么方式实现防爆功能？

本质安全型电气设备在正常运行或在标准实验条件下所产生的火花或热效应均不能点燃爆炸性混合物。

11. 正压型电气设备主要通过什么方式实现防爆功能？

正压型电气设备具有保护外壳，且壳内充有保护气体，其压力保持高于周围爆炸性混合物气体的压力以避免外部爆炸性混合物进入外壳内部。

12. 充油型电气设备主要通过什么方式实现防爆功能？

充油型电气设备全部或某些带电部件浸在油中，使之不能点燃油面以上或外壳周围的爆炸性混合物。

13. 充砂型电气设备主要通过什么方式实现防爆功能？

充砂型电气设备外壳内充填细颗粒材料，以便于使用条件下在外壳内产生的电弧、火焰的传播。壳壁或颗粒材料表面的过热温度均不能点燃周围的爆炸性混合物。

14. 无火花型电气设备主要通过什么方式实现防爆功能？

无火花型电气设备在正常运行条件下不产生电弧或火花，也不产生能点燃周围爆炸性混合物的高温表面或灼热点，且一般不会发生有点燃作用的故障。

15. 浇封型电气设备主要通过什么方式实现防爆功能？

浇封型电气设备其整台设备或其中的某些设备部分浇封在浇封剂中，在正常运行和认可的过载或认可的故障下不能点燃周围的爆炸性混合物。

16. 粉尘防爆型电气设备主要通过什么方式实现防爆功能？

为防止爆炸粉尘进入设备内部，外壳的结合面紧固严密，并加密封垫圈，转动轴与轴孔间加防尘密封。粉尘沉积有增温引燃作用，要求设备的外壳表面光滑、无裂缝、无凹坑或沟槽，并具有足够的强度。

17. 防爆特殊型电气设备主要通过什么方式实现防爆功能?

防爆特殊型电气设备是指结构上不属于上述各类的防爆电气设备,由主管部门制定暂行规定,送劳动部门备案,并经指定的鉴定单位检验后,按特殊电气设备"S"型处置。

18. 电气设备的防爆标志是什么?

电气设备的防爆标志为"Ex"。

19. 防爆电气设备的铭牌应包括哪些内容?

(1) 铭牌的右上方有明显的标志"Ex";

(2) 防爆标志,顺次表明防爆型式、类别、组别、温度组别等;

(3) 防爆合格证编号(为保证安全指明在规定条件下使用者,需在编号之后加符号"X");

(4) 其他需要标出的特殊条件;

(5) 有关防爆型式专用标准规定的附件标志;

(6) 产品出厂日期或产品编号。

20. 在爆炸危险区域如何选用电气设备?

在爆炸危险区域,应按危险区域的类别和等级,并考虑到电气设备的类型和使用条件选用电气设备,并尽量将电气设备(包括电气线路),特别是在运行时能发生火花的电气设备(如开关设备),装设在爆炸危险区域之外。如必须装设在爆炸危险区域内时应装设在危险性较小的地点。在爆炸危险区域采用非防爆电气设备时,应采用隔墙机械传动。安装电气设备的房间,应采用非燃体的墙与危险区域隔开。穿过隔墙的传动轴应由填料或同等效果的密封措施。安装电气设备房间的出口应通向既无爆炸又无火灾危险的区域,如与危险区域必须相同时,则必须采取正压措施。

21. 在爆炸性环境内,电气设备应根据哪些因素进行选择?

(1) 爆炸危险区域的分区;

(2) 可燃性物质和可燃性粉尘的分级;

(3) 可燃性物质的引燃温度;

(4) 可燃性粉尘、可燃性粉尘层的最低引燃温度。

22. 爆炸危险环境内电气线路的一般规定有哪些?

在危险区域使用的电力电缆或导线,除应遵守一般安全要求外,还应符合防火防爆要求。在火灾爆炸危险区域使用铝导线时,其接头和封端应采用压接、熔接或钎焊。当电气设备(照明灯具除外)连接时,应采用铜铝过渡接头。在火灾爆炸危险区域使用的绝缘导线和电缆,其额定电压不得低于电网的额定电压,且不能低于500V,电缆线路不应有中间接头。在爆炸危险区域应采用铠装电缆,应有足够的机械强度。在架空桥架上敷设时应采用阻燃电缆。电气线路应在爆炸危险较小的环境敷设。如果可燃物质比空气密度大，电气线路应敷设在高处，架空时宜采用电缆桥架，电缆沟敷设时沟内应充砂，并应有排水设施；如果可燃物质比空气轻，电气线路应在低处或电缆沟敷设。敷设电缆线路的沟道、电缆线钢管，在穿过不同区域之间的墙或楼板处的空洞时，应采用非燃性材料严密堵塞。敷设电气线路时，宜避开可能受到机械损伤、振动、腐蚀的地方以及热源附近，不能避开时应采取预防措施。严禁采用绝缘导线明敷设。装置内的电缆沟应有防止可燃气体积聚或含有可燃液体污水进入沟内的措施。电缆沟进入变配电室、控制室的墙洞处，应严格密封。

23. 爆炸危险环境内电气线路的敷设有哪些要求？

（1）电气线路应在爆炸危险性较小的环境或远离释放源的地方敷设。

（2）当易燃物质比空气重时，电气线路应在较高处敷设；当易燃物质比空气轻时，电气线路宜在较低处或电缆沟敷设。

（3）当电气线路沿输送可燃气体或易燃液体的管道栈桥敷设时，管道内的易燃物质比空气重时，电气线路应敷设在管道的上方；管道内的易燃物质比空气轻时，电气线路应敷设在正下方两侧。

（4）敷设电气线路时宜避开可能受到的机械损伤、振动、腐蚀以及可能受热的地方；当不能避开时，应采取预防措施。

（5）爆炸危险环境内采用的低压电缆和绝缘电线，其额定电压必须高于线路的工作电压，且不得低于 500V，绝缘导线必须敷设于钢管内。电气工作中性线绝缘层的额定电压，应与相电压相同并应在同一护套或钢管内敷设。

（6）电气线路使用的接线盒、分线盒、活接头、隔离密封件等连接件的选用，应符合《爆炸危险环境电力装置设计规范》（GB 50058—2014）的规定。

（7）导线或电缆的连接，应采用有防松措施的螺栓固定，或压接、钎焊、熔焊，但不得绕接。铝芯与电气设备的连接，应有可靠的铜-铝过渡接头等措施。

（8）爆炸危险环境除本质安全电路外，采用的电缆或绝缘导线，其铜铝线芯最小截面应符合规定。

（9）10kV 及以下架空线路严禁跨越爆炸性气体环境；架空线路与爆炸性气体环境的水平距离，不应小于塔高度的 1.5 倍。当在水平距离小于规定而无法躲开的特殊情况下，必须采取有效的保护措施。

24. 电缆线路穿过不同危险区域或界壁时应采取哪些措施？

两级区域交界处的电缆沟内应采取充砂、填阻火堵料或加设防火隔墙。

电缆通过与相邻区域公用的隔墙、楼板、地面及易受机械损伤处，均应加以保护，留下的孔洞，应堵塞严密。

保护管两端的管口处，应用非燃性纤维将电缆周围堵塞严密，再填堵密封胶泥，密封胶泥填塞深度不得小于管子内径，且不得小于 40mm。

25. 防爆电气设备、接线盒的进线口、引入电缆后的密封应符合哪些要求？

当电缆外护套必须穿过弹性密封圈或密封填料时，必须被弹性密封圈挤紧或被密封填料封固。

外径等于或大于 20mm 的电缆，在隔离密封处组装防止电缆拔脱的组件时，应在电缆被拧紧或封固后，再拧紧固定电缆的螺栓。

电缆引入装置或设备进线口的密封，应做到：装置内的弹性密封圈的一个孔，应密封一根电缆；被密封的电缆截面，应近似圆形；弹性密封圈及金属垫，应与电缆的外径匹配；其密封圈内径与电缆外径允许差值为±1mm；弹性密封圈压紧后，应能将电缆沿圆周均匀地挤紧。

有电缆头腔或密封盒的电气设备进线口，电缆引入后应浇注固化的密封填料，填塞深度不应小于引入口径的 1.5 倍，且不得小于 40mm。

电缆与电气设备连接时，应选用与电缆外径相适应的引入装置，当选用的电气设备的引入装置与电缆的外径不相适应时，应采用过渡接线方式，电缆与过渡方式必须在相应的防爆接线盒内连接。

电缆配线引入防爆电动机需挠性连接时，可采用挠性连接管，其与防爆电动机接线盒之间，应按防爆要求加以配合，不同的使用环境条件应采用不同材质的挠性连接管。电缆采用金属密封环引入时，贯穿引入装置的电缆表面应清洁干燥；对涂有防腐层的应清除干净后再敷设。在室外和易进水的地方，与设备引入装置相连接的电缆保护管的管口，应严密封堵。

26. 爆炸危险环境内钢管配线有哪些要求？

（1）螺纹加工应光滑、完整、无腐蚀，在螺纹上应涂以电力复合脂或导电性防锈脂。不得在螺纹上缠麻或绝缘胶带及涂其他油漆。

（2）在爆炸性气体环境 1 区和 2 区时，螺纹有效啮合扣数：管径为 25mm 及其以下的钢管不应少于 5 扣；管径为 32mm 及其以上的钢管不应少于 6 扣。

（3）在爆炸性气体 1 区或 2 区设备连接时，螺纹连接应有锁紧螺母。

（4）在爆炸性粉尘环境 20 区和 21 区，螺纹有效啮合扣数不应少于 5 扣。

（5）外露丝扣不应过长。

（6）除设计有特殊规定外，连接处可不焊接金属跨接线。

（7）电气管路之间不得采用倒扣连接；当连接有困难时，应采用防爆活接头，其结合面应密贴。

27. 在爆炸性气体环境，对装设隔离型密封件有哪些规定？

（1）电气设备无密封装置的进线口应装设密封件。

（2）通过与其他任何场所相邻的隔墙时，应在隔墙的任一侧装设横向式隔离密封件。

（3）管路通过楼板或地面引入其他场所时，均应在楼板或地面的上方装设纵向式密封件。

（4）管径为 50mm 及其以上的管路在距引入的接线箱 450mm 以内及每距 15m 处，应装设一隔离密封件。

（5）易积结冷凝水的管路，应在其垂直的下方装设排水式隔离密封件，排水口应置于下方。

28. 防爆配管工作中对隔离密封件的制作有哪些要求?

（1）隔离密封件的内壁应无锈蚀、灰尘、有渍。

（2）导线在密封件内不得有接头，且导线之间及与密封件壁之间的距离应均匀。

（3）管路通过墙、楼板或地面时，密封件与墙面、楼板或地面的距离不应超过 300mm，且此段管路中不得有接头，并应将空洞堵塞严密。

（4）密封件内必须填充水凝性粉剂密封填料。

（5）粉剂密封填料的包装必须密封。密封填料的配制应符合产品的技术规定，浇灌时间严禁超过其初凝时间，并一次灌足。凝固后其表面应无龟裂。排水式隔离密封件填充后的表面应光滑，并可自动排水。

29. 防爆配管中哪些地方需要装设防爆挠性管?

（1）电机的进线口。

（2）钢管与电气设备直接连接有困难处。

（3）管路通过建筑物的伸缩缝、沉降缝处。

30. 对防爆挠性管安装有哪些要求?

（1）在不同的使用条件下，应采用相应材质的挠性连接管。

（2）弯曲半径不应小于外径的 5 倍。

31. 本质安全电路关联电路的施工应符合哪些要求?

（1）本质安全电路与关联电路不得共用同一电缆和钢管；本质安全电路或关联电路，严禁与其他电路共用同一电缆或钢管。

（2）两个及其以上的本质安全电路，除电缆线芯分别屏蔽或采用屏蔽导线者外，不应共用同一电缆或钢管。

（3）配电盘内本质安全电路与关联电路或其他电路的端子之间的间距，不应小于 50mm，当间距不能满足要求时，应采用高于端子的绝缘隔板或接地的金属隔板隔离；本质安全电路、关联电路的端子应采用绝缘的防护罩；本质安全电路、关联电路、其他电路的盘内配线应分别束扎、固定。

（4）所有需要隔离密封的地方，应按规定隔离密封。

（5）本质安全电路及关联电路配线中的电缆、钢管、端子板，均应有蓝色的标志。

（6）本质安全电路本身除设计有特殊要求外，不应接地。电缆屏蔽层，应在非爆炸危险环境进行一点接地。

（7）本质安全电路与关联电路采用非铠装和无屏蔽层的电缆时，应采用镀锌钢管加以保护。

32. 防爆电气设备的铭牌应标明什么证号？

防爆电气设备的铭牌上要标明国家指定的检验单位发给的防爆合格证号。

33. 防爆灯具安装应符合哪些要求？

（1）灯具的种类、型号和功率，应符合设计和产品技术条件的要求，不得随意变更。

（2）螺旋式灯泡应旋紧，接触良好，不得松动。

（3）灯具外罩应齐全，螺栓应紧固。

34. 隔爆型电气设备安装前应检查哪些项目？

（1）设备的型号、规格应符合设计要求；铭牌及防爆标志应正确、清晰。

（2）设备外壳应无裂纹、损伤。

（3）防爆结构间隙应符合要求。

（4）结合面的紧固螺栓应齐全，弹簧垫圈等防松设施应齐全完好，弹簧垫圈应压平。

（5）密封衬垫应齐全完好，无老化变形，并符合产品的技术要求。

（6）透明件应光洁无损伤。

（7）运动部件应无碰撞和摩擦。

（8）接线板及绝缘件应无碎裂，接线盒盖应紧固，电气间隙及爬电距离应符合要求。

（9）接地标志及接地螺栓应完好。

35. 隔爆型电气设备需要拆装时，有哪些要求？

（1）应妥善保护隔爆面，不得损伤。

（2）隔爆面上不应有沙眼、机械伤痕。

（3）无电镀或磷化层的隔爆面，经清洗后应涂磷化膏、电力复合脂或防锈油，严禁刷漆。

（4）组装时隔爆面上不得有锈蚀。

（5）隔爆接合面的紧固螺栓不得随意更换，弹簧垫圈应齐全。

（6）螺纹防爆结构，其螺纹的最小啮合扣数和最小啮合深度应符合规定要求。

36. 对隔爆型插销的检查和安装有哪些要求？

（1）插头插入时，接地或接零触头应先接通；插头拔出时，主触头应先分断。

（2）开关应在插头插入后才能闭合，开关在分断位置时，插头应插入或拔脱。

37. 增安型和无火花型电气设备安装前应检查哪些项目？

（1）设备的型号、规格应符合设计要求；铭牌及防爆标志应正确、清晰。

（2）设备的外壳和透明部分，应无裂纹、损伤。

（3）设备的紧固螺栓应有防松措施，无松动锈蚀，接线盒盖应紧固。

（4）保护装置及附件应齐全、完好。

38. 正压型电气设备安装前应检查哪些项目？

（1）设备的型号、规格应符合设计要求；铭牌及防爆标志应正确、清晰。

（2）设备的外壳和透明部分，应无裂纹、损伤。

（3）设备的紧固螺栓应有防松措施，无松动锈蚀，接线盒盖应紧固。

（4）保护装置及附件应齐全、完好。

（5）密封衬垫应齐全、完好，无老化变形，并应符合产品技术条件的要求。

39. 正压型电气设备其通风、充气系统的电气联锁应按什么程序动作？

应按先通风后通电、先停电后停风的程序动作。

40. 正压型电气设备通电起动前对外壳内的保护气体的体积有什么要求？

在电气设备通电启动前，外壳内的保护气体的体积不得小于产品技术条件规定的最小换气体积与5倍的相连管道容积之和。

41. 正压型电气设备的微压继电器应装设在什么位置？

应装设在风压、气压最低点的出口处。

42. 正压型电气设备的充气系统内的压力值低于规定值时对微压继电器有什么要求？

（1）在爆炸性气体环境为1区时，应能可靠地切断电源。

（2）在爆炸性气体环境为2区时，应能可靠地发出警告信号。

43. 充油型电气设备安装前应检查哪些项目？

（1）设备的型号、规格应符合设计要求；铭牌及防爆标志应正确、清晰。

（2）设备的外壳和透明部分，应无裂纹、损伤。

（3）电气设备的油箱、油标不得有裂纹及渗油、漏油缺陷；油面应在油标线范围内。

（4）排油孔、排气孔应通畅、不得有杂物。

44. 充油型电气设备的安装对倾斜度有什么要求?

充油型电气设备的安装应垂直,其倾斜度不应大于 5°。

45. 充油型电气设备的油面最高温升有什么规定?

充油型电气设备的油面最高温升不应超过:温度组别为 T1、T2、T3、T4、T5 时油面温升 60℃;T6 时油面温升 40℃。

46. 本质安全型电气设备安装前应检查哪些项目?

(1)设备的型号、规格应符合设计要求;铭牌及防爆标志应正确、清晰。

(2)外壳应无裂纹、损伤。

(3)本质安全型电气设备、关联电气设备产品铭牌的内容应有防爆标志、防爆合格证号及有关电气参数。

(4)电气设备所有零件、元器件及线路、应连接可靠,性能良好。

47. 对与本质安全型电气设备配套的关联电气设备有什么要求?

与本质安全型电气设备配套的关联电气设备的型号,必须与本质安全型电气设备名牌中的关联电气设备的型号相同。

48. 独立供电的本质安全型电气设备应符合哪些要求?

独立供电的本质安全型电气设备的电池型号、规格,应符合其电气设备铭牌中的规定,严禁任意改用其他型号、规格的电池。防爆安全栅应可靠接地,其接地电阻应符合设计和设备技术条件的要求。

49. 对关联电气设备中的变压器有何要求?

变压器的铁芯和绕组间的屏蔽,必须有一点可靠接地。

直接与外部供电系统连接的变压器,其熔断器的额定电流不应大于变压器的额定电流。

50. 粉尘防爆电气设备安装前应检查哪些项目?

(1)设备的防爆标志、外壳防爆等级和温度组别,应与爆炸性粉尘环境相适应。

(2)设备的型号、规格应符合设计要求;铭牌及防爆标志应正确、清晰。

(3)设备的外壳应光滑、无裂纹、无损伤、无凹坑或沟槽,并应有足够的强度。

(4)设备的紧固螺栓,应无松动、锈蚀。

(5)设备的外壳结合面应紧固严密,密封垫圈完好,转动轴与轴孔间的防尘密封应严密,透明件应无裂损。

51. 粉尘防爆电气设备的表面最高温度有什么规定?

粉尘防爆电气设备的表面温度如下规定:

温度组别	无过负荷/℃	有认可的过负荷/℃
T11	215	190
T12	160	145
T13	120	110

52. 怎样合理布置爆炸危险区域的电气设备？

（1）室外变电站与建筑物、堆场、储罐的防火间距应满足《建筑设计防火规范》（GB 50016—2014）的规定。

（2）装置的变配电室应满足《石油化工企业设计防火规范》（GB 50160—2008）的规定。装置的变、配电室应布置在装置的一侧，位于爆炸危险区域范围以外，并且位于甲类设备全年最小频率风向的下风侧。在可能散发比空气密度大的可燃气体的装置内，变、配电室的室内地面应比室外地坪高 0.6m 以上。

（3）10kV 以下的变、配电室，不应设在爆炸和火灾危险场所的下风向。变、配电室与建筑物相毗邻时，其隔墙应是非燃烧材料；毗邻的变、配电室的门应向外开，并通向无火灾爆炸危险场所方向。

（4）满足《爆炸危险环境电力装置设计规范》中对电力装置设计的规定。

53. 对导电不良的地面，交直流电气设备外壳需接地，其额定电压是多少？

在导电不良的地面处，交流电压 380V 及其以下和直流额定电压 440V 及其以下的电气设备金属外壳应接地。

54. 安装在已接地的金属结构上的电气设备是否再接地？

安装在已接地的金属结构上的电气设备应接地。

55. 在干燥环境中交、直流电气设备金属外壳需接地，对其交、直流电压的要求是多少？

在干燥环境中，交流额定电压为 127V 及其以下、直流电压为 110V 及其以下的电气设备金属外壳应接地。

56. 在爆炸危险环境内若接地线与相线敷设在同一保护管内时，应注意什么？

在爆炸危险环境内，电气设备的金属外壳应可靠接地。爆炸性气体环境 1 区内的所有电气设备、爆炸性气体环境 2 区除照明灯具以外的其他电气设备、爆炸性粉尘环境 20 区、21 区内的所有电气设备，应采用专门的接地线。该接地线若与相线敷设在同一保护管内时应具有与相线相等的绝缘。

57. 可靠电气连接的金属管线或金属构件作为接地，适用于哪些区域？

爆炸性危险环境内电缆的金属外皮及金属管线等只作为辅助接地线。爆炸性气体环境 2 区内的照明灯具及爆炸性粉尘环境 22 区内的所有电气设备，可利用有可靠电气连接的金属管线或金属构件作为接地线。

58. 在爆炸危险区域内对接地干线与接地体的连接数量有什么要求？

为了提高接地的可靠性，接地干线宜在爆炸危险区域不同方向且不少于两处与接地体连接。

59. 在爆炸危险区域内单相设备的工作零线是否与保护零线分开？

单相设备的工作接零应与保护接零分开。相线和工作零线均应装设短路保护装置。

60. 在爆炸危险区域内对采用变压器低压中性点接地的保护接零系统有什么要求？

在爆炸危险区域，如采用变压器中性点接地的保护接零系统，为了提高可靠性，缩短短路故障持续时间，系统的单相短路电流应大一些，最小短路电流不得小于该线路熔断器额定电流的 5 倍或自动空气开关瞬时动作电流脱扣器整定电流的 1.5 倍。

61. 在爆炸危险区域内如采用不接地系统供电，应有什么措施？

必须装配能发出信号的绝缘监视器。

62. 电气设备的接地装置与防雷击接地装置、防雷电感应接地装置是否可合并设置？

电气设备的接地装置与防止直接雷击的独立避雷针的接地装置应分开设置，与装设在建筑物上防止直接雷击的避雷针的接地装置可合并设置；与防雷电感应的接地装置已可合并设置。接地电阻值应取其中最小值。

63. 保证安全供电的组织措施有哪些？

（1）操作票制度；

（2）工作票制度；

（3）工作许可制度；

（4）工作监护制度；

（5）工作间断、转换和终结制度；

（6）设备定期切换、试验、维护管理制度；

（7）巡回检查制度。

64. 保证安全供电的技术措施有哪些？

（1）停、送电联络签；

（2）验电操作程序；

（3）停电检修安全技术措施；

（4）带电与停电设备的隔离措施；

（5）安全用具的检验规定。

65. 在爆炸危险区域内对导线的载流量有何要求？

在爆炸危险区域，导线允许载流量不应低于导线熔断器额定电流的 1.25 倍、自动开关延时脱扣器额定电流的 1.25 倍。

66. 在爆炸危险区域内 1000V 以下鼠笼电动机干线载流量有何要求？

1000V 以下鼠笼电动机干线允许载流量不应小于电动机额定电流的 1.25 倍。

67. 在爆炸危险区域内 1000V 以上线路的载流量应按什么条件进行校验？

1000V 以上的线路应按短路电流热稳定进行校验。

68. 防止电气设备火灾爆炸的电气通风应满足哪些要求？

(1) 通风装置必须采用非燃烧性材料制作，结构应坚固，连接应紧密。

(2) 通风系统内不应有阻碍气流的死角。

(3) 吸入的空气不应有爆炸性气体或其他有害物质。

(4) 运行中电气设备通风、充风系统内的正压不低于 0.196kPa，当低于 0.1kPa 时，应自动断开电气设备的主要电源或发出信号。

(5) 通风过程排出的废气，一般不应排入爆炸危险区域。

(6) 对闭路通风的正压型电气设备及其通风系统，应供给清洁气体以补充漏损，保持通风系统内正压。

(7) 用于事故排风系统的电动机开关，应设在便于操作的安全地点。

69. 石油化工企业变、配电所按什么条件分为几种类型？

按照容量的大小，引入电压的高低，变、配电所分为一次降压变电所、二次降压变电所和配电所 3 种类型。

70. 石化企业对变、配电所的设置位置有何要求？

为安全可靠供电，变、配电所应建在用电负荷中心，且位于爆炸危险区域范围以外，在可能散发比空气密度大的可燃气体的界区内，变、配电所的室内地面，应比室外地面高 0.6m 以上。此外，还应尽量避开多尘、振动、高温、潮湿等场所，还要考虑到电力系统进线，出线的方便和便于设备的运输。为安全供电，一次降压变电所应设两路供电电源，二次降压变电所也应按上述原则考虑。

71. 石化企业生产装置用电负荷分为哪三级？

根据在生产过程的重要性、供电可靠性、连续性的要求，划分为 3 级：1 级负荷(重要连续生产负荷)应有两个独立电源供电，2 级负荷宜由二回线路供电，3 级负荷无特殊要求。

72. 电力变压器发生火灾和爆炸的主要原因有哪些？

变压器中的绝缘油闪点约为 135℃，易蒸发燃烧，与空气混合能形成爆炸混合物。变压器内部的绝缘衬垫和支架大多采用纸板、棉纱、布、木材等有机可燃物质。所以一旦变压器内部发生过载或短路，可燃的材料和油就会因高温或电火花、电弧作用而分解、膨胀以致汽化，使变压器内部压力剧增。这时就可引起变压器外壳爆炸，大量变压器绝缘油喷出燃烧，燃烧着的油流又会进一步扩大火灾危险。

73. 变压器长期过载运行将会产生什么后果？

变压器长期过负荷运行，线圈发热，使绝缘逐渐老化，造成匝间短路、相间短路或对地短路及油的分解。

74. 变压器的绝缘油不合格将会产生什么后果？

若变压器的油不合格，会降低绝缘强度，当降低到一定值时，变压器就会短路而引起电火花、电弧或出现危险温度造成电气事故。

75. 变压器的铁芯绝缘老化将会产生什么后果？

变压器铁芯绝缘老化或夹紧螺栓套管损坏，会使铁芯产生很大的涡流，引起铁芯长期发热造成绝缘老化。

76. 变压器的导线接触不良将会产生什么后果？

如果变压器的线圈内部接头接触不良，线圈之间的连接点，引至高、低压侧套管的接点，以及分接开关上各支点接触不良，会产生局部过热，破坏绝缘，发生短路或断路。此时产生的高温电弧会使绝缘油分解，产生大量气体，变压器内压力剧增，当压力超过瓦斯断电器保护定值而不跳闸时会发生爆炸。

77. 变压器的电源线由架空线而来，应采取什么措施防止雷击造成事故？

应装设防止雷击的设施。比如装设避雷器，装设避雷线、避雷针等。

78. 变压器线圈或负荷短路保护系统失灵将会产生什么后果？应采取什么措施？

如果保护系统失灵或保护定值过大，就有可能烧毁变压器。应安装可靠的保护装置和设定好保护定值。

79. 变压器的接地点接触不良将会产生什么后果？

对于采用保护接零的低压系统，变压器低压侧中性点要直接接地。当三相负荷不平衡时，零线上会出现电流。当这一电流过大而接触电阻又较大时，接地点就会出现高温，引燃周围的可燃物质。

80. 为什么变压器室要有良好的通风？

温度的高低对变压器的绝缘和寿命影响很大，所以变压器运行时，一定要保持良好的通风和冷却。

81. 油开关发生火灾爆炸的主要原因有哪些？

油开关内的绝缘油主要起灭弧作用，当绝缘油变质达不到灭弧要求或油开关遮断容量达不到要求时，在分断短路电流时将会造成爆炸火灾事故。

82. 油开关的油面过高时将会产生什么后果？

油箱内油面过高时，析出的气体在油箱内较小空间里形成过高的压力，导致油箱爆炸。

83. 油开关的油面过低时将会产生什么后果？

油开关油面过低时，使油开关触头的油层过薄，油受电弧作用而分解释放可燃气体，这部分可燃气体进入顶盖下面的空间，与空气混合形成爆炸性气体，在高温下就会引起燃烧、爆炸。

84. 油开关的操作机构调整不当，部件失灵将会产生什么后果？

油开关的操作机构调整不当，部件失灵，会使开关动作缓慢或合闸后接触不良。当电弧不能及时切断和熄灭时，在油箱内可产生过多的可燃气体而引起火灾。

85. 选用油开关时为什么必须考虑油开关的遮断容量？

当油开关的遮断容量小于供电系统短路容量时，油开关无能力切断系统强大的短路电流，电弧不能及时熄灭则会造成油开关的燃烧和爆炸。

86. 为什么油开关要防止渗漏油？

油开关渗漏油表明密封不严，极易造成油箱受潮进水，绝缘下降，使油开关发生对地短路，从而引起油开关着火或爆炸。

87. 电动机过载运行是否会产生火灾？为什么？

电动机过载也会造成火灾。因为电动机过载时外壳过热，过载严重时，将烧毁电机，甚至引燃周围的易燃物质造成火灾。

88. 电动机易着火的部位有哪些？

电动机易着火的部位是定子绕组、转子绕组和铁芯。当电动机过负荷或短路时，这些部位极易造成着火。

89. 电动机的接线处接触不良时会产生什么后果？

电动机的接线处接触不良将会产生过热，当温度过高时将会引起绝缘燃烧，造成火灾。

90. 电动机单相运行时会产生什么后果？

电动机单相运行危害极大，轻则烧毁电动机，重则引起火灾。

91. 电缆分为几种？常用的敷设方法有哪些？

电缆一般分为动力电缆和控制电缆两种。常用的敷设方法有直埋地下、电缆隧道敷设、电缆沟敷设、电缆桥架敷设等。

92. 电缆敷设或运行时造成电缆受伤会产生什么后果？

均会导致电缆相间或相与电缆保护铠甲之间的绝缘击穿而发生电弧，这种电弧极易造成火灾事故。

93. 电缆中间接头压接不紧、焊接不牢或接头材料选用不当会产生什么后果？

会造成运行中接头氧化、发热、引起绝缘击穿，形成短路而发生爆炸。

94. 电缆桥架的防火防爆有什么要求？

电缆桥架处在防火防爆的区域里，可在托盘、桥架中添加具有耐火或难燃性的板、网材料构成封闭式结构，并在桥架表面涂刷防火层，其整体耐火性还应符合国家有关规范的要求。另外，桥架还应有良好的接地措施。

95. 电缆沟的防火防爆有什么要求？

电缆沟与变、配电所的连通处，应采取严密封闭措施，如填砂等，以防可燃气体通过电缆沟窜入变、配电所，引起火灾爆炸事故。电缆沟中敷设的电缆可采用阻燃电缆或涂刷防火涂料。

96. 照明灯具是否会产生火灾爆炸？为什么？

照明灯具在工作时，玻璃灯泡、灯管、灯座等表面温度都较高，若灯具选用不当或发生故障，就会产生电火花和电弧。接点处接触不良，局部产生高温。导线和灯具的过载和过压会引起导线发热，使绝缘损坏、短路和灯具爆碎，继而导致可燃气体和可燃液体、蒸气、落尘的燃烧和爆炸。

97. 电气线路为什么会产生火灾爆炸？

电气线路往往因短路、过载、过压、接触不良等原因产生电火花、电弧，或因电线、电缆达到危险高温而发生火灾。

98. 电热设备产生火灾的原因是什么？

电热设备产生火灾的原因主要是加热温度过高，电热设备选用导线截面过小等。当导线在一定时间内流过的电流超过额定电流时，同样会造成绝缘的损坏而导致短路起火或闪络，引起火灾。

第二章 人体触电及防护

第一节 电流对人体作用的机理

99. 人体阻抗的大小与哪些方面有关？

人体阻抗主要与电流路径、皮肤潮湿程度、接触电压、电流持续时间、接触面积、接触压力、温度以及频率等有关。

100. 什么是人体初始电阻？

在接触电压出现的瞬间，人体的电容还未充电，皮肤阻抗可忽略不计，这时的电阻值称为人体初始电阻。

该值限制短时脉冲电流峰值。当电流路径从手到手或手到脚而且接触面积较大时，5% 分布值（即 5% 的人所呈现的最小初始电阻值）可认为等于 500Ω。

101. 什么是交流电流的电击效应？

心室纤维性颤动是电击致死的主要原因。一个心动周期由产生兴奋期、兴奋扩展期和兴奋复原期所组成。在兴奋复原期内有一个相对较小的部分称为易损期，在易损期内，心肌纤维处于兴奋的不均匀状态，如果受到足够幅度电流的刺激，心室纤维发生颤动和血压降低，如电流足够大将导致死亡。

102. 什么叫感觉阈值？

当电流流过人体时，人体所察觉到的最小电流值称为感觉阈值。对于 15～100Hz 交流电流为 0.5mA。

103. 什么叫摆脱电流？

人握电极能摆脱的电流最大值称为摆脱电流。

104. 高频交流电的电击效应是怎样的？

在工业企业和民用建筑中，有不少电气设备的使用频率超过 100Hz，例如有些电动工具和电焊机，可用到 450Hz；电疗设备大多数使用 4000～5000Hz；开关方式供电的设备则为 20kHz～1MHz；微波及无线电设备还有使用更高的频率的。对于这些 100Hz 以上交流电流，人体皮肤的阻抗，在数十伏数量级的接触电压下，大致与频率成反比，例如 500Hz 时皮肤阻抗，仅约为 50Hz 时皮肤阻抗的

1/10，在很多情况下，皮肤的阻抗可以忽略不计。但因为是高频电流，对人体的感觉和对心脏的影响都比 100Hz 以下交流电小。频率在 10kHz 及 100Hz 之间时，阈值大致由 10mA 上升到 100mA(有效值)，频率在 100kHz 以上及电流强度在数百毫安数量级时，较低频率时有针刺的感觉，频率再高则有温暖的感觉。频率在 100kHz 以上及电流在安培数量级时，可能出现烧伤，烧伤的严重程度随电流流通的持续时间而定。

105. 直流电流的电击效应是怎样的？

电流对人体的效应，例如刺激神经和肌肉，引起心房或心室纤维性颤动等，与电流大小的变化有关，特别是在接通或断开电流的时候。电流幅度不变的直流电流要产生同样的效应，要比交流电流大得多。握持直流电器，事故时较易摆脱；当电击持续时间长于心动周期时，心室纤维性颤动阈值比交流的阈值高得多。

106. 直流电流与交流电流的感觉阈值有什么不同？

直流电流感觉阈值取决于接触面积、接触状态(干湿度、压力、温度)、电流流过的持续时间和各自的生理特征等，与交流电不同的是：当电流以感觉阈值强度流过人体时，只是在接通和断开电流时有感觉，其他时间没有感觉。在与测定交流电流感觉阈值相等条件下，直流电流的感觉阈值约为 2mA。

107. 直流电流与交流电流的摆脱阈值有什么不同？

直流的摆脱阈值与交流不同，约 300mA 以下的直流电流没有可以确定的摆脱阈值，只有在接通和断开电流时，才能引起疼痛性和痉挛似的肌肉收缩。当电流大干 300mA 时，可能摆脱不了，或仅在电击持续时间达几秒或几分种后才有可能摆脱不了。

108. 人体通过直流电的生理效应是怎样的？

通过人体的电流约为 30mA 时，人体四肢有暖热感觉。流经人体的电流为 300mA 及以下横向电流持续几分钟时，随着时间和电流增加，可能产生可逆性的心节律障碍。电流伤痕、烧伤、眩晕、有时失去知觉，超过 300mA 时，经常出现失去知觉的情况。

第二节　电流的伤害种类

109. 什么是直接电击？

人体触及电气设备的带电部分，称为直接接触。直接接触所造成的电击称为直接电击。

110. 什么是间接电击？

人体与故障下带电的金属外壳接触，称为间接接触。间接接触所造成的电击称为间接电击。

111. 决定电击电流大小的因素有哪些？

电击电流大小由接触电压和人体阻抗所决定。人体阻抗主要与电流路径、皮肤潮湿程度、接触电压、电流持续时间、接触面积、接触压力、温度以及频率等有关。

112. 什么是感知电流？

使人体有感觉的最小电流称为感知电流。工频交流电的平均感知电流：成年男性约为 11mA，成年女性约为 0.7mA；直流电的平均感应电流约为 5mA。

113. 摆脱电流值约为多少？

人体触电后能自主摆脱电源的最大电流称为摆脱电流。工频交流电的平均摆脱电流，成年男性约为 16mA，成年女性约为 10mA；直流电的平均摆脱电流约为 5mA；儿童的摆脱电流较成人小些。

114. 什么是致命电流？

在较短的时间内，危及生命的最小电流称为致命电流。工频 100mA 的电流通过人体时很快使人致命。

115. 不同电流强度对人体的影响有什么不同？

电流强度/mA	对人体的影响	
	交流电(50Hz)	直流电
0.6~1.5	开始有感觉，手指麻木	无感觉
2~3	手指强热麻刺、颤抖	无感觉
5~7	手部痉挛	热感
8~10	手部剧痛，勉强可以摆脱电源	热感增多
20~25	手迅速麻痹，不能自主摆脱电源，呼吸困难	手部轻微痉挛
50~80	呼吸麻痹，心室开始颤动	手部痉挛，呼吸困难
90~100	呼吸麻痹，心室经2s颤动即发生麻痹，心脏停止跳动	

116. 交流电流与直流电流的电击效应有什么不同？

电流对人体的效应，例如刺激神经和肌肉，引起心房或心室纤维性颤动等，与电流大小的变化有关，特别是在接通或断开电流的时候。电流幅度不变的直流电流要产生同样的效应，要比交流电流大得多。握持直流电器，事故时较易摆

18

脱；当电击持续时间长于心动周期时，心室纤维性颤动阈值比交流的阈值高得多。

直流电流的感觉阈值取决于接触面积、接触状态（干湿度、压力、温度）、电流流过的持续时间和各自的生理特征等，与交流电不同的是：当电流以感觉阈值强度流过人体时，只是在接通和断开电流时有感觉，其他时间没有感觉。

117. 简述电流流通途径与伤害程度。

电流通过人体的头部会使人昏迷而死亡；电流通过脊髓，会导致截瘫及严重损伤，电流通过中枢神经或有关部位，会引起中枢神经系统强烈失调而导致死亡；电流通过心脏会引起心室颤动，致使心脏停止跳动，造成死亡。实践证明，从左下到脚是最危险的电流途径，因为心脏直接处在电路中，从右手到脚的途径危险性较小、但一般也能引起剧烈痉挛而摔倒，导致电流通过人体的全身。

118. 简述触电时间与伤害程度的关系。

随着时间和电流增加，可能产生可逆性的心节律障碍、电流伤痕、烧伤、眩晕、有时失去知觉。

由于人体发热出汗和电流对人体组织的电解作用，电流通过人体的时间越长，使人体电阻就逐渐降低，在电源电压一定的情况下，会使电流增大，对人体组织的破坏更大，后果更严重。

119. 什么是单相触电？

当人站在地面上碰触带电设备的其中一相时，电流通过人体流入大地这种触电方式称为单相触电。

120. 单相触电的种类有哪些？

（1）低压中性点直接接地的单相触电

当人体触及一相带电体时，该相电流通过人体经大地回到中性点形成回路，由于人体电阻比中性点直接接地的电阻大得多，电压几乎全部加在人体上，造成触电。

（2）低压中性点不接地的单相触电

在 1000V 以下，人碰到任何一相带电体时，该相电流通过人体经另外两根相线对地绝缘电阻和分布电容而形成回路，如果相线对地绝缘电阻较高，一般不致于造成对人体的伤害。当电气设备、导线绝缘损坏或老化，其对地绝缘电阻降低时，同样会发生电流通过人体流入大地的单相触电事故。

在 6～10kV 高压中性点不接地系统中，特别是在较长的电缆线路上，当发生单相触电时，另两相对地电容电流较大，触电的危害程度较大。

121. 什么是两相触电？

电流从一根导线经过人体流至另一相导线的触电方式称为两相触电。

122. 什么是跨步电压触电？

当某相导线断线碰地或运行中的电气设备因绝缘损坏漏电时，电流向大地流散，以碰地点或接地体为圆心，半径为20m的圆面积内形成分布电位。如有人在碰地故障点周围走过时，其两脚之间（按0.8m计算）的电位差称为跨步电压。跨步电压触电时，电流从人的一只脚经下身，通过另一只脚流入大地形成回路。触电者先感到两脚麻木，然后跌倒。人跌倒后，由于头与脚之间的距离加大，电流将在人体内脏重要器官通过，人就有生命危险。

123. 电流对人体的伤害主要有哪些？

电流对人体的伤害主要分为电击伤和电伤。

124. 什么是电击伤？

电击伤是人体触电后由于电流通过人体的各部位而造成的内部器官在生理上的变化。如呼吸中枢麻痹、肌肉痉挛、心室颤动、呼吸停止等。

125. 什么是电伤？

电伤是由电流的热效应、化学效应、机械效应等对人体造成的伤害。造成电伤的电流都比较大。电伤会在机体表面留下明显的伤痕，且其伤害作用可能深入体内。电伤包括电烧伤、电烙印、皮肤金属化、机械损伤、电光眼等多种伤害。

126. 电烧伤可分为哪几种？

电烧伤可分为电流灼伤和电弧烧伤。

电流灼伤是人体与带电体接触，电流通过人体由电能转换成热能造成的伤害。电流越大、通电时间越长、电流途径上的电阻越大，则电流灼伤越严重。

电弧烧伤是由弧光放电引起的烧伤。电弧烧伤分直接电弧烧伤和间接电弧烧伤。前者是带电体与人体之间发生电弧，有电流通过人体的烧伤；后者是电弧发生在人体附近对人体的烧伤，而且包含被熔化金属溅落的烫伤。

127. 发生电弧烧伤的情况有哪些？

高压系统和低压系统都可能发生电弧烧伤。在低压系统，带负荷（特别是感性负荷）拉开裸露的闸刀开关时，电弧可能烧伤人的手部和面部；线路短路、开启式熔断器熔断时，炽热的金属微粒飞溅出来也可能造成灼伤；错误操作引起短路也可能导致电弧烧伤等。在高压系统，由于错误操作，会产生强热的电弧，导致严重的烧伤；人体过分接近带电体，其间距离小于放电距离时，直接产生强烈的电弧，若人当时被打开，虽不一定因电击致死，却能因电弧烧伤而死亡。

128. 什么是电烙印？

电烙印是电流通过人体后，在接触部位留下的斑痕。斑痕处皮肤变硬，失去了原有弹性和色泽，表层破坏失去知觉。

129. 什么是皮肤金属化？

皮肤金属化是金属微粒渗入皮肤造成的。受伤部位变得粗糙而张紧。皮肤金属化多在弧光放电时发生，而且一般都在人体皮肤的裸露部位。

130. 什么是机械损伤？

机械损伤多数是电流作用于人体，肌肉不由自主地俱裂收缩造成的，包括肌腱、皮肤、血管、神经组织断裂以及关节脱位乃至骨折等伤害。

131. 什么是电光眼？

电光眼表现为角膜和结膜发炎。在弧光放电时，红外线、可见光、紫外线都可能损伤眼睛。对于短暂的照射，紫外线是引起电光眼的主要原因。

第三节　电击接触触电的防护

132. 直接电击有什么防护措施？

直接电击保护又称正常工作的电击保护，也称为基本保护，主要是防止直接接触到带电体，一般采取以下措施：

（1）带电体绝缘：带电部分完全用绝缘覆盖。

（2）用遮栏和外护物防护：外护物一般为电气设备的外壳，是在任何方向都能起直接接触保护作用的部件。遮栏只对任何经常接近的方向起直接接触保护作用。

133. 对设备的绝缘体有什么基本要求？

设备的绝缘类型必须符合相应电气设备的标准，且只能在遭到机械破坏后才能除去。绝缘能力必须达到长期耐受在运行中受到的机械、化学、电及热应力的要求。一般的油漆、清漆、喷漆都不符合要求。在安装过程中所用的绝缘也必须经过试验，证实合乎要求后才能使用。

134. 遮栏和外护物的防护有什么不同？

外护物一般为电气设备的外壳，是在任何方向都能起直接接触保护作用的部件。遮栏则只对任何经常接近的方向起直接接触保护作用。

135. 遮栏和外护物防护的基本要求是什么？

（1）最低的防护要求。在电气操作区内，防护等级为 IP2X，顶部则为 IP4X。在电气操作区内，如可同时触及的带电部分没有电位差时，防护等级可为

IP1X。在封闭的电气操作区内可不设防护。

（2）强度及稳定性。遮栏或外护物应紧固在其所在位置，它的材料、尺寸和安装方法必须具有足够的稳定性和耐久性，并可承受在正常使用中可能出现的应力和应变。

（3）开启或拆卸。必须使用钥匙或工具，并设置联锁装置，即当开启和拆卸遮栏或外护物时，将其中可能偶然触及的所有带电部分的电源自动切断，直到遮栏或外护物复位后才能恢复电源。如遮栏或外护物中有电容器、电缆系统等储能设备并可能导致危险时，不但要在规定时间内泄放能量，而且还必须采用与上述要求相同的联锁装置。也可在带电部分与遮栏、外护物之间插入隔离网罩，当开启或拆卸遮栏或外护物时不会触及带电部分。网罩可以固定，也可在遮栏、外护物除去时自动滑入。网罩防护等级至少为 IP2X，且只有用钥匙和工具才能移开。如需更换灯泡、熔断器而在外护物和遮栏上留有较大的孔洞时，则必须采取适当措施防止人、畜无意识地触及带电部分，而且还须设置明显的标志，警告通过孔洞触及带电部分会发生危险。

136. 阻挡物防护措施标准是什么？

（1）阻挡物只能防护与带电部分无意识接触，但不能防护人们有意识接触。例如用保护遮栏、栏杆或隔板可以防止人体无意识接近带电部分；又如用网罩或熔断器的保护手柄，可以防止在操作电气设备时无意识触及带电部分。阻挡物可不用钥匙或工具拆除，但必须固定以免无意识地移开。

（2）置于伸臂范围以外。将带电部分置于伸臂范围以外可以防止无意识地触及。不同电位而能同时触及的部分严禁放在伸臂范围内。如两部分相距不到 2.5m，则认为是能够同时触及的。当人们的正常活动范围由一个防护等级低于 IP2X 的阻挡物（如栏杆）限制时，则规定的距离应从阻挡物算起。

137. 什么是 RCD？

RCD 就是剩余电流保护装置，也称漏电开关，一般作为附加保护使用。

RCD 不能作为直接电击的唯一保护设备，只能作为附加保护，也就是作为其他保护失效或使用者疏忽时的附加电击保护。剩余电流动作整定值一般采用 30mA。

138. 间接电击有什么防护措施？

间接电击保护又称故障下的电击保护，也称附加保护，一般采用以下措施：

（1）自动切断电源

当故障时，最大电击电流的持续时间超过允许范围时，自动切断电源（IT 系统的第一次故障除外），防止电击电流造成有害的生理效应。采用这种方法的前提是：电气设备的外露导电部分必须按系统接地制式与保护线相连，同时还宜进行主等电位联结。自动切断电源法可以最大限度地利用原有的过电流保护设备，且方法简单、投资最省，是一种常用的措施。

（2）使用Ⅱ级设备或采用相当绝缘的保护

Ⅱ级设备既有基本绝缘也有双重绝缘或加强绝缘，不考虑保护接地方法，设备内导电部分严禁与保护线连接。该类设备的绝缘外护物必须能承受可能发生的机械、电或热应力，一般的油漆、清漆及类似物料的涂层不符合要求。绝缘外护物上严禁有任何非绝缘材料制作的螺栓，以免破坏外护物。

（3）采用非导电场所

在非导电场所内，严禁有保护线，也不采取接地措施，因此可采用0级设备（这种设备只有基本绝缘，没有保护接地手段）。非导电场所应具有绝缘的地板和墙(用于标称电压不超过500V的设备，其绝缘电阻不小于50kΩ；如标称电压超过500V，则为100kΩ)。

（4）不接地的局部等电位联结

凡是能同时触及的外露导电部分和外部导电部分采用不与大地相连的等电位联结，使其电位近似相等，以免发生电击。

（5）电气隔离

将回路进行电气隔离能够防止触及绝缘破坏的外露导电部分产生电击电流。

139. 非导电场所应有哪些防护措施？

（1）外露导电部分之间、外露导电部分与外部导电部分之间的距离不小于2m；如在伸臂范围以外，则为1.25m。

（2）如达不到上述距离，则在两导电部分之间设置绝缘阻挡物，使越过阻挡物的距离不小于2m。

（3）将外部导电部分绝缘起来，绝缘物要有足够的机械强度并能耐受2000V电压，且在正常情况下，泄漏电流不大于1mA。

上述布置必须是永久性的，即使使用手携式或移动式设备也必须能满足上述要求；另外，还应采取措施使墙和地板不因受潮而失去原有电阻值，同时外部导电部分也不能从外部引入电位。

140. 局部等电位联结有什么要求？

局部等电位联结系统严禁通过外露导电部分或外部导电部分与大地接触，如不能满足，必须采用自动切断电源措施。为了防止进入等电位场所的人遭受危险的电位差，在和大地绝缘的导电地板与不接地的等电位联结系统连接的地方，必须采取措施减少电位差。

141. 电气隔离一般采取哪些措施？

（1）该回路必须由隔离变压器或有多个等效隔离绕组的发电机供电，电源设

23

备必须采用Ⅱ级设备或与其相当的绝缘。如该电源设备供电给几个电气设备，则这些电气设备的外露导电部分严禁与电源设备的金属外壳相连。

（2）该回路电压不能超过500V，其带电部分严禁与其他回路或大地相连，并须注意与大地之间的绝缘。继电器、接触器、辅助开关等电气设备的带电部分与其他回路的任何部分之间也需要这种电气隔离。

（3）不同回路应分开布线，如无法分开，则必须采用不带金属外皮的多芯电缆或将绝缘导线敷设在绝缘的管路或线槽中。这些电缆或导线的额定电压不低于可能出现的最高电压，且每条回路有过电流保护。

（4）被隔离回路的外露导电部分必须采用绝缘的不接地等电位联结，该连接线严禁与其他回路的保护线或外露导电部分相连接，也不与外部导电部分连接。插座必须有保护插孔，其触头上必须连接到等电位联结系统。软电缆也必须有一根保护芯线作等电位联结用(供电给Ⅱ级设备的电缆除外)。

（5）如出现影响两个外露导电部分的故障，而这两部分又接至不同相的导线时，则必须有一个保护装置能满足自动切断电源的要求。

142. 防止直接和间接电击两者的措施有哪些？

防止直接和间接电击两者的措施兼有防止直接和间接电击的保护，也称为正常工作及故障情况下两者的电击保护，可采取以下措施。

（1）安全电压采用的标称电压不超过安全电压50V，如果引出中性线，中性线的绝缘与相线相同。

（2）由安全电源供电。

（3）回路配置。

（4）防止电击的接地方法。

143. 我国安全电压等级是怎样划分的？

我国安全电压额定值的等级分别为42V、36V、24V、12V、6V。

安全电压额定值 （交流有效值）/V	选用举例
42	在有触电危险的场所使用的手提式电动工具等
36	在矿井、多导电粉尘等场所使用的行灯
24	在金属容器内、隧道内、矿井内等工作地点狭窄、行动不便以及周围有大面积接地导体的环境中，供某些有人体可能偶然触及的带电体的设备选用
12	
6	

144. 安全电源有哪几种？

（1）安全隔离变压器，其一、二次绕组间最好用接地屏蔽隔离。

（2）电化电源，如蓄电池。

（3）与较高电压回路无关的其他电源，如柴油发电机。

（4）按标准制造的电子装置，保证内部故障时，端子电压不超过 50V，或端子电压可能超过 50V，但电能量很小，人一接触端子，电压立即降到 50V 以下。

145. 防止电击的回路配置要求是什么？

（1）安全电压的带电部分严禁与大地、其他回路的带电部分或保护线相连。

（2）安全电压回路的导线与其他回路导线隔离，该隔离不低于安全变压器输入和输出线圈间的绝缘强度。如无法隔离，安全电压回路的导线必须在基本绝缘外附加一个密封的非金属护套、电压不同的回路的导线必须用接地的金属屏蔽或金属护套分开。如果安全电压回路的导线与其他电压回路的导线在同一电缆或组合导线内，则安全电压回路的导线必须单独或集中地按最高电压绝缘处理。

（3）安全电压的插头不能插入其他电压的插座内，安全电压的插座也不能被其他电源的插头插入，且必须有保护触头。

（4）当标准电压超过 25V 时，正常工作的电击保护必须采用 IP2X 的遮栏或外护物，或采用包以耐压 500V 历时 1min 不击穿的绝缘。

146. 接地为什么能防止触电？

当电气设备某处的绝缘损坏时外壳就带电。由于电源中性点接地，即使设备不接地，因线路与大地间存在电容，或者线路上某处绝缘不好，如果人体触及此绝缘损坏的电气设备外壳，则电流就经人体而形成通路，这样人体就遭受了电击的危害。

当绝缘损坏、外壳带电时，接地电流将同时沿着接地极和人体两条通路流过。流过每一条通路的电流值将与其电阻的大小成反比，接地极电阻越小，流经人体的电流也就越小。通常人体的电阻比接地极电阻大数百倍，所以流经人体的电流也就比流经接地极的电流小数百倍。当接地电阻极小时，流经人体的电流几乎等于零。因而，人体就能避免触电的危险。

因此，不论施工或运行时，在一年中的任何季节，均应保证接地电阻不大于设计或规程中所规定的接地电阻值，以免发生电击危险。

第四节 安 全 措 施

147. 什么叫接地？

在电力系统中，将设备和用电装置的中性点、外壳或支架与接地装置用导体作良好的电气连接叫做接地。

148. 什么叫接零？

将电气设备和用电装置的金属外壳与系统零线相接叫做接零。

149. 为何要接地和接零？

接地和接零的目的，一是为了电气设备的正常工作，例如工作性接地；二是为了人身和设备安全，如保护性接地和接零。虽然就接地的性质来说，还有重复接地，防雷接地和静电屏蔽接地等，但其作用都不外是上述两种。

150. 什么是保护接地？

保护接地就是把电气设备的外壳、框架等用接地装置与大地可靠地连接，它适用于电源中性点不接地的低压系统中。如果电气设备的绝缘损坏使金属导体碰壳，由于接地装置的接地电阻很小，则外壳对地电压大大降低。当人体与外壳接触时，则外壳与大地之间形成两条并联支路，电气设备的接地电阻愈小，则通过人体的电流也愈小，所以可以防止触电。

151. 什么是保护接零？

保护接零就是在电源中性点接地的低压系统中，把电气设备的金属外壳、框架与中性线或接中干线（三相三线制电路中所敷设的接中干线）相连接。如果电气设备的绝缘损坏而碰壳，构成"相—中"线短路回路，由于中性线的电阻很小，所以短路电流很大。很大的短路电流将使电路中保护开关动作或使电路中保护熔丝断开，切断了电源，这时外壳不带电，便没有触电的可能。

152. 为什么同一段母线供电的低压线路，不宜采用接零、接地两种保护方式？

对同一台变压器或同一段母线供电的低压线路，不宜采用接零、接地两种保护方式，即通常不应对一部分设备采取接零，而对另一部分设备则采取接地保护。以免当采用接地的设备一旦小故障形成外壳带电时，将使所有采取接地的设备外壳也均带电。一般具有自用配电变压器的用户，都采用接中性线的保护接零方式。

153. 触电保护装置的作用是什么？

采用触电保护装置可实现对人身直接接触触电的安全保护，同时，对用电设备的漏电故障也能迅速有效排除，消除漏电事故隐患。现代触电保护装置已融合了自动断路器的各项功能，因此，它除具有漏电保护功能外，还具有短路、过流等自动开关保护功能。实践证明，大力推广和普及漏电开关在我国工业企业和民用建筑中的应用，对提高我国工业企业的安全用电水平，减少触电事故死亡率都具有切实有效的作用。

154. 简述不同漏电保护装置的适用范围？

电压型漏电保护装置适用于接地或不接地设备的漏电保护，可单独使用，也可与保护接地、保护接零同时使用，但动作电压不应超过安全电压。

零序电流型保护装置适用于接地或不接地系统设备或线路的漏电保护。其中，无电流互感器型只适用于不接地线路中。

泄漏电流型只适用于不接地线路中。

155. 保证安全的组织措施是什么？

（1）凡电气工作人员必须精神正常，身体无翻盖工作的疾病，熟悉本职业务，并经考试合格。另外，还要学会紧急救护法，特别是触电急救。

（2）在电气设备上工作，应严格遵守工作票制度、操作票制度、工作许可制度、工作监护制度、工作间断、转移和终结制度。

（3）把好电气工程项目的设计关、施工关，合理设计，正确选型，电器设备质量应符合国家标准和有关规定，施工安装应符合规程要求。

156. 保证安全的技术措施是什么？

（1）在全部停电或部分停电的电器设备或线路上工作，必须完成停电、验电、装设接地线、挂标识牌和装设遮拦等技术措施。

（2）工作人员在进行工作时，正常活动范围与带电设备的距离应不小于安全规定。

（3）电器安全用具。为了防止电气人员在工作中发生触电、电弧烧伤、高空摔跌等事故，必须使用经试验合格的电气安全工具，如绝缘棒、绝缘夹钳、绝缘挡板、绝缘手套、绝缘靴、绝缘鞋、绝缘台、绝缘垫、验电器、高压核相器、高低压型电流表等；还应使用一般防护安全用具，如携带型接地线、临时遮拦、警告牌、护目镜、安全带等。

157. 正常活动范围与带电设备的安全距离是多少？

10kV 以下：0.35m；35kV：0.60m；110kV：1.5m；220kV：3m。

第五节　漏电保护

158. 漏电保护装置的作用是什么？

漏电保护装置又称为剩余电流保护装置或触电保安装置。漏电保护装置主要用于单相电击保护，也用于防止由漏电引起的火灾，还可用于检测和切断各种单相接地故障。漏电保护装置的功能是提供间接接触电击保护，而额定漏电动作电流不大于 30mA 的漏电保护装置，在其他保护措施无效时，也可作为直接接触电击的补充保护。有的漏电保护装置还带有过载保护、过电压和欠电压保护、缺相保护等保护功能。

159. 漏电保护装置的基本原理是什么？

电气设备漏电时，将呈现出异常的电流和电压信号。漏电保护装置通过检测此异常电流或异常电压信号，经信号处理，促使执行机构动作，借助于开关设备迅速切断电源。

160. 电流型漏电保护装置的结构是怎样的？

其构成主要有三个基本环节，即检测元件、中间环节（包括放大元件和比较元件）和执行机构。其次，还具有辅助电源和试验装置。

（1）检测元件

它是一个零序电流互感器，被保护主电路的相线和中性线穿过环行铁芯构成的互感器的一次线圈，均匀缠绕在环行铁芯上的绕组构成了互感器的二次线圈。检测元件的作用是将漏电电流信号转换为电压或功率信号输出给中间环节。

（2）中间环节

该环节对来自零序电流互感器信号进行处理。中间环节通常包括放大器、比较器、脱扣器（或继电器）等，不同型式的漏电保护装置在中间环节的具体构成上型式各异。

（3）执行机构

该机构用于接收中间环节的指令信号，实施动作，自动切断故障处的电源。执行机构多为带有分励脱扣器的自动开关或交流接触器。

（4）辅助电源

当中间环节为电子式时，辅助电源的作用是提供电子电路工作所需的低压电源。

（5）试验装置

这是对运行中的漏电保护装置进行定期检查时所使用的装置。通常是用一只限流电阻和检查按钮相串联的支路来模拟漏电的路径，以检验装置是否正常动作。

161. 漏电保护装置的工作原理是什么？

在被保护电路工作正常、没有发生漏电或触电的情况下，通过一次侧电流相量和等于零。这使得铁心中磁通的相量和也为零。二次侧不产生感应电动势。漏电保护装置不动作，系统保持正常供电。

当被保护电路发生漏电或有人触电时，三相电流的平衡遭到破坏，出现零序电流。这零序电流是故障时流经人体，或流经故障接地点流入地下，或经保护导体返回电源的电流。由于漏电电流的存在，通过一次侧各相负载电流的相量和不再等于零，即产生了剩余电流。剩余电流是零序电流的一部分，这电流就导致了铁芯中的磁通相量和也不再为零，使主开关的分励脱扣器线圈通电，驱动主开关自动跳闸，迅速切断被保护电路的供电电源，从而实现保护。

162. 漏电保护装置按中间环节分哪两大类？

漏电保护装置按中间环节分为电子式漏电保护装置和电磁式漏电保护装置两大类。

163. 什么是电子式漏电保护装置？

电子式漏电保护装置主要使用了由电子元件构成的电子电路，有的是分立元件电路，也有的是集成电路。作为中间环节的电子电路用来对漏电信号进行放大、处理和比较。它的主要优点是灵敏度高。其额定漏电动作电流不难设计到6mA；动作电流整定误差小，动作准确；容易取得动作延时，动作电流和动作时间容易调节，便于实现分级保护；利用电子器件的机动性，容易设计出多功能的保护器；对各元件的要求不高，工艺制造比较简单。但其不足之处是应用元件较多，可靠性较低；电子元件承受冲击能力较弱，抗过电流和过电压的能力较差；当主电路缺相时，电子式漏电保护装置可能失去辅助电源而丧失保护功能。

164. 什么是电磁式漏电保护装置？

电磁式漏电保护装置的中间环节为电磁元件，有电磁脱扣器和灵敏继电器两种型式。电磁式漏电保护装置因全部采用电磁元件，使得其耐过电流和过电压冲击的能力较强；由于没有电子放大环节而无需辅助电源，当主电路缺相时仍能起漏电保护作用。但其不足之处是灵敏度不高，额定漏电动作电流一般只能设计到40～50mA，且制造工艺复杂，价格较高。

165. 漏电保护装置按采集信号分哪两大类？

根据故障电流动作的漏电保护装置是电流型漏电保护装置，根据故障电压动作的是电压型漏电保护装置。早期的漏电保护装置为电压型漏电保护装置，因其存在结构复杂，受外界干扰动作稳定性差、制造成本高等缺点，已逐步被淘汰，取而代之的是电流型漏电保护装置。

166. 漏电保护装置按结构特征分类有哪几种？

（1）开关型漏电保护装置是一种将零序电流互感器、中间环节和主开关组合安装在同一机壳内的开关电器，通常称为漏电开关或漏电断路器。其特点是：当检测到触电、漏电后，保护器本身即可直接切断被保护主电路的供电电源。这种保护器有的还兼有短路保护及过载保护功能。

（2）组合型漏电保护装置是一种由漏电继电器和主开关通过电气连接组合而成的漏电保护装置。当发生触电、漏电故障时，由漏电继电器进行信号检测、处理和比较，通过其脱扣器或继电器动作，发出报警信号；也可通过控制触点去操作主开关切断供电电源。漏电继电器本身不具备直接断开主电路的功能。

167. 漏电保护装置按安装方式分类有哪几种？

（1）固定位置安装、固定接线方式的漏电保护装置。

（2）带有电缆的可移动使用的漏电保护装置。

168. 漏电保护装置按极数和线数分类有哪几种？

按照主开关的极数和穿过零序电流互感器的线数可将漏电保护装置分为：单极二线漏电保护装置、二极漏电保护装置、二极三线漏电保护装置、三极漏电保护装置、三极四线漏电保护装置和四极漏电保护装置。其中，单极二线漏电保护装置、二极三线漏电保护装置、三极四线漏电保护装置均有一根直接穿过零序电流互感器而不能被主开关断开的中性线。

169. 漏电保护装置按运行方式分类有哪几种？

（1）不需要辅助电源的漏电保护装置。

（2）需要辅助电源的漏电保护装置。此类中又分为辅助电源中断时可自动切断的漏电保护装置和辅助电源中断时不可自动切断的漏电保护装置。

170. 漏电保护装置按动作灵敏度分类有哪几种？

高灵敏度型漏电保护装置、中灵敏度型漏电保护装置和低灵敏度型漏电保护装置。

171. 漏电保护装置的主要技术参数有哪些？

动作参数是漏电保护装置最基本的技术参数，包括漏电动作电流和漏电动作分断时间。

（1）额定漏电动作电流（I_n）

它是指在规定的条件下，漏电保护装置必须动作的漏电动作电流值。该值反映了漏电保护装置的灵敏度。

（2）额定漏电不动作电流（I_{no}）

它是指在规定的条件下，漏电保护装置必须不动作的漏电不动作电流值。为了避免误动作，漏电保护装置的额定不动作电流不得低于额定动作电流的1/2。

（3）漏电动作分断时间

它是指从突然施加漏电动作电流开始到被保护电路完全被切断为止的全部时间。

172. 电流型漏电保护装置的额定漏电动作电流是怎样规定的？

我国标准规定电流型漏电保护装置的额定漏电动作电流值：30mA及其30mA以下者属于高灵敏度，主要用于防止各种人身触电事故；30mA以上至1000mA者属于中灵敏度，用于防止触电事故和漏电火灾；1000mA以上者属低灵敏度，用于防止漏电火灾和监视一相接地事故。

173. 漏电保护装置按分断时间分类有哪几种？

为适应人身触电保护和分级保护的需要，漏电保护装置有快速型、延时型和反时限型三种。快速型适用于单级保护，用于直接接触电击防护时必须选用快速型的漏电保护装置。延时型漏电保护装置人为地设置了延时，主要用于分级保护的首端。反时限型漏电保护装置是配合人体安全电流–时间曲线而设计的，其特点是漏电流越大，则对应的动作时间越小，呈现反时限动作特性。

快速型漏电保护装置动作时间与动作电流的乘积不应超过 $30\text{mA}\cdot\text{s}$。

174. 哪些场所需要安装漏电保护装置？

（1）带金属外壳的Ⅰ类设备和手持式电动工具；安装在潮湿或强腐蚀等恶劣场所的电气设备；建筑施工工地的电气施工机械设备；临时性电气设备；宾馆类的客房内的插座；触电危险性较大的民用建筑物内的插座；游泳池、喷水池或浴室类场所的水中照明设备；安装在水中的供电线路和电气设备，以及医院中直接接触人体的电气医疗设备（胸腔手术室除外）等均应安装漏电保护装置。

（2）对于公共场所的通道照明及应急照明电源，消防用电梯及确保公共场所安全的电气设备的电源、消防设备（如火灾报警装置、消防水泵、消防通道照明等）的电源、防盗报警装置的电源，以及其他不允许突然停电的场所或电气装置的电源，若在发生漏电时上述电源被立即切断，将会造成严重事故或重大经济损失。因此，在上述情况下，应装设不切断电源的漏电报警装置。

175. 漏电保护装置有什么安装要求？

（1）漏电保护装置的额定电压、额定电流、额定分断能力、极数、环境条件以及额定漏电动作电流和分断时间，在满足被保护供电线路和设备的运行要求时，还必须满足安全要求。

（2）安装漏电保护装置之前，应检查电气线路和电气设备的泄漏电流值和绝缘电阻值。

（3）安装漏电保护装置不得拆除或放弃原有的安全防护措施，漏电保护装置只能作为电气安全防护系统中的附加保护措施。

（4）漏电保护装置标有电源侧和负载侧，安装时必须加以区别，按照规定接线，不得接反。如果接反，会导致电子式漏电保护装置的脱扣线圈无法随电源切断而断电，以致长时间通电而烧毁。

（5）安装漏电保护装置时，必须严格区分中性线和保护线。使用三极四线式和四极四线式漏电保护装置时，中性线应接入漏电保护装置。经过漏电保护装置的中性线可附作为保护线、不得重复接地或连接设备外露可导电部分。保护线不得接入漏电保护装置。

（6）漏电保护装置安装完毕后应操作试验按钮试验 3 次，带负载分合 3 次，确认动作正常后，才能投入使用。

176. 漏电保护装置有哪些运行管理规定？

（1）对使用中的漏电保护装置应定期试验其可靠性。

（2）为验漏电保护装置使用中动作特性的变化，应定期对其动作特性（包括漏电动作电流值、漏电不动作电流值及动作时间）进行试验。

（3）运行中漏电保护器跳闸后，应认真检查其动作原因，排除故障后再合闸送电。

177. 简述漏电保护装置的动作性能参数选择原则。

（1）防止人身触电事故用于直接接触电击防护的漏电保护装置应选用额定动作电流为30mA及其以下的高灵敏度、快速型漏电保护装置。

在浴室、游泳池、隧道等场所，漏电保护装置的额定动作不宜超过10mA。

在触电后，可能导致二次事故的场合，应选用额定动作电流为6mA的快速型漏电保护装置。

漏电保护装置用于间接接触电击防护时，着眼于通过自动切断电源，消除电气设备发生绝缘损坏时因其外露可导电部分持续带有危险电压而产生触电的危险。例如，对于固定式的电动机设备、室外架空线路等，应选用额定动作电流为30mA及其以上的漏电保护装置。

（2）防止火灾对木质灰浆结构的一般住宅和规模小的建筑物．考虑其供电量小、泄漏电流小的特点，并兼顾电击防护，可选用额定动作电流为30mA及其以下的漏电保护装置。

对除住宅以外的中等规模的建筑物，分支回路可选用额定动作电流为30mA及其以下的漏电保护装置；主干线可选用额定动作电流为200mA以下的漏电保护装置。

对钢筋混凝土类建筑，内装材料为木质时，可选用200mA以下的漏电保护装置；内装材料为不燃物时，应区别情况，可选用200mA到数安的漏电保护装置。

（3）防止电气设备烧毁选择数安的电流作为额定动作电流的上限，一般不会造成电气设备的烧毁，因此，防止电气设备烧毁所考虑的主要是与防止触电事故的需要和满足电网供电可靠性问题。通常选用100mA到数安的漏电保护装置。

178. 施工临时用电中的漏电保护装置有什么特殊要求？

施工现场临时用电采用一机一闸一保护设置。

总配电箱中漏电保护器的额定漏电动作电流应大于30mA，额定漏电动作时间应大于0.1s，但其额定漏电动作电流与额定漏电动作时间的乘积不应大于30mA·s。

分开关箱中漏电保护器的额定漏电动作电流不应大于 30mA，额定漏电动作时间不应大于 0.1s。

手持式电动工具开关箱中漏电保护器，其额定漏电动作电流不得大于 15mA，额定漏电动作时间不得大于 0.1s。

179. 简述漏电保护装置的误动作有哪些原因。

漏电保护装置的误动作是指线路或设备未发生预期的触电或漏电时漏电保护装置产生的动作。误动作的原因主要来自两方面：一方面是由漏电保护装置本身的原因引起的；另一方面是由来自线路的原因而引起的。

180. 漏电保护装置本身引起误动作的原因有哪些？

由漏电保护装置本身引起误动作的主要原因是质量问题。如装置在设计上存在缺陷，选用元件质量不良、装配质量差、屏蔽不良等，均会降低保护器的稳定性和平衡性，使可靠性下降，从而导致误动作。

181. 漏电保护装置由线路原因引起误动作的原因有哪些？

（1）接线错误例如，保护装置后方的零线与其他零线连接或接地，或保护装置的后方的相线与其他支路的同相相线连接，或负载跨接在保护装置的电源侧和负载侧，则接通负载时，都可能造成保护装置的误动作。

（2）绝缘恶化保护装置后方一相或两相对地绝缘破坏，或对地绝缘不对称，都将产生不平衡的泄漏电流，从而引发保护装置的误动作。

（3）冲击过电压迅速分断低压感性负载时，可能产生 20 倍额定电压的冲击过电压，冲击过电压将产生较大的不平衡冲击泄漏电流，从而导致保护装置的误动作。

（4）不同步合闸时，先于其他相合闸的一相可能产生足够大的泄漏电流，从而使保护装置误动作。

（5）大型设备启动大型设备在启动时，启动的堵转电流很大。如果漏电保护装置内的零序电流互感器的平衡特性不好，则在大型设备启动的大电流作用下，零序电流互感器一次绕组的漏磁可将造成保护装置的误动作。

（6）附加磁场如果保护装置屏蔽不好，或附近装有流经大电流的导体，或装有磁性元件或较大的导磁体，均可能在零序电流互感器铁芯中产生附加磁通，因此而导致保护装置的误动作。

此外，偏离使用条件，例如环境温度、相对湿度、机械振动等超过保护装置的设计条件时，都会造成保护装置的误动作。

182. 简析漏电保护装置的拒动作有哪些原因。

漏电保护装置的拒动作是指线路或设备已发生预期的触电或漏电而漏电保护装置却不产生预期的动作。拒动作较误动作少见，然而拒动作造成的危险性比误动作大。造成拒动作的主要原因有：

（1）接线错误。错将保护线也接入漏电保护装置，从而导致拒动作。

（2）动作电流选择不当。额定动作电流选择过大或整定过大，从而造成保护装置的拒动作。

（3）线路绝缘阻抗降低或线路太长。由于部分电击电流不沿配电网工作接地或保护装置前方的绝缘阻抗而沿保护装置后方的绝缘阻抗流经零序电流互感器返回电源，从而导致保护装置的拒动作。

此外，产品质量低劣，例如零序电流互感器二次线圈断线、脱扣线圈粘连等各种各样的漏电保护装置内部故障、缺陷均可造成保护装置的误动作。

第六节　触电的救护

183. 应怎样解救高压触电者？

高压电线的电压等级较高，人碰上了高压电后，危险就比低压电大得多。碰到了高压电线后，应立即断开电源。断开电源的方法和断开低压电源的方法相同。如果距离开关近时，直接断开电源开关就可以了；如果离开关远时，救护者应穿戴同等电压等级的橡胶绝缘手套和绝缘靴子，并且用同等电压等级的绝缘拉杆或其他绝缘工具，使触电者脱离电源。除此以外，还可以采用注高压电线上抛短路接地线的办法。采用这种办法时，必须先把接地端接地，而后才能抛扔。抛扔时要特别注意，不能扔到触电者或救护人的身上，以免发生危险。必须注意的是，在没有切断电源前，应做好接应触电者的措施，防止触电者掉下来摔伤。

184. 触电救护的基本步骤是怎样的？

触电者经抢救脱离电源后，只是完成了救护工作的第一步，随后应立即进行紧急救护。在紧急救护中，如果触电者还没有失去知觉，应该先将触电者抬到空气流通、温度适宜的地方休息，同时请医生来诊治或送医院治疗。如果触电者脱离电源后，已经失去知觉，但还有呼吸，应当使触电者仰卧，解开衣服使呼吸不受妨碍，周围不要有人围着，以保持空气流通和新鲜。

如果发现触电者已经停止呼吸，或呼吸困难、逐渐短促，显出痉挛现象，应立即就地施行人工呼吸。同时要迅速找救护车送医院诊治。在送医院途中，人工呼吸仍须继续进行，不可中断。如无救护车，不宜作长途搬运，以免耽误救治时机。需注意的是：人工呼吸须连续耐心地进行，往往施行几小时，触电者才恢复知觉和呼吸。

185. 为什么要进行人工呼吸？

人工呼吸法是触电急救的一种行之有效的科学方法。它是用人工方法帮助触电者恢复正常呼吸。因为人触电后呼吸逐渐减弱或停止。在这种条件下就得用人工的方法帮助触电者恢复正常的呼吸。否则，触电者便会因呼吸困难，逐渐地停止呼吸而死亡。

据有关医学部门的研究，人触电后昏迷和死亡的主要病理变化是心室纤维颤动及呼吸。因此，最有效的方法是用人工方法帮助恢复正常呼吸。

186. 人工呼吸需要做哪些准备工作？

（1）先把触电者身上的衣服和裤带解开以免妨碍呼吸。

（2）如果触电者牙关紧闭，应设法使嘴张开，挖出嘴里的食物、假牙、鲜血黏液等，把舌头拉到嘴外，以便于呼吸。

（3）为了不使触电者受凉，还应在其身下垫一些暖和的被褥，在比较冷的地方，触电者身上也可以盖上毛毯和外衣，再在身旁、脚旁放上热水袋，以保持触电者身体温度。上述准备工作就绪后，便可开始实行人工呼吸法进行急救。

187. 常用的人工急救方法有哪些？

（1）口对口吹气法；

（2）俯卧压背法；

（3）仰卧压胸法；

（4）体外心脏按摩法；

（5）针灸法。

188. 口对口吹气法有什么特点？

口对口吹气法在实际应用中效果较好，如果和胸外心脏按摩法配合抢救触电者其效果更好。因此急救时应尽量采用这种方法。这种方法在我国流传很广，很早以前古人就把它应用在急救治疗上。它简单易于掌握，比其他充气法气量多、省力，吹出之气中又含有一定量的二氧化碳，有刺激呼吸的作用，对呼吸的恢复有良好的效果。

189. 简述口对口吹气法的操作过程。

首先应用手帕或纱布盖在触电者的口鼻上面，急救者先吸一口气，然后将口对着触电者的口吹气，同时用手捏住触电者的鼻子以免漏气。在吹气后，救护人应立即把自己的嘴移开，放松触电者的鼻子，并用力向下前方拉其下巴或拉其下嘴唇，使空气呼出。采用这种方法，每分钟吹气 12～16 次。到触电者出现好转的象征（如眼皮闪动或嘴唇蠕动）时，应暂停人口呼吸数秒钟，让其自行呼吸。如果还不能完全恢复呼吸，应继续进行人工呼吸，直到能正常呼吸为止。

如果救护者分不开触电者的嘴巴，可以捏紧其嘴巴，紧贴着触电者的鼻孔吹气和放气。

190. 简述俯卧压背急救法。

俯卧压背急救法比较简单，也容易学会。经过几次演习就可以应用，因此这种方法获得广泛地学习和推广。先把触电者的背向上平放在地上，使触电者仰卧，伸出一臂向前伸过头，屈其一臂枕在头下，触电者的舌头拉出口外，免得舌头卷缩妨碍呼吸，脸的下面要垫一些柔软的东西，防止擦伤。救护人员跨在触电者的身上跪着，膝盖放在触电者臀部的两旁，将两手伸直，手掌平放在触电者后背肋骨下部，手指并拢，在两旁把触电者抱住，小手指放在最末一根肋骨上施行人工呼吸法时，救护者心中默数"1、2、3"，同时把自己的身体逐渐向前倾，两手伸出用全身的重量压向触电者的下部肋骨，使触电者呼出空气，再把自己的身体抬起向右仰，使压力放松，双手不要离开触电者的背部，使触电者吸进空气，同时默数"4、5、6"。这样压下去、抬起来，继续做下去，直到触电者恢复自由呼吸为止。在施行人工呼吸法的过程中，压出及吸进空气各一次，叫做完成一次完全的人工呼吸。时间大约为 4~5s，这样每分钟大约能进行 12~15 次。

191. 俯卧压背急救法需要注意的事项有哪些？

俯卧压背急救法这种急救方法的效果比较好，但是救护人员容易疲劳，必须有人替换，一般需要两个人。触电者臂骨、锁骨跌伤或骨折时，这种方法不能采用。同时要注意，应用时不要用力过猛，以免使骨节脱臼或折断。

192. 简述仰卧压胸急救法的操作方法。

把触电者向上平放，并在两肩胛下面垫入卷好的衣物，使触电者头向后仰，胸部扩张，由一个人把触电者的舌头拉出，用于捏住，而后内另一个人跪在触电者的头前，两手握住触电者的两只手腕使两臂弯曲在压向胸前两侧（但不需用力太猛），使气呼出。这时候救护人员心中默数"1、2、3"，再将触电者两臂向上拉直，引到头的后面，使空气吸进，同时心中默数"4、5、6"，然后再重复地把两臂弯曲，压向胸前。这样重复进行，每分钟大约做 12~15 次，直到触电者恢复正常呼吸为止。

193. 什么是胸外心脏按摩？

当触电者心脏停止跳动时，便可采用胸外心脏按摩。采用此种方法时要十分注意动作位置。在急救时，首先使触电者仰卧在地或硬板上（不可躺在软的地方），解开衣服，面部向上，而后救护人员面对触电者的脸，跪在其身体右侧、右侧或跨在他的身上，救护者两手相迭或交叉相迭，用手掌根部置于触电者的胸骨下方三分之一处，心口窝的上方（在两乳头之间略下一些）。并按下述操作顺序进行操作：首先用手掌根部将锁骨下三分之一部分向下、向后面脊柱方向压陷2~3cm 左右（失去知觉的触电者胸廓较为柔软，容易压下），退出心脏内的血液。

而后有规律、有节奏地每分钟挤压 60~80 次。按摩时，加压可略慢一些，放松时略快一些，目的是让胸廓自动弹起，造成血液流回心脏。手掌根部每次加压后不要完全离开。

194. 仰卧压胸急救法需要注意的事项？

采用上述方法时要注意，加压时不可用力过猛，防止压断肋骨，并注意不要压胃上，以防把食物压出堵住气管。急救如有效果，触电者的肤色即可恢复，瞳孔缩小，颈动脉搏动可以投到，恢复自发性呼吸。

195. 怎样判别人工呼吸是否成功？

施行人工呼吸时，应留心观察触电者脸部的变化，如果发现嘴唇合开、眼皮活动以及喉咙有咽东西的动作时，说明触电者开始自发呼吸。这时应该暂时停止几秒钟，观察触电者自发呼吸的情况，如果仍旧不正常或者很微弱，应继续进行，直到恢复正常的呼吸为止。当触电者清醒以后，应让他继续躺着，不可坐起或者站起，以免引起危险。触电者恢复正常以后，应该看护几小时，以便正常呼吸一有停止，立即施行人工呼吸。在室外施行人工呼吸时，如遇雷雨而触电者还没有恢复正常呼吸，应搬到室内继续进行，不能停止。施行人工呼吸不能轻易中断，也不能着急，必须一直做到触电者起死回生或经医生证明确认死亡，无法挽救时为止。根据实际经验，使用人工呼吸法抢救触电者，有长达 7~10h 后救活的。

第三章 电气系统接地与安全

第一节 地 和 接 地

196. 什么是电气地？

大地是一个电阻非常低、电容量非常大的物体，拥有吸收无限电荷的能力，而且在吸收大量电荷后仍能保持电位不变，因此适合作为电气系统中的参考电位体。这种"地"是"电气地"，并不等于"地理地"，但却包含在"地理地"之中。"电气地"的范围随着大地结构的组成和大地与带电体接触的情况而定。

197. 什么是地电位？

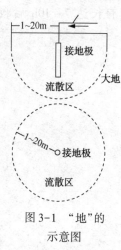

图 3-1 "地"的
示意图

与大地紧密接触并形成电气接触的一个或一组导电体称为接地极，通常采用圆钢或角钢，也可采用铜棒或铜板。图 3-1 示出圆钢接地极。当流入地中的电流 I 通过接地极向大地作半球形散开时，由于这半球形的球面，在距接地极越近的地方越小，越远的地方越大，所以在距接地极越近的地方电阻越大，而在距接地极越远的地方电阻越小。试验证明：在距单根接地极或碰地处 20m 以外的地方，呈半球形的球面已经很大，实际已没有什么电阻存在，不再有什么电压降。换句话说，该处的电位已近于零。这电位等于零的"电气地"称为"地电位"。若接地极不是单根而为多根组成时，屏蔽系数增大，上述 20m 的距离可能会增大。图 3-1 中的流散区是指电流通过接地极向大地流散时产生明显电位梯度的土壤范围。地电位是指流散区以外的土壤区域。在接地极分布很密的地方，很难存在电位等于零的电气地。

198. 什么是逻辑地？它与电气地有什么区别？

电子设备中各级电路电流的传输、信息转换要求有一个参考地电位，这个电位还可防止外界电磁场信号的侵入，常称这个电位为"逻辑地"。这个"地"不一定是"地理地"，可能是电子设备的金属机壳、底座、印刷电路板上的地线或建筑物内的总接地端子、接地干线等；逻辑地可与大地接触，也可不接触，而"电气地"必须与大地接触。

199. 接地的概念是什么？

电力系统和电气装置的中性点、电气设备的外露导电部分和装置外导电部分经由导体与大地相连，称为"接地"。

200. 接地的目的是什么？

接地的目的是使人体可能接触到的导电部分基本降低到接近地电位，这样当发生电气放电时，即使这些导电部分带电，因其电位与人体所站立处的大地电位基本接近，可以减少电击危险；同时电力系统接地后还可以稳定运行。"电气装置"是一定空间中若干相互连接的电气设备的组合。"电气设备"是发电、变电、输电、配电或用电的任何设备，例如电机、变压器、电器、测量仪表、保护装置、布线材料等。"外露导电部分"为电气装置中能被触及的导电部分，它在正常时不带电，但在故障情况下可能带电，一般指金属外壳。有时为了安全保护的需要，将装置外导电部分与接地线相连进行接地。"装置外导电部分"也可称为外部导电部分，不属于电气装置，一般是水、暖、煤气、空调的金属管道以及建筑物的金属结构。外部导电部分可能引入电位，一般是地电位。接地线是连接到接地极的导线。接地装置是接地极与接地线的总称。

201. 什么是接地电流、过电流、碰壳电流和接地短路电流？

凡从接地点流入地下的电流称为接地电流。

接地电流有正常接地电流和故障接地电流之分。正常接地电流是指正常工作时通过接地装置流入地下，接大地形成工作回路的电流；故障接地电流是指系统发生故障时出现的接地电流。

超过额定电流的任何电流称为过电流。在正常情况下的不同电位点间，由阻抗可忽略不计的故障产生的过电流称为短路电流，例如相线和中性线间产生金属性短路所产生的电流称为单相短路电流。由绝缘损坏而产生的电流称为故障电流，流入大地的故障电流称为接地故障电流。当电气设备的外壳接地，且其绝缘损坏，相线与金属外壳接触时称为"碰壳"，由碰壳所产生的电流称为"碰壳电流"。

系统两相接地可能导致系统发生短路，这时的接地电流叫做接地短路电流。在高压系统中，接地短路电流可能很大，接地短路电流在 500A 及其以下的，称为小接地短路电流系统；接地短路电流在 500A 以上的，称为大接地短路电流系统。

202. 接地系统一般有哪几部分？

接地系统是将电气装置的外露导电部分通过导电体与大地相连接的系统，一般由下列几部分或其中一部分组成：

（1）接地极 T

与大地紧密接触并与大地形成电气连接的一个或一组导电体称为接地极。与大地接触的建筑物的金属构件、金属管道等用作接地的称为自然接地极。专用于接地的与大地接触的导体称为人工接地极。常用作接地极的有：接地棒、接地管、接地带、接地线、接地板和地下钢结构和钢筋混凝土中的钢筋等，多个接地极在地中配置的相互距离可使得其中之一流过最大电流时不致显著影响其他接地极的电位的称为独立接地极。在离开接地极 10m 处的电动势比在接地极处的电动势小得多，因此在一般情况下，两个接地极相距至少 10m，才能算是独立接地极。如要两个接地极彼此不受影响，至少相距 40m。

（2）总接地端子 B

连接保护线、接地线、等电位联结线等用以接地的多个端子的组合称为总接地端子。

（3）接地线 G

与接地极相连，只起接地作用的导体称为接地线。一般将从总接地端子连接到地极的导体称为接地线。连接多条接地线并与总接地端子相连的导体称为接地干线。

（4）保护线 PE

用于电击保护。将外露导电部分 M、装置外导电部分 C、总接地端子 B、接地极 T、电源接地点或人工中性点中任何部分连接起来的导体称为保护线。从广义方面说，包括上述接地线 G，也包括用作主等电位联结用的主等电位联结线、用作辅助等电位联结的辅助等电位联结线及设备外露导电部分和装置外导电部分直接或间接与接地干线相连接的导体；从狭义方面说，PE 线通常指设备外部导电部分和装置外导电部分直接或间接与接地干线相连的导体。

（5）接地装置

接地及接地线总称为接地装置。

第二节 低压配电系统的接地

203. 什么是工作接地、保护接地和保护接零？

为满足电气装置和系统的工作特性和安全防护的要求，而将电气装置和系统的任何部分与土壤间做良好的电气连接，称为接地。接地按用途不同有工作接地、保护接地和保护接零之分。

（1）工作接地。根据电力系统运行工作的需要而进行的接地（如系统中变压器中性点的接地），称为工作接地。

（2）保护接地。将电气装置的金属外壳和架构（在正常情况下不带电的金属部分）与接地体之间作良好的金属连接，因为他对间接触点有防护作用，故称作保护接地。如 TT 系统和 IT 系统。

（3）保护接零。为对间接触点进行防护，将电气装置的外壳和架构与电力系统的接地点（如接地中性点）直接进行电气连接，称作保护接零。如 TN 系统。

204. 低压配电网是怎样实现绝缘监视的？

用 3 只电压表分别接在线路三相和接地装置之间。电压表的要求如下：（1）3 只电压表的规格相同；（2）电压表量程选择适当；（3）选用高内阻的电压表。配电网对地绝缘正常时，三相平衡，3 只电压表读数均为相电压。当配电网单相接地时，接地相电压表读数降低，另两相电压表读数显著升高。如果不是接地，只是绝缘劣化时，3 只电压表的读数会出现不同，提醒巡检人员的注意。

205. 不接地配电网是怎样实现过电压防护的？

不接地配电网，由于配电网与大地之间没有直接的电气连接，在意外情况下可能会使整个低压系统产生很高的过电压，将给低压系统的安全运行造成极大的威胁。

为了减轻过电压的危险，在不接地低压配电网中，应当如图 3-2 所示的那样，把低压配电网的中性点或者一相经击穿保险器接地。正常情况下，击穿保险器处于绝缘状态，配电网仍为不接地系统；故障时，保险器击穿，配电网变成接地系统，只要 $R_E \leqslant 4\Omega$，就能控制低压各相电压的过分升高，也可能引起高压系统的过流装置动作，切断电源。两

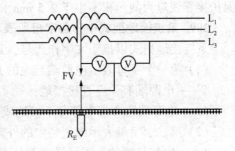

图 3-2　不接地低压配电网中性点接地

只相同的内阻电压表是用来监视击穿保险器的绝缘状态的。

206. 为什么要采取保护接地和保护接零措施？

在电力系统中，由于电气装置绝缘老化、磨损或被过电压击穿等原因，都会使原来不带电的部分（如金属底座、金属外壳、金属框架等）带电，或者使原来带低压电的部分带上高压电，这些意外的不正常带电将会引起电气设备损坏和人身触电伤亡事故。为了避免这类事故的发生，通常采取保护接地和保护接零的防护措施。

207. 保护接零的作用及应用范围是什么？

由于保护接地具有一定的局限性，所以常采用保护接零。即将电气设备正常

情况下不带电的金属部分用金属导体与系统中的零线连接起来，当设备绝缘损坏碰壳时，就形成单相金属性短路，短路电流流经相线——零线回路，而不经过电源中性点接地装置，从而产生足够大的短路电流，使过流保护装置迅速动作，切断漏电设备的电源，以保障人身安全。其保安效果比保护接地好。

保护接零适用于电源中性点直接接地的三相四线制低压系统。在该系统中，凡由于绝缘损坏或其他原因而可能呈现危险电压的金属部分，除另有规定外都应接零。应接零和不必接零的设备或部位与保护接地相同。凡是由单独配电变压器供电的厂矿企业，应采用保护接零方式。

208. 对保护零线有哪些要求？

（1）保护零线应单独敷设，并在首、末端和中间处作不少于3处的重复接地，每处重复接地电阻值不大于 10Ω；

（2）保护零线仅作保护接零之用，不得与工作零线混用；

（3）保护零线上不得装设控制开关和熔断器；

（4）保护零线应为具有绿/黄双色标志的绝缘线；

（5）保护零线截面应不小于工作零线截面。架空敷设时，采用绝缘铜线，截面积应不小于 $10mm^2$，采用绝缘铝线时，截面积应不小于 $16\ mm^2$；电气设备的保护接零线应为截面积不小于 $2.5\ mm^2$ 的多股绝缘铜线。

209. 系统接地型式中，各字母所表示的意义是什么？

系统接地型式以拉丁文字作代号，其意义为：

（1）第一个字母表示电源端与地的关系：

T——电源端有一点直接接地；

I——电源端所有带电部分不接地或有一点通过阻抗接地。

（2）第二个字母表示电气装置的外露可导电部分与地的关系：

T——电气装置的外露可导电部分直接接地，此接地点在电气上独立于电源端的接地点；

N——电气装置的外露可导电部分与电源端接地点有直接电气连接。

（3）短横线(—)后的字母用来表示中性导体与保护导体的组合情况：

S——中性导体和保护导体是分开的；

C——中性导体和保护导体是合一的。

210. TN 系统的特点是什么？

TN 系统的电源端有一点直接接地，电气装置的外露导电部分通过保护中性导体或保护导体连接到此接地点，俗称接零保护系统。特点如下：

（1）当电气设备的相线碰壳或设备绝缘损坏而漏电时，实际上就是单相对地短路故障，理想状态下电源侧熔断器会熔断，低压断路器会立即跳闸使故障设备断电，产生危险接触电压的时间较短，比较安全。

（2）TN 系统节省材料、工时，应用广泛。

（3）按照中性导体与保护导体的不同组合方式，又分为如下 3 种：

TN-C　　TN-S　　TN-C-S

211. TN-C 系统的优缺点是什么？

整个系统的中性导体与保护导体是合一的，称为 PEN 线，如图 3-3 所示。

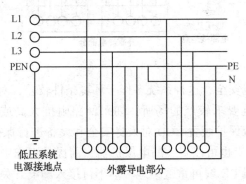

图 3-3　TN-C 系统

优点：TN-C 方案易于实现，节省了一根导线，且保护电器可节省一极，降低设备的初期投资费用；发生接地短路故障时，故障电流大，可采用一过流保护电器瞬时切断电源，保证人员生命和财产安全。在过去我国应用比较普遍。

缺点：当三相负荷不平衡或只有单相用电设备时，PEN 线上有正常负荷电流流过，有时还要通过三次谐波电流，电气设备的外壳和线路金属套管间有压降，对敏感性电子设备不利；PEN 线中的电流在有爆炸危险的环境中会引起爆炸；PEN 线断线或相线对地短路时，会呈现相当高的对地故障电压，使触电危险加大；同一系统内 PEN 线是相通的，故障电压会沿 PEN 线传至其他未发生故障处，可能扩大事故范围；TN-C 系统电源处上使用漏电保护器时，接地点后工作中性线不得重复接地，否则无法可靠供电；该系统全部用 PEN 线作设备接地，它无法实现电气隔离，不能保证电气检修人身安全，在国际上基本不被采用，名存实亡。

212. TN-S 系统的优缺点是什么？

整个系统的中性导体和保护导体是分开的，如图 3-4 所示。

优点：PE 线在正常情况下不通过负荷电流，它只在发生接地故障时才带电位，因此不会对接地 PE 线上其他设备产生电磁干扰，适用于数据处理和精密电子仪器设备，也可用于爆炸危险场合；民用建筑中，家用电器大都有单独接地触点的插头，采用 TN-S 系统，既方便，又安全；在 N 线断线也并不影响 PE 线上

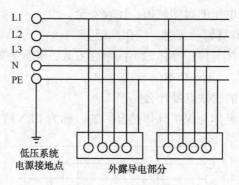

图 3-4　TN-S 系统

设备的防止间接触电安全，这种系统多作于环境条件较差，对安全可靠性要求较高及设备对电磁干扰要求较严的场所；如果回路阻抗太高或者电源短路容量较小，需采用剩余电流保护装置 RCD 对人身安全和设备进行保护，防止火灾危险；TN-S 系统供电干线上也可以安装漏电保护器，前提是工作中性线 N 线不得有重复接地。专用保护线 PE 线可重复接地，但不可接入漏电开关。

缺点：由于增加了中性线，初期投资较高；TN-S 系统相对地短路时，不能解决对地故障电压蔓延和相对地短路引起中性点电位升高等问题。

213. TN-C-S 系统的优缺点是什么？

系统中一部分线路的中性导体和保护导体是合一的，如图 3-5 所示。

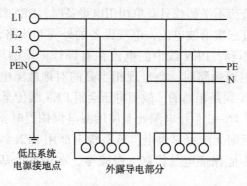

图 3-5　TN-C-S 系统

前部分是 TN-C 方式供电，但为考虑安全供电，二级配电箱出口处，分别引出 PE 线及 N 线，即在系统后部分二级配电箱后采用 TN-S 方式供电，这种系统总称为 TN-C-S 供电系统。PEN 分为 PE 线和 N 线后，不能再与 PE 线合并或互换，否则它们是 TN-C 系统。这种系统兼有 TN-C 系统和 TN-S 系统的特点，电源线路结构简单，又保证一定安全水平，常用于配电系统末端环境条件较差或有数据处理等设备的场所。

工作中性线 N 与专用保护线 PE 相联通，联通后面 PE 线上没有电流，即该段导线上正常运行不产生电压降；联通前段线路不平衡电流比较大时，在后面 PE 线上电气设备的外壳会有接触电压产生。因此，TN-C-S 系统可以降低电气设备外露导电部分对地的电压，然而又不能完全消除这个电压，这个电压的大小取决于联通前线路的不平衡电流及联通前线路的长度。负载越不平衡，联通前线路越长，设备外壳对地电压偏移就越大。所以要求负载不平衡电流不能太大，而且在 PE 线上应作重复接地；一旦 PE 线作了重复接地，只能在线路末端设立漏电保护器，否则供电可靠性不高。

214. TT 系统的优缺点是什么？

电源端有一点直接接地，电气装置的外露可导电部分直接接地，此接地点在电气上独立于电源端的接地点，见图 3-6。

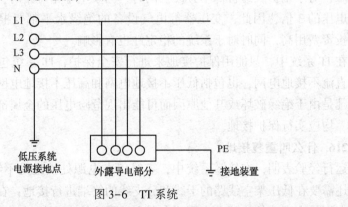

图 3-6　TT 系统

优点：TT 供电系统中当电气设备的相线碰壳或设备绝缘损坏而漏电时，由于有接地保护，可以减少触电的危险性；电气设备的外壳与电源的接地无电气联系，适用于对电位敏感的数据处理设备和精密电子设备；故障时对地故障电压不会蔓延。

缺点：短路电流小，发生短路时，短路电流保护装置不会动作，易造成电击事故；受线路零序阻抗及接地处过渡电阻的影响，漏电电流可能比较小，低压断路器不一定能跳闸，会造成漏电设备的外壳对地产生高于安全电压的危险电压，一般需要设漏电保护器作后备保护；由于各用电设备均需单独接地，TT 系统接地装置分散、耗用钢材多、施工复杂较为困难；如果工作中性线断线，健全相电气设备电压升高，会造成成批电器设备损坏。因此中性点直接接地的低压绝缘线的中性线，应在电源点接地。在干线和分支线的终端处，应将中性线重复接地。

215. 中性点不接地工作制（IT 系统）的优缺点有哪些？

电源端的带电部分不接地或有一点通过阻抗接地，电气装置的外露可导电部分直接接地。

在中性点不接地工作制中，系统的中性点与地绝缘，其优点是当发生单相接地时，不会破坏电源电压的平衡，还能继续运行。在供电距离不是很长时，供电的可靠性高、安全性好。一般用于不允许停电的场所，有连续供电要求的地方，例如医院的手术室、地下矿井、炼钢炉、电缆井照明等处。

不接地系统事实上是电容接地，尤其当线路比较长时，由于电容电流较大，就失去了这个优点。电气设备的相线碰壳或设备绝缘损坏而漏电时，电容电流经大地可形成回路，电气设备外露导电部分也会形成危险的接触电压。而当线路太短时，接地事故电流又不能使继电器选择性动作，容易造成检查和隔离事故线路的困难，对于维护及运行都不方便。同时，当发生单相短路时，过电压有可能达到相电压的 3 倍，因此，变压器等电气设备的绝缘水平都要根据这个情况来考虑，投资费用高，同时对于系统的稳定性也有影响。

在 IT 系统中，只能用保护接地来进行安全保护，IT 系统包括交流不接地电网和直流不接地电网，也包括低压不接地电网和高压不接地电网等。在这类电网中，凡是由于绝缘破坏或其他原因而可能出现危险电压的金属部分，除另有规定者外，均应实行保护接地。

216. 什么叫重复接地？

运行经验表明，在接零系统中，零线仅在电源处接地是不够安全的。为此，零线还需要在低压架空线路的干线和分支线的终端进行接地；在电缆或架空线路引入车间或大型建筑物处，也要进行接地（距接地点不超过 50m 者除外）；或在屋内将零线与配电屏、控制屏的接地装置相连接，这种接地叫做重复接地。

217. 什么是工作接地？

工作接地就是将变压器的中性点接地。其主要作用是系统电位的稳定性，即减轻低压系统由于一相接地，高低压短接等原因所产生过电压的危险性，并能防止绝缘击穿。其次，由于接地配电网中单相接地故障电流可达到数安乃至几十安，故障比较容易被检测，故障点也比较容易确定。

当配电网一相故障接地时，如果没有工作接地，另两相对地电压将上升到线电压。中性线及所有接中性线的电气设备外露导电部分都成了十分危险的带电体；同时，未接地的两相负载承受的电压升高，单相触电的危险性大大增加。而且，由于接地电流不大，这种危险性可能持续下去。因此，这种配电网是不能采用的。

218. 工作接地电阻值应为多大?

工作接地电阻 R_n 不能太大。我国规范规定，一般情况下要求 $R_n \leqslant 4\Omega$；在高土壤地区，工作接地电阻 R_n 允许放宽到不超过 10Ω。

第三节　高压交流电力系统的接地方式

219. 高压系统常见接地方式有哪些?

电力系统的接地方式根据系统与大地连接方式而定，一般有不接地方式、消弧线圈接地方式、电阻接地方式、电感补偿、并联电阻接地方式、直接接地方式。

220. 消弧线圈接地方式的适用范围及其优缺点是什么?

采用消弧线圈接地方式时，最好能达到调谐的要求，也就是由消弧线圈所产生的接地电流的电感分量与电力系统的电容电流分量相抵消，此时故障电流仅由调谐后的电阻值、绝缘泄漏和电晕所产生。此电流值甚小，因此这种接地方式也称小接地电流系统。由于接地电流很小，不会烧毁发电机定子线圈，也不致产生火灾和爆炸的危险。而且调谐后的电流与相电压同相，在同一时间过零，因此可以减少间歇重燃过电压和加速故障点的降压速度，故障相上恢复电压上升率也很低，因此电弧容易熄灭且不易重燃，闪络也受到限制，可以防止和减少电气设备击穿，也不易产生两相短路。为了尽可能在不同运行方式下与系统电容电流调谐，必须采用调整消弧线圈分接头的方法获得适当电抗值。当系统运行方式经常改变时，调谐工作量很大且不易达到要求，而且这种接地方式，寻找故障点也比较困难，并且工业和民用建筑中熟练人员比较少，因此近年来有改用电阻接地或采用微机综合保护接地的趋势。

中性点经消弧线圈接地方式，即是在中性点和大地之间接入一个电感消弧线圈。当电网发生单相接地故障时，其接地电流大于 30A，产生的电弧往往不能自熄，造成弧光接地过电压概率增大，不利于电网安全运行。为此，利用消弧线圈的电感电流对接地电容电流进行补偿，使通过故障点的电流减小到能自行熄弧范围。通过对消弧线圈无载分接开关的操作，使之能在一定范围内达到过补偿运行，从而达到减小接地电流。这可使电网持续运行一段时间，相对地提高了供电可靠性。

该接地方式因电网发生单相接地的故障是随机的，造成单相接地保护装置动作情况复杂，寻找发现故障点比较难。消弧线圈采用无载分接开关，靠人工凭经验操作比较难实现过补偿。消弧线圈本身是感性元件，与对地电容构成谐振回路，在一定条件下能发生谐振过电压。消弧线圈能使单相接地电流得到补偿而变小，这对实现继电保护比较困难。

221. 中性点经电阻接地方式的适用范围及其优缺点是什么?

中性点经电阻接地方式，即是中性点与大地之间接入一定电阻值的电阻。该电阻与系统对地电容构成并联回路，由于电阻是耗能元件，也是电容电荷释放元件和谐振的阻压元件，对防止谐振过电压和间歇性电弧接地过电压，有一定优越性。中性点经电阻接地的方式有高电阻接地、中电阻接地、低电阻接地等三种方式。这三种电阻接地方式各有优缺点，要根据具体情况选定。

对于用电容量大且以电缆线路为主的电力系统，其电容电流往往大于 30A，如果采用消弧线圈接地方式，不仅调谐工作繁琐困难，故障点不易寻找，而且消弧线圈补偿量增大，使得投资增加，占地面积也随之增大。电缆线路不宜带故障运行，采用消弧线圈可以带故障运行的优点也不能发挥，因此这样的系统常采用电阻接地。电阻接地根据系统电容电流的不同，分为高电阻接地和中电阻接地两种情况。

（1）高电阻接地

高电阻接地多用于电容电流为 10A 或稍大的系统内。接地电阻的电阻值按照流经该电阻上的电流稍大于系统的接地电容电流的原则来选择。由于接地故障时总的接地电流比较小。对电气设备和线路所产生的机械应力和热效应也比较小，同样也减少人身遭受电击的危险和靠近接地故障点的人员遭受到电弧和闪络的危险，还可以带故障继续运行 2h，以便利用这段时间消除接地故障，保持系统运行的可靠性。

（2）中电阻接地

中电阻接地多用于电容电流比 10A 大得多的系统。接地电阻值的选择要保证继电保护有足够的灵敏度，故障时不致引起过高的过电压，也不能造成对通信线路的干扰。有些国家对接地电阻值有较明确的规定，例如德国规定在中压电网中，该电阻值按单相接地电流 I_0 为 1000~2000A 来考虑；法国则规定：以电缆为主的城市电网，按 I_0 为 1000A 考虑，以架空线为主的郊区电网，则按 300A 考虑。在工业与民用的电力系统中，I_0 在 100A 及其以上者，一般可满足继电保护的要求，而且在厂区和建筑小区内，高压电力线和通信线很少会有数千米的平行线路，所以干扰问题一般不予考虑。但为了在单相接地故障时不致产生较高的过电压、故障点的零序阻抗 $X_{0\Sigma}$ 必须为感性，而且 $X_{0\Sigma}/X_{1\Sigma}$ 不应大于 1.73，此处，$X_{1\Sigma}$ 为故障点的正序阻抗。$X_{0\Sigma}$ 根据 $Z_{0\Sigma}$ 计算而得：

48

$$Z_{0\Sigma} = (X_{0T} + 3R_n)/X_{oc}$$

此处 X_{0T} 为接地变压器零序电抗，R_n 为接地电阻值；X_{oc} 为系统每相对地分布电容的容抗值。采用中电阻接地后，电气设备长期最大工作电压为相电压，绝缘水平可以降低，能采用一般的全封闭组合电器和无间隙的氧化锌避雷器，对工业企业与民用建筑的电力系统特别有利，可按相电压的绝缘水平选用产品，避免按线电压要求，选用绝缘强度更高的产品。但这种接地方式，当产生对地故障时，立即切断电源，虽然避免了故障扩大，但对于要求有可靠电源的系统，则必须有双电源或备用电源，当发生单相接地故障时，能在较短时间内恢复供电。

222. 什么是电感补偿、并联电阻接地方式？

这种方式用于接地电容电流超过 10A 的电力系统，单相接地时不跳闸可继续运行 2h。电感按完全补偿系统电容电流来选择，即流经电感的电流等于系统最大和最小运行方式下的接地电容电流的平均值。并联电阻直接接入系统中性点，其电阻值按流经其上的电流不小于系统的电容电流来选择。并联电阻的目的是防止断路器三相不同时合闸时引起串联谐振过电压。最小运行方式不考虑停机后的运行方式。电感一般选用标准规格的消弧线圈。

223. 中性点直接接地方式的适用范围，其优缺点是什么？

变压器或发电机的中性点宜直接或经过小电阻（例如经过电流互感器）接到接地装置上则为直接接地方式，由于这种接地方式的接地电流比较大，所以采用这种接地方式的系统，也称为大电流接地系统。当其接地系数不超过 1.4 时为中性点有效接地系统。接地系数是一相或另两相接地时健全相与接地点的电位差和接地前两者间电位差的比值。中性点直接接地方式，即是将中性点直接接入大地。该系统运行中若发生一相接地时，就形成单相短路，其接地电流很大，使断路器跳闸切除故障。这种大电流接地系统，不装设绝缘监察装置。

中性点直接接地系统产生的内过电压最低，而过电压是电网绝缘配合的基础，电网选用的绝缘水平高低，反映的是风险率不同，绝缘配合归根到底是个经济问题。

中性点直接接地系统产生的接地电流大，故对通信系统的干扰影响也大。当电力线路与通讯线路平行走向时，由于耦合产生感应电压，对通信造成干扰。

中性点直接接地系统在运行中若发生单相接地故障时，其接地点还会产生较大的跨步电压与接触电压。此时，若工作人员误登杆或误碰带电导体，容易发生触电伤害事故。对此只要加强安全教育和正确配置继电保护及严格的安全措施，事故也是可以避免的。其办法是：①尽量使电杆接地电阻降至最小；②对电杆的拉线或附装在电杆上的接地引下线的裸露部分加护套；③倒闸操作人员应严格执行电业安全工作规程。

224. 接地变压器的用处是什么？其主要参数有哪些？

当系统没有中性点而且需要接地时，必须通过接地变压器（包括电抗器）设置人工接地点。接地变压器要求零序阻抗低，以保证零序电流的输出；励磁阻抗高，以限制空载电流值；空载损耗低，以减少能耗。

（1）额定持续电流：即持续流过主绕组的电流。当二次侧不带负荷时，一般为空载电流；当发生单相接地短路时，即为一次侧的零序电流。如连接消弧线圈，持续时间按 2h 计；如连接电阻则为继电保护动作时间。如二次侧带有负载，额定持续电流为二次侧负载电流折合成一次侧正序电流与一次侧短时工作制零序电流折合成长期稳定电流的向量和。

（2）额定中性点电流：即为单相接地故障时流过接地变压器中性点的电流，决定于高压侧容量及与之连接的接地元件容量的配合。当连接消弧线圈时，接地元件的容量按持续工作时间 2h 计算；当连接电阻时，则按继电保护动作时间考虑。

（3）容量：接地变压器的容量一般按额定电压及额定持续电流计算而得。当连接消弧线圈时，还要考虑接地变压器利用率。当采用电感补偿、并联电阻接地方式时，额定持续电流为流过电感的电流和流过电阻的电流的相量和。

225. 消弧线圈的主要参数有哪些？

（1）容量：消弧线圈采用过补偿，其容量 Q_L（单位：kV·A）按下式计算：

$$Q_L = (1.25 \sim 1.30)I_c U$$

式中　I_c——接地电容电流，A；

　　　U——相电压，kV。

（2）脱谐度：脱谐度 n_k 是系统采用消弧线圈，未能完全达到调谐的程度，要求串联脱谐度不小于 20%，并联脱谐度不小于 40%，中性点位移不大于相电压的 15%，故障时不超过 10%。对于网络的残流要求：发电机不超过 5A，3~10kV 网络不超过 30A，20kV 及以上网络不超过 10A。脱谐度 n_k 的计算：

$$n_k = \frac{I_c - I_1}{I_c}\%$$

式中　I_c——消弧线圈助补偿电流，A；

　　　I_1——系统的接地电容电流，A。

226. 中性点不接地电网的接地保护种类有哪些？

电力电网小接地系统大部分为中性点不接地系统，而单相接地保护的变化已从传统接地保护发展到无人值守变电所配合综合自动化装置的接地保护、接地选线装置等，其保护目前主要有以下几种：系统接地绝缘监视装置、零序电流保护、零序功率保护、小电流接地选线综合装置。

227. 什么是系统接地绝缘监视装置？

绝缘监视装置是利用零序电压的有无来实现对不接地系统的监视的。将变电所母线电压互感器其中一个绕组接成星形，利用电压表监视各相对地电压，另一绕组接成开口三角形，接入过电压继电器，反应接地故障时出现的零序电压。当发生单相接地故障时，开口三角形出现零序电压，过电压继电器动作，发出接地信号。该保护只能实现监测出接地故障，并能通过三只电压表判别出接地的相别，但不能判别出是哪条线路的接地。要想判断故障线路，必须经拉线路试验，这将增加对用户的停电次数，且若发生两条线路以上接地故障时，将更难判别。装置可能会因电压互感器的铁磁谐振、熔断器的接触不良、直流的接地、回路的接触不良而误发或拒发接地信号。

228. 什么是零序电流保护？

零序电流保护是利用故障线路的零序电流比非故障线路零序电流大的特点来实现选择性的保护。该保护一般安装在零序电流互感器的线路上，且出线较多的电网中更能保证它的灵敏度和选择性。但由于零序电流互感器的误差，线路接线复杂、单相接地电容的大小、装置的误差、定值的误差、电缆的导电外皮等的漏电流等影响，发生单相接地故障线路零序电流二次反映不一定比非故障线路大，易发生误判断、误动。

229. 什么是零序功率保护？

零序功率方向保护是利用非故障线路与故障线路的零序电流相差 180° 来实现有选择性的保护。

零序功率方向保护没有死区，但对零序电压零序电流回路接线等要求比较高，对系统中有消弧线圈的需用五次谐波功率原理。

230. 什么是小电流接地选线综合装置？

随着电力科技的发展，近年来小电流接地电力系统逐步应用了独立的小接地电流选线装置。将小电流系统所有出线引入装置进行接地判断及选线，如华星公司的 MLX 系列。MLX 系列选线装置的原理是用电流（消弧线圈接地采用五次谐波）方向判断线路，选电流最大的三条线路再进行方向比较，从而解决了零序电流较小、各种装置 LH 误差、测量误差、电力电缆潜流、消弧线圈、电容充放电过程等影响，能正确判别或切除故障线路。

第四节　变配电所、发电站及电气设备的接地

231. 对固定式电气设备的接地有哪些要求？

固定式电气设备所要求的接地电阻值根据所连接线路电压的不同而各异。表3-1中的接地电阻包括利用自然接地体以及引线在两条及两条以上时架空线的重复接地极的接地电阻的综合值。

表3-1　固定式电气设备所要求的接地电阻值　　　　　　　　Ω

电气设备所连接线路	装置接地电阻	总重复接地电阻	单个重复接地电阻
三相660V及单相380V	2	5	15
三相380V及单相220V	4	10	30
三相220V及单相127V	8	20	60

在工业和民用建筑物内，固定式电气设备分布较广，且常为不熟悉电气的人员所接触，因此在接地电阻选用时，应以电击保护为主。当采用电击保护时，往往伴有等电位措施，在这种情况下，重复接地的功能已被等电位措施所代替。只有在架空线进户处才考虑重复接地。

232. 对移动式电气设备的接地有哪些要求？

移动式设备一般在18kg以下，且有移动把手，工作时要求经常移动，绝缘部分容易损坏，且难于进行等电位措施。很多移动设备又在露天作业，条件严酷，因此比较危险。如移动式设备由电力系统或移动式发电设备供电，其金属外壳乃底座应与电源的接地设施做可靠的金属连接。如果电力系统为IT系统，其中性点不接地。当移动设备附近有自然接地极且其接地电阻值可以符合要求时则首先利用自然接地极；如自然接地体的接地电阻值不符合要求，则采用人工接地极。由于移动式电气设备经常移动，建议采用装配式接地极，便于移动和重复利用。如采用这些方法还不能达到接地要求或经济上不合理时，可采用在接地故障时切断电源的方法。

如移动式机械的自用发电设备直接放在该机械的同一金属支架上，发电设备只向装在机械内的电气设备和（或）通过装在发电设备上的插座用软线向机械外的电气设备供电，机械内电气设备的外露导电部分和插座供电的电气设备的接地端子都连接到发电设备的金属支架上，这个金属支架即为发电设备供电系统中的接地极，不需再采取其他接地措施。

233. 对携带式电气设备的接地有哪些要求？

携带式电气设备包括工业用电动工具、实验室用的演示型电气设备和民用家用电器中的可携带电气设备。这些设备大都用软线连接到插座上，所以也称软线设备。其特点是不熟悉电气的人员经常接触，设备经常移动并经常受到振动，设备的绝缘容易损伤，软线也容易损坏。如果发生故障，外壳带电，携带人员可能因触电发生痉挛，不借外力难以摆脱，所以十分危险，应采取以下措施。

（1）携带式电气设备必须有专用的 PE 线，如由 TN 接地方式系统供电，其电源插座必须接自 TN-S 或 TN-C-S 系统。专用 PE 线严禁通过工作电流，应采用多股软铜线，其截面不应小于 $1.5mm^2$。如采用电缆或护套电线，PE 线的截面不作规定。

（2）携带式电气设备的电源插座上应有专用的接地触头，插头的结构应做到避免将带电触头误作接地触头用。插头插入时，接地触头在带电触头之前接通；插头拔出时，接地触头在带电触头之后脱离。

（3）在不导电环境中，不能引入 PE 线，此时携带式电气设备就不必带有专用 PE 线和特殊电源插座。

234. 直流电气设备的接地要注意哪些问题？

由于直流的电解作用，埋设在地下潮湿土壤中的接地装置容易受到腐蚀。当地下构筑物和金属管道有直流电流流过时，也很容易受到电解侵蚀，尤其是当它们处于电解时能排出活性物质，作用于土壤中或各种溶液中，腐蚀更为严重。所以，直流电气设备的接地应考虑以下问题：

（1）在工业和民用建筑中，直流电气设备比较少采用中性线绝缘方式。

（2）大型电解槽的泄漏电流比较大，而且零电位经常自中间电解槽移向负极，如果将中间电解槽接地，泄漏电流增加很大，不仅使导线发热，而且增加大量的泄漏电流损失，所以一般不接地，而采用加强绝缘的方法。

（3）汞弧整流装置的中性点或一极接地时，可采用 TN 系统的间接电击保护方式或装设接地短路继电器，以保证外部导电部分发生接地短路时，能自动迅速切除电源。

（4）接地装置应避免敷设在电解时可排出活性作用物质的土壤中或各种溶液的地方。如附近有适当的水源和合适的土壤，可将接地装置设在水中或适当的土壤中，否则可采用换土或改良土壤的方法。

（5）与地构成闭合回路且经常通过电流的接地线，应采取绝缘措施，如沿绝缘垫板敷设，使其不与金属管道、建筑物的金属构件、设备的金属外壳等有金属连接，且相距不小于 1m。

（6）经常流过直流电流的接地板和接地线，除按照规定的要求选用外，其地下部分的最小规格为：圆钢直径 10mm，扁钢和角钢厚度 6mm，钢管管壁厚度 4.5mm。

（7）不经常流过直流电流的接地体和接地线的选用，与交流电力设备相同。

（8）在直流电流较大的电解及类似工厂里，为了防止接地极的严重侵蚀，可采用以下保护方法，即在接地极上焊以适当材料和规格的其他金属，例如焊以长度与接地极相同、宽度及厚度各为 100mm 的镁条，然后填塞适当物料，例如 50%混凝土、25%沙及 25%硫酸铜混合物的孔洞内，可以防止接地极严重侵蚀。

235. 工程上防止电击，防止电气设备损害的安全条件是什么？

（1）防止电击。在正常条件下，接触电压不超过 50V，则认为是安全的，持续时间可在 5s 以上。

（2）防止电气设备损坏。一般情况下，电气设备承受 $U+750V$ 的电压时，耐受时间不大于 5s。如果不超过低压设备的绝缘耐受电压，包括防止闪络的要求，耐受时间可在 5s 以上。对插座等常用电气器件，我国规定绝缘耐受电压为 250V，这是考虑这些电气器件需长期耐受环境（如水分、盐分、灰尘等）影响，其爬电距离在这种电压下可以防止闪络。

236. 变电所接地的具体措施有哪些？

我国的工业和民用供电的高压系统多为不接地的，且单相接地故障电流 I_m 往往小于 30A，低压侧线路的相电压为 220V。在这种条件下，如果接地电阻为 1Ω，则 $R_e I_m = 1 \times 30 = 30(V)$，小于安全电压 50V。无论何种接地方式，在正常环境中，都没有电击危险。对于任何接地方式来说，因为 $R_e I_m + U = 30 + 220 = 250$ (V)，也符合目前产品的耐压要求。所以只要符合上述条件，当接地电阻为 1Ω 时，可以防止电击和设备受损。为简化计，在这种情况下，常采用高压设备外露部分与变压器低压侧中性点共同接地。当具有金属外皮的电缆直接埋地时，无论高压电缆，低压电缆或高、低电缆的总长达到 1km 时，在一般的土壤电阻系数下，其接地电阻不大于 1Ω，此时，可利用其作为自然接地体，不再设人工接地极。

在 TT 及 TN 接地方式中，如果用户侧低压设备的外露导电部分在主等电位连结的作用范围内，其接触电阻接近于零，可不采取其他措施。

如果变压器高压侧以较长的电缆供电，即使是 IT 系统，当单相接地电流大于 30A 时，如果对地电压大于 50V，则必须在规定时间内切断电源。如施加电压超过电气设备的耐压水平，可选用耐压高的产品。

237. 配电室接地采取哪些措施？

将变压器安装用的钢材和高、低配电屏安装用的钢材用接地干线连接起来，在室内形成接地的闭合回路，然后在适当地点引出接地线与接地极相连，一般引出两根接地线，形成闭合回路，并在适当地点设置接地卡子，便于电气设备试验时临时接地之用。对于大型配电所如其建筑物基础的接地电阻能满足要求，可不另设人工接地极。如果将接地网进行等电位联结，则更为安全。

238. 自备发电站接地采取什么措施？

自备发电站中多为中小型发电机。为了防止操作过电压，发电机的中性点应经避雷器接地。避雷器的额定电压比发电机的额定电压低，例如额定电压为 6kV 的发电机，其中性点避雷器的额定电压为 4kV。除了容量较小（一般在 750kW 及其以下）的发电机将避雷器直接放在发电机附近外，容量较大的发电机都将避雷器放在发电机小室内，将避雷器、电气设备的外露导电部分和装置外导电部分连接在一起后再进行接地。

第五节　接地装置和接地电阻

239. 什么是接地装置、接地体、接地线？

接地装置是指埋入地下的接地体以及与其相连的接地线的总体。根据使用的目的不同，接地有多种，如工作接地、保护接地、重复接地、防雷接地等。虽然各有其特点和具体要求，但设计和安装的基本原则是一样的，都需要经过接地装置与大地连接。

接地装置包括接地体和接地线两部分。接地体是指埋入地下与土壤直接接触的金属导体。接地线是指接地体、接地网与电气设备接地点相连接的金属导线。接地体可分为自然接地体和人工接地体两种；相应地，接地线可分为自然接地线和人工接地线两种。

240. 在高土壤电阻率地区，可采用哪些方法降低接地电阻？

（1）外引接地法。将接地体引至附近的水井、泉眼、水沟、河边、水库边、大树下等土壤电阻率较低的地方，或者敷设水下接地网，以降低接地电阻。

（2）接地体延长法。延长水平接地体，增加其与土壤的接触面积，可以降低接地电阻。

（3）深埋法。如果周围土壤电阻率不均匀，可在土壤电阻率较低的地方深埋接地体以减小接地电阻。

（4）化学处理法。在接地周围置换或加入低电阻率的固体或液体材料，以降低流散电阻。

（5）换土法。此法是给接地坑内换上低电阻土壤以降低接地电阻的方法。

241. 电位差计型接地电阻测量仪的使用方法是怎样的?

测量仪器由手摇发电机(或电子交流电源)和电位差计式测量机构组成,有 E、P、C 三个接线端子或 C2、P2、P1、C1 四个接线端子。测量时,在离被测接地体一定的距离向地下打入电流极和电压极。测量接线如图 3-7 所示,E 端或 C2、P2 端并接后接于被测接地体,P 端或 P1 端接于电压极,C 端或 C1 端接于电流极,被测接地体与电流极、电流极与电压极之间的距离不得小于 20m。选好倍率,以 120r/min 左右的转速转动摇把,同时,调节电位器旋钮,使仪表指针保持在中心位置,即可直接由电位器旋钮的位置(刻度盘读数)结合所选倍率读出被测接地电阻值。

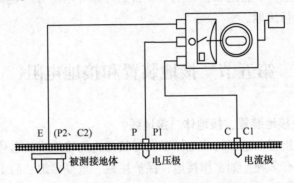

图 3-7　接地电阻测量仪外部接线

242. 电位差计型接地电阻测量仪的工作原理是怎样的?

测量仪内部接线如图 3-8 所示。在测量过程中,当电位差计取得平衡,检流计指针指向中心位置时,B 点与 P 点的电位相等,即 $U_{E-P} = U_{E-B}$,由此不难得到:

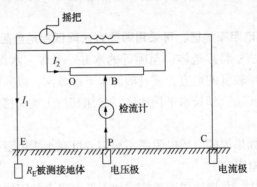

图 3-8　接地电阻测量仪内部接线

$$I_1 R_E = I_2 R_{0-B}$$

如电流互感器的变流比为 $K_I = I_1 / I_2$，则：

$$R_E = \frac{I_2}{I_1} R_{0-B} = \frac{R_{0-B}}{K_I}$$

为保证测量的正确性，应将被测接地体与其他接地体分开。测量接地电阻应尽可能把测量回路同电力网分开。

243. 钳形接地电阻测试仪表的使用方法是怎样的?

以 GM-318 型钳形接地电阻测试仪表为例。

钳形结构，其外形如图 3-9 所示。

测量头(柱体部分)是仪器的传感器部分。由钳口和内置转动部分组成。在现场测量时，一定要保证钳口的接触部分干净，没有污渍，否则将会影响大于 100Ω 档的测量精度。

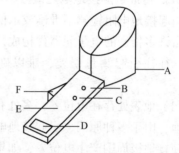

POWER 按钮是仪器电源的通/断切换开关。在仪器处于关机状态时，按此键使电源接通，仪器进入正常工作状态。再一次按此键，即关断仪器电源，仪器停止工作。

图 3-9　外形结构

A—测量头；B—电源开关；C—保持键；
D—显示屏；E—表体部分；F—钳口开台压柄

测量时按下保持键(HOLD 键)，显示屏上的数值保持不变，并且 HOLD 符号被点亮。再一次按 HOLD 键，显示屏上的数值被刷新，HOLD 字符消失。

在使用过程中，若 5min 之内没有进行测量操作，仪器会自行关闭电源，此时按 POWER 键，可重新启动电源。

244. 钳形接地电阻测试仪表的工作原理是怎样的?

钳表上有两个独立线圈：电压线圈和电流线圈。如图 3-10 所示，电压线圈在被测回路中激励出一个感应电势 E，并在被测回路中产生一个回路电流 I，且有：$I = E / R_L$，其中 R_L 为回路总阻。通过电流线圈可以测得 I 值。这样即可通过 $R_L = E / I$ 求得 R_L 值。但由于：

$$R_L = R_x + R_g + R_p + (R_1 // R_2 // \cdots // R_n)$$

式中　R_x——待测接地电阻；

　　　R_g——大地电阻，$R_g \approx 0$；

　R_1、R_2——各接地点的接地电阻；

　　　R_p——回路上防护线电阻，$R_p \approx 0$。

当 n 很大时，$R_1//R_2//\cdots//R_n \approx 0$，故 $R_x \approx R_L$。

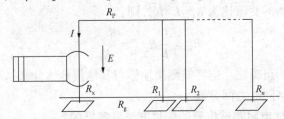

图 3-10　钳形接地电阻测量仪原理图

245. 造成检测接地电阻读数不准确的原因有哪些?

引起接地电阻检测不准确或示值不稳甚至出现负值，这是因为接地电阻检测仪是由许多精密的电子元器件构成，有比较长的检测线，在不良环境及操作的影响下，往往引起测量误差，难以确认所测接地电阻的准确值，其主要有以下因素：

（1）地表处存在电位差，多处有独立接地的存在，如工厂、综合楼等的变压器接地，由于多种原因，引起接地电阻变大、变压器本身绝缘变差，产生漏电现象，使接地极周围产生电位差，如果检测棒放在其周围，就将影响测量准确度。

（2）被测接地极本身存有交变电流（用电设备绝缘不好，部分短路引起的泄漏现象，引下线附近有并接的高压电源干扰）；以前的早期建筑物结构比较混乱，接线零乱，有时甚至地零线电位差在 100V 电压以上，直接影响到接地电阻的测量误差。

（3）接触不良（包括仪器本身）：接地电阻测试仪接线连接处，由于经常弯曲使用，容易折断，而由于保护套的存在，又很难发现，造成时断时通的现象；另外，由于检测棒及鳄鱼夹使用时间长，有氧化锈蚀现象，也可造成接触不良；如果被测接地极氧化严重去锈不好，则也会影响测量读数。

（4）附近有发射机、天线等发出的强电磁场存在：在大功率的发射基地附近，如移动、微波、BP 机等通信发射场，高压变电所及高压线路附近，大功率设备频繁起动场所。

（5）接地装置和金属管道所埋地比较复杂时也可引起接地电阻测量不良或不稳，如加油站、化工厂等，由于地下金属管道布置复杂，按照正常检测连线时，地下金属道貌岸然地存在，实际上改变了测量仪各端的电流方向，常引起测量值为零或负值现象，如果同一场地存在不同的土壤电阻率，也可引起这种现象。

（6）检测高层建筑时，过长的检测线感应出电压而引起检测误差，同时长线本身也有线阻存在。

（7）用土壤电阻率很大，吸水性特差的砂性土作为整层建筑基础垫层时，往往测出的接地电阻是偏大的。

（8）操作不按使用说明书的规定方法进行，仪器本身维护不当，使用带病、超检仪器。

246. 如何避免所测量的接地电阻不准确？

各种接地装置的接地电阻应当定期测量，以检查其可靠性，一般应当在雨季前或其他土壤最干燥的季节测量。雨天一般不应测量接地电阻，雷雨天不得测量防雷装置的接地电阻。

避免所测量的接地电阻不准确方法有：

（1）在检测加油站及液化气站以及高层建筑物接地电阻及静电接地电阻时，因埋入地下的金属(油、气)管和接地装置以及金属器件的布置不是很正确地在图上标出，因此检测接地电阻时的检测表棒的放置方向和距离对测量值影响很大，通常表现为随着方向和距离不同，数值也不一样，有时测量值甚至会出现负值的情况。特别是加油站等金属管道埋地设施场所的检测，常会出现此类现象。解决的办法：检测前了解地下金属管道的布置情况，不仅要查看接地装置图，还要查看其他地下金属管道的布置图，选择影响尽可能小的地方放置 P、C 接地极。

（2）接地引下线有断接卡的地方，尽可能断开进行检测，避免其他设备对检测的影响。

（3）检测时出现异常，应查明原因，或者不同时间、不同方向和地点分别检测对比，得出正确的检测值。

（4）为了避免在高电磁场下引线受电磁干扰，应相对缩短检测引线，引线的内径使用合格的多股金属线。

（5）在高电阻率砂石垫层的地方检测接地电阻时，P、C 接地极应放在潮湿和地方或与大地导电良好的地方，这样测出的接地电阻相对正确一些。

（6）检测应按操作规程进行，检测仪器要经常维护，定时检定，不使用超检仪器。

247. 为什么常规仪表测量接地电阻时，要求测量线分别为 20m 和 40m？

测接地电阻时，要求测的是接地极与电位为零的远方接地极之间的电阻，所谓远方是指一段距离，在此距离下，两个接地极的互阻基本为零，经实验得出，20m 以外的距离符合此要求。如果线距缩短，测量误差会逐渐加大。

钳形地阻表只能测量多点接地，测量结果是被测地极与多个接地极并联值的和，而测量单点接地时要接辅助电极，使测试电路形成回路，所以测量误差要大一些，但操作方便。

248. 为什么一般在测试接地电阻时，要求断开被保护的电器设备的接地端？

一般情况下，在测试接地电阻时，要求被保护电器的设备与其接地端断开，这是因为如果不断开被保护的电器设备在接地电阻过大或接触不好的情况下，仪表所加在接地端的电压或电流会反串流入被保护的电器设备，如果一些设备不能抵抗仪表所反串的电压电流，可能会给电器设备造成损坏。另外一些电器设备由于漏电，使漏电电流经过测试线进入仪表，将烧坏仪表。所以一般情况下要求断开被保护的电器设备。在接地良好的情况下，可以不断开被保护电器设备进行测量。

249. 测量接地电阻的方法中大电流法测试是目前认为最准确的一种方法，它存在误差吗？

大电流法测试是目前测量接地电阻的方法中认为最准确的一种方法，但注入地中电流的大小尚无具体规定，电流大，固然测试准确，但是很不安全，电流极周围的跨步电压将很高，而且需要较大的电源容量，工程造价也相对增加，电流小了，干扰电压比重增大，测试又不准确，所以，应当适当地选择注入地中电流。

大电流测试接线见图3-11。

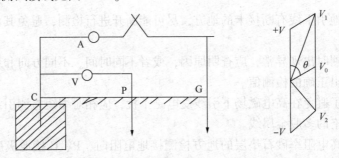

图3-11　大电流测试接线图

当有干扰电压 V_0 出现后，测试的接地电网实际电压为：

$$V = \sqrt{V_1^2 + V_2^2 - 2V_0^2}/2$$

式中　V_1——倒相前电压；

V_2——倒相后电压；

V_0——干扰电压。

当测试电压大于20倍干扰电压 V_0 时，测试电压小于5%，此时，倒相前后电压差别不大。

要想测试电压 V 大于干扰电压20倍，试验电流应按相应的数值选择。

一般的大型电网，规程规定接地电阻小于 0.5Ω，如果干扰电压为 1V，应选择测试电压为 20V，此时试验电流应为 40A。如果试验电流选择为 20A，误差也没超过 10%，在工程上也可满足要求。

250. 放线方向对测量接地电阻有影响吗？

有些变电所和发电厂往往是建立在山旁边，一边靠山，一边平原，其土壤电阻率差别很大，靠山那边土壤电阻率大，平原侧电阻率较小。变电所接地网电阻率不均匀，放线方向对测试结果影响很大，沿电阻率小的方向放线，测出的电阻值小，沿电阻率大的方向放线，测出的电阻值大。

251. 测试接地电阻时，电压线及电流线应如何布置？

大型变电所和发电厂测试接地电阻时，大都采用直线布置，只是有条件的地方才采用三角型布置，在采用直线布置时，测距都采用步测，有条件的地方，可采用望远镜测距镜测，此法较为准确。

用大电流法测试，电压极、电流极和导线的阻抗都尽量做得小，一般来讲电流极的接地电阻应低于 30Ω，所以，接地棒应采用粗一点的钢钎，在土壤电阻率低的地方打入地下，做完后，用接地电阻表测试。如果高于 30Ω，再敷设水平接地带，直到达到要求。

测试用的电流线、电压线一定要分开，至少要有 1m 远。这样，互感小测试才能准确。

零电位的位置是测试准确数据的关键，所以，寻找零电位点特别重要。

252. 测试接地电阻时，测试距离应如何选择？

测量的接地电阻值和地中电流有关，而地中电流和测试距离有关，当地中电阻率随深度增加而增大时，加大测试距离，测试的接地电阻值增大；反之，接地电阻值减小。在工程上，电压线一般放在电流线 60% 的地方，实际上，60% 处误差是随着电流极的距离增加而减小的。

253. 通常对于接地装置有哪些要求？

接地装置的接地电阻值要能符合保护接地及功能接地的要求，并要求长期有效；能承受接地故障电流和对地泄漏电流及其相应的热、动稳定要求；具有一定的机械强度或采取机械保护，并能适应外界的影响；同时还要采取保护措施防止电蚀作用对接地装置本身及其他金属部分的影响。

安装接地装置的技术要求有：

（1）两台及两台以上电气设备的接地线必须分别单独与接地装置连接，禁止把几台电气设备的接地线串联连接后再接地，以免其中一台设备的接地线在检修或更换等情况下被拆开时，在该设备之前的各设备成为不接地的设备。

（2）不同用途的电气设备，除另有规定者外，可使用一个总接地体，接地电阻值应符合其中最小值的要求。

（3）可利用埋在大地中的与大地有可靠连接的金属管道、自来水管和建筑物的金属构件等作为自然接地体，但应注意其接地电阻值必须符合要求。

（4）接地线如果从屋外引入屋内，最好是从地面以下引入屋内，然后再引出地面。

（5）为提高可靠性，接地体不宜少于两根，其上端应用扁钢或圆钢连成一个整体。

254. 对接地装置进行定期检查的主要内容有哪些？

（1）各部位连接是否牢固，有无松动，有无脱焊，有无严重锈蚀；

（2）接地线有无机械损伤或化学腐蚀，涂漆有无脱落；

（3）人工接地体周围有无堆放强烈腐蚀性物质，地面以下 50cm 以内接地线的腐蚀和锈蚀情况如何；

（4）接地电阻是否合格。

255. 对接地装置进行定期检查的周期是如何规定的？

（1）变、配电站接地装置，每年检查一次，并于干燥季节每年测量一次接地电阻；

（2）对车间电气设备的接地装置，每两年检查一次，并于干燥季节每年测量一次接地电阻；

（3）防雷接地装置，每年雨季前检查一次；

（4）避雷针的接地装置，每 5 年测量一次接地电阻；

（5）手持电动工具的接零线或接地线，每次使用前进行检查；

（6）有腐蚀性的土壤内的接地装置，每 5 年局部挖开检查一次。

256. 接地装置出现哪些情况需对其进行维修？

（1）焊接连接处开焊，螺丝连接处松动；

（2）接地线有机械损伤、断股或有严重锈蚀、腐蚀，锈蚀或腐蚀30%以上者应予更换；

（3）接地体露出地面；

（4）接地电阻超过规定值。

257. 对接地装置与接零装置的安全要求有哪些？

保护接地与保护接零是防止电气设备意外带电造成触电事故的基本技术措施，其应用十分广泛。保护接地装置与保护接零装置可靠而良好的运行，对保障人身安全有十分重要的意义。因此对接地装置与接零装置有下述的安全要求。

（1）导电的连续性

导电的连续性是要求接地或接零装置必须保证电气设备至接地体之间或电气

设备至变压器低压中性点之间导电的连续性，不得有脱离现象。采用建筑物的钢结构、行车钢轨、工业管道、电缆金属外皮等自然导体做接地线时，在其伸缩缝或接头处应另加跨越接线，以保证连续可靠。自然接地体与人工接地体之间必须连结可靠，并保证良好的接触。

（2）连接可靠

接地装置之间一般连接时均采用焊接。扁钢的搭焊长度为宽度的 2 倍，且至少在 3 个棱边进行焊接；圆钢搭焊长度为直径的 6 倍。若不能采用焊接时，可采用螺栓和卡箍连接，但必须保证有良好的接触，在有振动的地方，应采取防松动的措施。

（3）足够的机械强度

为了保证有足够的机械强度，并考虑到防腐蚀的要求，钢接零线、接地线和接地体最小尺寸和铜、铝接零线及接地线的最小尺寸都有严格的规定，一般宜采用钢接地线或接零线，有困难时可采用铜、铝接地线或接零线。地下不得采用裸铝导体作接地或接零的导线。对于便携式设备，因其工作地点不固定，因此其接地线或接零线应采用 $0.75 \sim 1.5 mm^2$ 的多股铜芯软线为宜。

（4）有足够的导电性和热稳定性

采用保护接零时，为了能达到促使保护装置迅速动作的单相短路电流，零线应有足够的导电能力。在不利用自然导体作零线的情况下，保护接零的零线截面不宜低于相线的 1/2。对于大接地短路电流系统的接地装置，应校核发生单相接地短路时的热稳定性，即校核其是否足以承受单相接地短路电流释放的大量热能的考验。

（5）防止机械损伤

接地线或接零线应尽量安装在人不易接触到的地方，以免意外损坏；但是又必须安装在明显处，以便检查维护。接地线或接零线穿过墙壁时，应敷设在明孔、管道或其他保护管中，与建筑物伸缩缝交叉时，应弯成弧状或增设补偿装置；当与铁路交叉时，应加钢管或角钢保护或略加弯曲并向上拱起，以便在振动时有伸缩的余地，避免断裂。

（6）防腐蚀

为防止腐蚀，钢制接地装置最好采用镀锌元件制成，焊接处涂以沥青油防腐。明设的接地线或接零线可涂以防锈漆。在有强烈腐蚀性土壤中，接地体应采用镀铜或镀锌元件制成，并适当增大其截面积。当采用化学方法处理土壤时，应注意控制其对接地体的腐蚀性。

（7）地下安装距离

接地体与建筑物的距离不应小于 1.5m，与独立避雷针的接地体之间的距离不应小于 3m。

（8）接地支线不得串联

为了提高接地的可靠性，电气设备的接地支线或接零支线应单独与接地干线或接零干线或接地体相连，而不应串联连接。接地干线或接零干线应有两处同接地体直接相连，以提高可靠性。

一般工矿企业的变电所接地，既是变压器的工作接地，又是高压设备的保护接地，又是低压配电装置的重复接地，有时又作为防雷装置的防雷接地，各部分应单独与接地体相连，不得串联。变配电装置最好也有两条接地线与接地体相连。

（9）埋设深度

为了减少自然因素对接地电阻的影响，接地体上端埋入地下的深度，一般不应小于 60cm，并应在冻土层以下。

第六节　保护导体

258. 什么是保护导体？

保护导体是某些防电击保护措施所要求的用来与下列任何一部分电气连接的导体。这些部分包括：外露可导电部分；外部可导电部分；主接地端子；接地极；电源接地点或人工中性点。

保护导体分为人工保护导体和自然保护导体。保护导体包括保护接地线、保护接零线和等电位联结线。

259. 保护导体分为人工保护导体和自然保护导体，它们的区别是什么？

人工保护导体包括：

（1）多芯电缆的芯线；

（2）与相线同一护套内的绝缘线；

（3）单独敷设的绝缘线或裸导体等。

自然保护导体包括：

（1）电线电缆的金属覆层，如护套、屏蔽层、铠装层；

（2）导线的金属导管或其他金属外护物；

（3）某些允许使用的金属结构部件或外部可导电部分，如建筑物的金属结构（梁、柱等）及设计规定的混凝土结构内部的钢筋等。

交流电气设备应优先考虑利用自然导体作保护导体。但是，利用自来水管作保护导体必须得到供水部门的同意，而且水表及其他可能断开处应予以跨接。煤气管等输送可燃气体或液体的管道原则上不得用作保护导体。

260. 对于保护导体的要求是什么？

为满足导电能力、热稳定性、机械稳定性、耐化学腐蚀的要求，保护导体必须有足够的截面积。

保护导体截面积的计算和选择主要考虑以下两个因素：

（1）应能承受故障条件下可能遭受的过热；

（2）应具有足够的机械强度，以保证在预定条件下导体的完整。

当保护线（PE线）与相线（L线）材料相同时，保护线的截面积可以直接按表3-2选取。

表3-2 保护线的截面积

相线截面积 S_L/mm²	保护线截面积 S_{PE}/mm²	相线截面积 S_L/mm²	保护线截面积 S_{PE}/mm²
$S_L \leqslant 16$	S_L	$S_L > 35$	$S_L/2$
$16 < S_L \leqslant 35$	16		

兼作工作零线的保护零线的PEN线的最小截面积除应满足不平衡电流的导电要求外，还应满足保护接零可靠性的要求。为此，要求铜质PEN线截面积不得小于10mm²，铝质的不得小于16mm²，如系电缆芯线，则不得小于4mm²。

261. 什么是等电位连接？它是如何分类的？

等电位连接是指各外露可导电部分和外部可导电部分的电位实质上相等的电气连接。等电位连接又分为主（总）等电位连接和局部（辅助）等电位连接。

（1）主等电位连接

主等电位连接是指用保护导体将系统中的主保护导体、主接地导体及电气装置的外部可导电部分（如主金属水管、主金属构架等）相互连接在一起，使各外露可导电部分和外部可导电部分实质上处于等电位连接。主等电位连接将使处于等电位连接区内的预期接触电压降为零。

（2）局部等电位连接

局部等电位连接是指用保护线将所有可能同时触及的外露可导电部分连接在一起。如果TN、TT、IT系统的保护满足不了系统的保护要求，可考虑采用局部等电位连接，以降低可同时触及的外露可导电部分和外部可导电部分之间的电位差。

（3）等电位连接的作用

① 降低等电位连接影响区域内可能的接触电压；

② 降低等电位连接影响区域外侵入的危险电压；

③ 实现等电位环境。

262. 保护接零检测包括哪几个方面？

相-零线回路检测是 TN 系统的主要检测项目，主要包括保护零线完好性、连续性检查和相-零线回路阻抗测量。测量相-零线回路阻抗是为了检验接零系统是否符合规定的速断要求。

保护接零检测包括以下 3 方面：

（1）工作接地和重复接地的电阻测量；

（2）速断保护元件的检查；

（3）相-零回路检测。

263. 如何进行相-零线回路阻抗测量？

以图 3-12 为例说明相-零线回路阻抗测量。

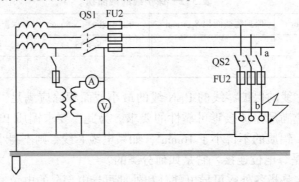

图 3-12　停电测量相-零线回路阻抗

如图 3-12 所示，开关 QS1 断开为切除电力电源，QS2 和其他开关合上以接通试验回路。试验变压器可采用小型电焊变压器（约 65V）或行灯变压器（50V 以下）。试验变压器二次线圈接入电流表后再接向一条相线和保护零线。

为了检验熔断器 FU1，应在 a 处使相线与零线短接，测量回路阻抗。为了检验熔断器 FU2，应在线路末端，即在 b 处使相线与零线短接，测量回路阻抗。所测量的阻抗应由电压表读数 U 和电流表读数 I_M 直接算出，即这样测量得到的结果不包括配电变压器的阻抗，计算短路电流时应加上变压器的阻抗。为了减小测量误差，测量应尽量靠近变压器。

264. 如何检查保护零线是否具备完好性、连续性？

为了检查零线是否完整和接触良好，可以采用低压试灯法，其原理如图 3-13 所示。在外加直流或交流低电压作用下，电流经试灯沿 a、b 两点之间的零线构成回路。如果试灯很亮，说明 a、b 两点之间的零线良好；如果试灯不亮、发暗或不稳定，说明 a、b 两点之间的零线断裂或接触不良。

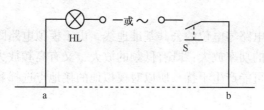

图 3-13　零线连续性测试

第七节　弱电系统的接地技术

265. 电力电子设备接地根据其目的不同，其种类有哪些？

（1）安全接地

安全接地即将机壳接大地。一是防止机壳上积累电荷，产生静电放电而危及设备和人身安全；二是当设备的绝缘损坏而使机壳带电时，促使电源的保护动作而切断电源，以便保护工作人员的安全。

（2）防雷接地

当电力电子设备遇雷击时，不论是直接雷击还是感应雷击，电力电子设备都将受到极大伤害。为防止雷击而设置避雷针，以防雷击时危及设备和人身安全。

上述两种接地主要为安全考虑，均要直接接在大地上。

（3）工作接地

工作接地是为电路正常工作而提供的一个基准电位。该基准电位可以设为电路系统中的某一点、某一段或某一块等。当该基准电位不与大地连接时，视为相对的零电位。这种相对的零电位会随着外界电磁场的变化而变化，从而导致电路系统工作的不稳定。当该基准电位与大地连接时，基准电位视为大地的零电位，而不会随着外界电磁场的变化而变化。但是不正确的工作接地反而会增加干扰。比如共地线干扰、地环路干扰等。

266. 工作接地的种类有哪些？

为防止各种电路在工作中产生互相干扰，使之能相互兼容地工作，根据电路的性质，将工作接地分为不同的种类，比如直流地、交流地、数字地、模拟地、信号地、功率地、电源地等。上述不同的接地应当分别设置。

（1）信号地

信号地是各种物理量的传感器和信号源零电位的公共基准地线。由于信号一般都较弱，易受干扰，因此对信号地的要求较高。

（2）模拟地

模拟地是模拟电路零电位的公共基准地线。由于模拟电路既承担小信号的放大，又承担大信号的功率放大；既有低频的放大，又有高频放大；因此模拟电路既易接受干扰，又可能产生干扰。所以对模拟地的接地点选择和接地线的敷设更要充分考虑。

（3）数字地

数字地是数字电路零电位的公共基准地线。由于数字电路工作在脉冲状态，特别是脉冲的前后沿较陡或频率较高时，易对模拟电路产生干扰。所以对数字地的接地点选择和接地线的敷设也要充分考虑。

（4）电源地

电源地是电源零电位的公共基准地线。由于电源往往同时供电给系统中的各个单元，而各个单元要求的供电性质和参数可能有很大差别，因此既要保证电源稳定可靠的工作，又要保证其他单元稳定可靠的工作。

（5）功率地

功率地是负载电路或功率驱动电路的零电位的公共基准地线。由于负载电路或功率驱动电路的电流较强、电压较高，所以功率地线上的干扰较大。因此功率地必须与其他弱电地分别设置，以保证整个系统稳定可靠的工作。

（6）屏蔽接地

屏蔽与接地应当配合使用，才能起到屏蔽的效果。比如静电屏蔽，当用完整的金属屏蔽体将带正电的导体包围起来，在屏蔽体的内侧将感应出与带电导体等量的负电荷，外侧出现与带电导体等量的正电荷，因此外侧仍有电场存在。如果将金属屏蔽体接地，外侧的正电荷将流入大地，外侧将不会有电场存在，即带正电导体的电场被屏蔽在金属屏蔽体内。

再比如交变电场屏蔽。为降低交变电场对敏感电路的耦合干扰电压，可以在干扰源和敏感电路之间设置导电性好的金属屏蔽体，并将金属屏蔽体接地。只要设法使金属屏蔽体良好接地，就能使交变电场对敏感电路的耦合干扰电压变得很小。

上述两种接地主要为电磁兼容性考虑。

267. 弱电系统中工作接地按工作频率分为哪几种接地方式？

（1）单点接地

工作频率低（<1MHz）的采用单点接地方式，即把整个电路系统中的一个结构点看作接地参考点，所有对地连接都接到这一点上，并设置一个安全接地螺栓，以防两点接地产生共地阻抗的电路性耦合。多个电路的单点接地方式又分为串联和并联两种，由于串联接地产生共地阻抗的电路性耦合，所以低频电路最好

采用并联的单点接地式。

为防止工频和其他杂散电流在信号地线上产生干扰，信号地线应与功率地线和机壳地线相绝缘，且只在功率地、机壳地和接往大地的接地线的安全接地螺栓上相连(浮地式除外)。

地线的长度与截面的关系为：

$$S>0.83L$$

式中　L——地线的长度，m；

　　　S——地线的截面，mm^2。

（2）多点接地

工作频率高(>30MHz)的采用多点接地方式，即在该电路系统中，用一块接地平板代替电路中每部分各自的地回路。因为接地引线的感抗与频率和长度成正比，工作频率高时将增加共地阻抗，从而将增大共地阻抗产生的电磁干扰，所以要求地线的长度尽量短。采用多点接地时，尽量找最接近的低阻值接地面接地。

（3）混合接地

工作频率介于 1~30MHz 的电路采用混合接地方式。当接地线的长度小于工作信号波长的 1/20 时，采用单点接地式，否则采用多点接地式。

（4）浮地

浮地式即该电路的地与大地无导体连接。其优点是该电路不受大地电性能的影响；其缺点是该电路易受寄生电容的影响，而使该电路的地电位变动和增加了对模拟电路的感应干扰。由于该电路的地与大地无导体连接，易产生静电积累而导致静电放电，可能造成静电击穿或强烈的干扰。因此，浮地的效果不仅取决于浮地的绝缘电阻的大小，而且取决于浮地的寄生电容的大小和信号的频率。

268. 弱电系统对接地电阻的要求是什么？

接地电阻越小越好，因为当有电流流过接地电阻时，其上将产生电压。该电压除产生共地阻抗的电磁干扰外，还会使设备受到反击过电压的影响，并使人员受到电击伤害的威胁。因此一般要求接地电阻小于 4Ω；对于移动设备，接地电阻可小于 10Ω。

269. 弱电系统中降低接地电阻的方法有哪些？

接地电阻由接地线电阻、接触电阻和地电阻组成。为此降低接地电阻的方法有以下三种：

（1）降低接地线电阻，为此要选用总截面大和长度短的多股细导线。

（2）降低接触电阻，为此要将接地线与接地螺栓、接地极紧密又牢靠地连接并要加接地极和土壤之间的接触面积与紧密度。

（3）降低地电阻，为此要增加接地极的表面积和增加土壤的导电率(如在土

壤中注入盐水）。

270. 弱电系统中接地电阻如何计算？

垂直接地极接地电阻 R 为：

$$R = 0.366(\rho/L)\lg(4L/d)$$

式中　ρ——土壤电阻率，$\Omega \cdot m$；

　　　L——接地极在地中的深度，m；

　　　d——接地极的直径，m。

例如，黄土 ρ 取 $200\Omega \cdot m$，L 为 2cm，d 为 0.05m，则垂直接地极接地电阻 R 为 80.67Ω。如在土壤中注入盐水，使 ρ 降为 $20\Omega \cdot m$ 时，则接地极接地电阻 R 为 8.067Ω。

271. 弱电系统中屏蔽地的种类有哪些？

（1）电路的屏蔽罩接地

各种信号源和放大器等易受电磁辐射干扰的电路应设置屏蔽罩。由于信号电路与屏蔽罩之间存在寄生电容，因此要将信号电路地线末端与屏蔽罩相连，以消除寄生电容的影响，并将屏蔽罩接地，以消除共模干扰。

（2）电缆的屏蔽层接地

① 低频电路电缆的屏蔽层接地

低频电路电缆的屏蔽层接地应采用一点接地的方式，而且屏蔽层接地点应当与电路的接地点一致。对于多层屏蔽电缆，每个屏蔽层应在一点接地，各屏蔽层应相互绝缘。

② 高频电路电缆的屏蔽层接地

高频电路电缆的屏蔽层接地应采用多点接地的方式。当电缆长度大于工作信号波长的 0.15 倍时，采用工作信号波长的 0.15 倍的间隔多点接地式。如果不能实现，则至少将屏蔽层两端接地。

（3）系统的屏蔽体接地

当整个系统需要抵抗外界电磁干扰，或需要防止系统对外界产生电磁干扰时，应将整个系统屏蔽起来，并将屏蔽体接到系统地上。

272. 弱电系统中为什么要有设备地？

一台设备要实现设计要求，往往含有多种电路，比如低电平的信号电路（如高频电路、数字电路、模拟电路等）、高电平的功率电路（如供电电路、继电器电路等）。为了安装电路板和其他元器件、为了抵抗外界电磁干扰而需要设备具有一定机械强度和屏蔽效能的外壳。

273. 电力电子设备的接地应当注意哪些问题？

（1）50Hz 电源零线应接到安全接地螺栓处，对于独立的设备，安全接地螺栓设在设备金属外壳上，并有良好电连接；

（2）为防止机壳带电，危及人身安全，不许用电源零线作地线代替机壳地线；

（3）为防止高电压、大电流和强功率电路(如供电电路、继电器电路)对低电平电路(如高频电路、数字电路、模拟电路等)的干扰，将它们的接地分开。前者为功率地(强电地)，后者为信号地(弱电地)，而信号地又分为数字地和模拟地，信号地线应与功率地线和机壳地线相绝缘；

（4）对于信号地线可另设一信号地螺栓(和设备外壳相绝缘)，该信号地螺栓与安全接地螺栓的连接有3种方法(取决于接地的效果)：一是不连接，而成为浮地式；二是直接连接，而成为单点接地式；三是通过 $3\mu F$ 电容器连接，而成为直流浮地式，交流接地式。其他的接地最后汇聚在安全接地螺栓上(该点应位于交流电源的进线处)，然后通过接地线将接地极埋在土壤中。

274. 在弱电系统中，系统的接地应当注意哪些问题？

（1）参照设备的接地注意事项。

（2）设备外壳用设备外壳地线和机柜外壳相连。

（3）机柜外壳用机柜外壳地线和系统外壳相连。

（4）对于系统，安全接地螺栓设在系统金属外壳上，并有良好电连接。

（5）当系统内机柜、设备过多时，将导致数字地线、模拟地线、功率地线和机柜外壳地线过多。对此，可以考虑铺设两条互相并行并和系统外壳绝缘的半环形接地母线，一条为信号地母线，一条为屏蔽地及机柜外壳地母线；系统内各信号地就近接到信号地母线上，系统内各屏蔽地及机柜外壳地就近接到屏蔽地及机柜外壳地母线上；两条半环形接地母线的中部靠近安全接地螺栓，屏蔽地及机柜外壳地母线接到安全接地螺栓上；信号地母线接到信号地螺栓上。

（6）当系统用三相电源供电时，由于各负载用电量和用电的不同时性，必然导致三相不平衡，造成三相电源中心点电位偏移，为此将电源零线接到安全接地螺栓上，迫使三相电源中心点电位保持零电位，从而防止三相电源中心点电位偏移所产生的干扰。

（7）接地极用镀锌钢管，其外直径不小于 50mm，长度不小于 2.0m；埋设时，将接地极打入地表层一定深度、并倒入盐水，一般要求接地电阻小于 4Ω，对于移动设备，接地电阻可小于 10Ω。

第四章 静电安全技术

第一节 静电及其产生

275. 什么是静电?

静电就是在绝缘体或导体上聚集的正电荷或负电荷。依据某一物品对带有大小相等符号相反电荷的物体之间储存的电容量,可以使电荷改变。"静"这个词的简单意思是在两个物体之间的电容量有所降低之前,电荷不会由于电动力而被平衡或迁移。

276. 静电是如何产生的?

物质都是由分子组成,分子由原子组成,原子由带负电的电子和带正电荷的质子组成。在正常状况下,一个原子的质子数与电子数量相同,正负平衡,所以对外表现出不带电的现象。但是电子环绕于原子核周围,一经外力即脱离轨道,离开原来的原子 A 而侵入其他的原子 B。A 原子因缺少电子数而带有正电现象,称为阳离子;B 原子因增加电子数而呈带负电现象,称为阴离子。

造成不平衡电子分布的原因即是电子受外力而脱离轨道,这个外力包含各种能量(如动能、位能、热能、化学能……等)在日常生活中,任何两个不同材质的物体接触后再分离,即可产生静电。

当两个不同的物体相互接触时就会使得一个物体失去一些电荷如电子转移到另一个物体使其带正电,而另一个体得到一些剩余电子的物体而带负电。若在分离的过程中电荷难以中和,电荷就会积累使物体带上静电。所以物体与其他物体接触后分离就会带上静电。通常在从一个物体上剥离一张塑料薄膜时就是一种典型的"接触分离"起电,在日常生活中脱衣服产生的静电也是"接触分离"起电。

固体、液体甚至气体都会因接触分离而带上静电。为什么气体也会产生静电呢?因为气体也是由分子、原子组成,当空气流动时分子、原子也会发生"接触分离"而起电。所以在周围环境甚至我们的身上都会带有不同程度的静电,当静电积累到一定程度时就会发生放电。

277. 固体产生静电的形式有哪几种?

(1) 两种金属导体的接触起电;

（2）绝缘体与导体的接触起电；

（3）相同固体材料的摩擦起电；

（4）剥离起电；

（5）电解起电；

（6）感应起电。

278. 两种固体接触为什么会起电？

两种不同的金属接触时会起电，这是由于当两种金属接触距离近至一个分子距离以下时，一种金属物质会把电子传给另一种金属物质，失去电子的带正电，得到电子的带负电。1796 年伏打就发现两种不同的金属 A 和 B 接触后，会产生十分之几伏到几伏之间的电势差，同时还发现不同金属的带电极性存在着一定关系，可以排成一个系列：（+）铝、锌、锡、镉、铅、锑、铋、黄铜、汞、铁、钢、铜、银、金、铂、钯、二氧化铅（-）。

按以上这个排列，前后两固体接触时，前者带正电，后者带负电。

绝缘体也可以像金属体一样有接触电位差，但有些试验还得不到满意的结果，只是大体上用金属摩擦起电来解释。

当摩擦面上有些部位温度高达 1000℃ 以上时，在金属或绝缘体这部分的电子因获得热能有着向高能迁移的可能性，这样，电子就有可能移向相对的物质，金属或绝缘体就可能带电。

279. 摩擦为什么会起电？

（1）不同物质的原子核束缚电子的本领不同。

当两个物体互相摩擦时，哪个物体的原子核束缚电子的本领弱，它就容易失去电子，使跟它相摩擦的物体得到电子。

（2）物体失去电子带正电，得到电子带负电。

例如，玻璃棒与丝绸摩擦后，玻璃棒带正电。玻璃棒与丝绸相比，玻璃棒的原子核束缚电子的本领较弱，在与丝绸摩擦时，因失去电子带正电。丝绸带负电是因为玻璃上的一些电子转移到丝绸上，丝绸因有多余电子而带负电。

摩擦起电的实质：摩擦起电并不是创造了电荷，只是电荷从一个物体转移到另一个物体上，使正负电荷分开。

280. 物体不接触也能起电吗？

能。除物体除接触后分离能起电外，当带电物体接近不带电物体时会在不带电的导体的两端分别感应出负电和正电，如图 4-1 所示。当物体 A 与 C 发生放电时会造成 C 与 B 之间放电，如图 4-2 所示。若 C 与 B 之间不发生放电，则 C 会带上剩余的电荷，如图 4-3 所示。

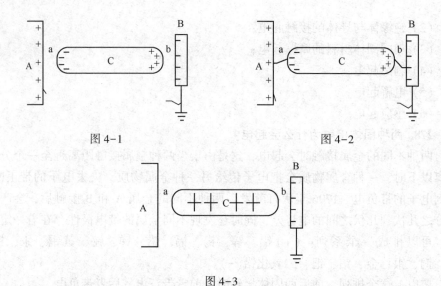

图 4-1　　　　　　　　　　　　图 4-2

图 4-3

281. 液体静电是如何产生的？

与固体产生静电的情况一样，当液相与固相、液相与气相、两种不相混溶的液相之间，由于搅拌、沉降、过滤、摇晃、冲击、喷射、飞溅、发泡以及流动等接触、分离的相对运动，就会在介质中产生静电。

282. 液体静电产生有几种方式？

（1）液体介质的流动起电；

（2）沉降起电；

（3）喷射起电；

（4）冲击起电。

283. 液体介质的流动是怎样起电的？

固体与液体接触时，介质界面处产生偶电层，位于液体侧的扩散层，是带电的可动层。当液体在介质管道中因压力差的作用而流动时，扩散层上的电荷由于

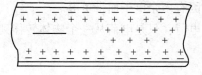

图 4-4　管道中液体流动带电

流动摩擦作用被冲刷下来而随液体作定向运动，如图 4-4 所示，这就使液体流动起电过程。液体流动摩擦起电是工业生产中常见的一种静电带电形式，在石化工业中更为常见。如汽油、航空煤油等低电导率的轻质油品在管线中输送时，由于流动摩擦便在其中产生静电荷。在一些试验或操作中，如苯通过有滤网的漏斗倒入试瓶；用棉纱蘸汽油洗涤金属零部件或衣物等都有静电带电现象发生。

74

284. 沉降是怎样起电的?

当悬浮在液体中的微粒沉降时，会使微粒和液体分别带上不同性质的电荷，在容器上下部产生电位差，这就是沉降起电。沉降起电也可以用偶电层解释。水中存在固体微粒时在固液表面形成偶电层。当固体微粒下沉时，带走吸附在表面的电荷，使水和离子分别带上不同符号的异性电荷，如图 4-5 所示。

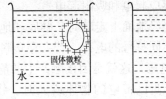

图 4-5　液体沉降带电

285. 高压气体喷出为什么会产生静电?

气体本身没有电荷，也就是说，单纯的气体，在通常条件下不会带电。高压气体喷出时带有静电，是因为在这些气体中悬浮着固体或液体微粒。气体中混进的固体式液体微粒，在它们与气体一起高速喷出时，与管壁发生相互作用而带电。所以，高压气体喷出时的带电，与粉体气力输送通过管道的带电属同一现象，本质上是固体和固体、固体和液体的接触起电。气体中混杂粒子的由来，对带电与否完全没有关系。它可以是管道内壁的锈，也可以是管道途中积存的粉尘或水分，或由其他原因产生的微粒。上述的氢气从瓶中放出时，氢气瓶内部的铁锈、水、螺栓衬垫处使用的石墨或氧化铅等与氢气同时喷出而产生静电。在乙炔储瓶中，溶解乙炔使用的丙酮粒子，便是带电的主要原因。

当高压气体中混有固体微粒时，气体高速喷出时使微粒和气体一起在管内流动，它们和管内壁发生摩擦和碰撞，也就是微粒与管内壁频繁发生接触和分离的过程，以致使微粒和管壁分别带上等量异号的电荷。若在高压气体喷出时管道中存在着液体，伴随着高压气体的喷出会产生液滴云带电。

286. 液体冲击是怎样起电的?

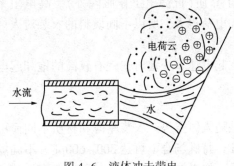

图 4-6　液体冲击带电

液体从管道口喷出后遇到壁或板，使液体向上飞溅形成许多微小的液滴，这些液滴在破裂时会带有电荷，并在其间形成电荷云，如图 4-6 所示。这种起电类型在石油产品的储运中经常遇到。如轻质油品经过顶部注入口给储油罐或槽车装油，油柱下落时对罐壁或油面发生冲击，引起飞沫、气泡和雾滴而带电。

287. 人体活动时通过几种方式产生静电?

对于静电而言，人体是活动着的导体，人体活动的起电方式主要有 3 种：接触起电、感应起电和吸附起电。

人在绝缘地面上走动时，鞋底和地面不断地紧密接触和分离，使地面和鞋底分别带上不同符号的电荷。若人穿塑料底鞋，在胶板地面上走动时，可使人体带 2~3kV 负电压，这就是因接触产生的静电。

当人走近已带电的物体或人时，将引起静电感应，感应所得的与带电物体（或人）符号相同的电荷通过鞋底移向大地，或通过正在操作接地设备的手移向大地，使人体上只带一种符号的电荷。当人离开带电物体（或人）时，人体就带有了静电。这就是人体的感应起电。

人体带电的第三种方式是人在带电微粒或小液滴（水汽、油汽等）的空间活动后，由于带电微粒或小液滴降落在人体上，被人体所吸附而使人体带电。例如在粉体粉碎及混合等车间工作的人，会有很多带电的粉体颗粒附着在人体上，使人体带电。

288. 影响人体静电的因素有哪些?

（1）起电速率和人体对地电阻对人体起电的影响

起电速率是单位时间内的起电量。它是由人的操作速度或活动速度决定的。人的操作速度或活动速度越大，起电速率就越大，人体起电电位就越高；反之，起电速率就越小，人体的起点电位就越低。

人体的对地电阻对人体的饱和带电量和带电电位也有影响。在起电速率一定的条件下，对地电阻越大，对地放电时间常数就越大，饱和带电量越大，人体带电电位也越高。

（2）衣装电阻率对人体起电的影响

实践经验告诉我们，在现代化生产和运输所达到的速率下，常常是电阻率高的介质起电量大。人的衣装材料一般属于介质（抗静电工作服除外）。高电阻率介质的放电时间常数大，因而积累的饱和电荷也大，所以不同质料的衣装对人体的起电量有不同的影响。

一般来说，衣装的表面电阻率大，在起电速率一定时，就有较高的饱和起电电量。

（3）人体电容对人体起电的影响

人体电容是指人体的对地电容。它是随人体姿势、衣装厚薄和材质不同而不同的可变量。人体电容一般为 100~200pF，特殊场合下可达 300~600pF。不同场合人体电容的变化是很大的。人体带电后，如果放电很慢，这时人体电容的减小会引起人体电位升高从而使静电能量增加。

289. 什么是 ESD？

用手(它持有负电荷)接近门把(它持有正电荷)这一方式做个示例。当手移动到紧靠门把时，物体与你之间的电容量就降低。其结果，有一电流在手与门把之间通过。这一电荷的迁移就称做"静电放电"或 ESD。

290. 静电放电一般有哪几种形式？

气体静电放电包括液体介质的静电放电通常是一种电位较高，能量较小，处于常温常压条件下的气体击穿。电极材料可以是导体或绝缘体，其放电类型可概括为 3 种(图 4-7)：

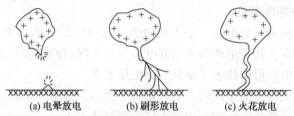

图 4-7　静电放电的一般形式

(1) 电晕放电

一般发生在电极相距较远，带电体或接地体表面有突出部分或楞角的地方。因为这些地方电场强度大，能将附近的空气局部电离，并有时伴有嘶嘶声和辉光。此类放电，尖端带负电位比带正电位的起晕电位为低，放电能量比较小。

(2) 刷形放电

这种类型的放电特点是两电极间的气体因击穿成为放电通路，但又不集中在某一点上，而是有很多分叉，分布在一定的空间范围内。此种放电伴有声光，在绝缘体上更易发生。因为放电不集中，所以在单位空间内释放的能量也较小。

(3) 火花放电

两电极间的气体被击穿成为通路，又没有分叉的放电是火花放电，这时电极有明显的放电集中点。放电时有短爆裂声，在瞬时内能量集中释放，因而危险性最大，在两个电极均为导体，相距又较近的情况下，往往发生火花放电。

综上所述，电晕放电能量较小，危险性较小；刷形放电有一定危险性，有时也能引燃；而火花放电能量较大，因而危险性也最大。绝缘体带有静电时，较易发生刷形放电，也可能发生火花放电。金属电极之间或对地容易发生火花放电。

291. 静电参数有哪些？

(1) 静电电位；

(2) 电阻与电阻率；

（3）静电电量；

（4）接地电阻；

（5）静电半衰期；

（6）表面电荷密度；

（7）液体介质电导率；

（8）粉体静电性能参数；

（9）静电荷消除能力；

（10）人体静电参数。

292. 什么是静电电位？

静电电位也称为静电电压。电工学中通常以地电位作为一个指定的参考点，并将地电位取为零，某带电体表面的静电位与它之间的差值就称为静电电压。故带电体表面的静电位值即代表了该处的静电压水平。

知道电位与电荷是成正比的，电位相对于地电位的高低反映出了物体的带电程度，于是可通过测量电压的大小来了解带电量的大小。

293. 什么是静电电量？

静电电量是反映物体带电情况的最本质的物理量之一。当带电体是一个导体时其所带电荷全部集中于物体表面，而且表面上各点的电位相等，如果想知道它的带电量可以通过接触式静电电压表先测出其静电电压，然后按照基本关系式 $Q=CU$ 计算出它的带电量。

294. 什么是静电半衰期？

静电半衰期指试样上的电荷衰减至其终值的 1/2 时所需的时间。对于塑料、橡胶、化纤织物等高分子材料来说，其泄漏电荷的能力通常用静电半衰期表征。静电半衰期 $t_{1/2}$ 与材料自身物理特性的关系如下式：

$$t_{1/2}=0.69\tau=0.69\varepsilon\rho=0.69RC$$

式中　R——试样的对地泄漏电阻，Ω；

　　　C——试样的对地分布电容，F；

　　　ε——材料的介电常数，F/m；

　　　τ——材料的放电时间常数，s；

　　　ρ——材料的电阻率，$\Omega \cdot m$。

295. 为何表面电荷密度是静电参数之一？

表面电荷密度是表征纺织品材料表面静电起电性能的主要参数。人体动作的牵动会使随身的衣物，或与人体接触的物品如座垫、沙发套等特别是布料类材料发生摩擦、接触分离等物理作用，伴随着这些将产生静电。表面电荷密度值的大小决定了这类物质发生这些物理变化时产生静电的水平。

296. 为何把液体介质电导率列为静电参数之一？

液体静电的发生和液-固交界面处形成的偶电层厚度关系很大，并有关系式：

$$\delta = \sqrt{D_m \tau}$$

即偶电层厚度 δ 与液体的弛豫时间常数的 1/2 次方成正比。由于 $\tau = \varepsilon / \rho$，所以时间常数的长短主要由电导率 ρ 决定，因为对大多数液体介质来说，介电常数 ε 的差别不很大。

所以，当电导率增大时，时间常数和偶电层厚度将减小，静电的发生将减少。所以，液体介质的电导率 ρ 不但是标志液体绝缘程度好坏的一个物理参数，而且是直接反映液体存在静电危险程度的重要参数。

297. 为何把静电荷消除能力也视为静电参数？

对于绝缘物质带电，或被绝缘了的导体带电，因为无法采用依靠向大地泄漏电荷的方法消除静电，故可利用离子风静电消除器发出的正的和负的离子中和带电体上的电荷，电离器的电荷中和能力是其主要的参数。

298. 研究粉体静电参数的意义？

粉体是固体物质的一种特殊形态，其带电性能与固体物质有显著的不同。这种不同来源于粉体存在状态的不均匀性和弥散性及粒子之间的无序排列，造成电性能的不均匀性、不稳定性和各奇异性。

另外，一般粉体物质都具有较大的吸湿性，故电性能测量受湿度的影响较大。粉体电性能的测量对温度和气压的影响有时也相当敏感。所有这些，造成了粉体静电性能测量的复现性较差。

粉体物质在气流加工和管路输送过程中，由于频繁地发生物料与管壁、容器壁之间以及粉体物料粒子彼此之间的接触和再分离，呈现明显的带电过程。而且，一些粉体物料（例如硝铵炸药和 TNT 炸药等火工产品），其体积比电阻多在 $10^{11} \sim 10^{15}$ $\Omega \cdot cm$ 之间，属于易于积累静电的危险范围。因此，需对粉体静电的防护增加更多的关注。静电参数测量方法复现性差，但它对粉体物质静电性能能提供一些定量的描述和可供相对比较的数据，所以研究粉体静电性能测量是十分必要的。

第二节　静电的危害

299. 静电的放电危害有哪些？

（1）引发火灾和爆炸事故

静电放电形成点火源并引发燃烧和爆炸事故。

特别要注意，在静电的放电形式中，火花放电最为危险。

（2）造成人体电击

在通常的生产工艺过程中会产生很小的静电量，它所引起的电击一般不至于致死，但可能发生手指麻木或负伤，甚至可能会因此而引起坠落、摔倒等致人伤亡的二次事故；还可能因使工作人员精神紧张引起操作事故。

（3）造成产品损害

静电放电对产品造成的危害包括工艺加工过程中的危害，如降低成品率；以及产品性能损害如降低性能或工作可靠性。

（4）造成对电子设备正常运行的工作干扰

静电放电时可产生频带从几百赫兹到几十兆赫兹、幅值高达几十毫伏的宽带电磁脉冲干扰，这种干扰可以通过多种途径耦合到电子计算机及其他电子设备的低电平数字电路中，导致电路电平发生翻转效应，出现误动作。还可造成间歇式或干扰式失效、信息丢失或功能暂时破坏等。而静电放电结束或干扰停止，仪器设备可能恢复正常，但造成的潜在损伤可能会在以后的运行中造成致命失效，且这种失效无规律可循。

300. 简述静电力作用的危害。

由于静电力作用，其吸引力和排斥力会妨碍生产正常进行，虽然一般情况下物体产生的静电只有每平方米几牛顿，但能对轻细物体产生足够的吸附作用，这对生产环境有不同要求的企业会构成不同程度的危害。

301. 简述静电感应的危害。

在静电带电体周围，其电场力线所波及的范围内使与地绝缘导体与半导体表面上产生感应电荷，其中与带电体接近的表面上带上与带电体符号相反的电荷，另一端带与带电体符号相同的电荷。由于与周围绝缘电荷无法泄漏，故其所带正负电荷由于带电体电场的作用而维持平衡状态，但总电量为零。而物体表面正负电荷完全分离的这种存在状态，使其充分具有静电带电本性。静电感应使物体带电，既可造成库仑力吸附，又可与其他邻近的物体发生静电放电，造成两类模式的各种危害。

302. 常见的静电测量装置有哪些？

可精确测量静电的常用装置有静电计、辉光放电管、静电电压表或电子管电压表。

303. 静电引发爆炸或火灾的原因是什么？

静电和火灾是静电的多种危害中最为严重的一种。静电电量虽然不大，但因其电压很高而容易发生火花放电。放电火花的能量超过爆炸性混合物的最小引燃能量时，如果所在场所有易燃品，又由于易燃品会形成爆炸性混合物（爆炸性气体、蒸汽及爆炸性粉尘），便可能由于静电火花而引起爆炸或火灾。静电爆炸和火灾多由于火花放电引起；对于引燃能量较小的爆炸性气体或蒸汽混合物，也可由刷形放电引起爆炸和火灾。

304. 静电引发火灾和爆炸事故一般应具备哪些条件？

静电放电形成点火源并引发燃烧和爆炸事故，须同时具备下述 3 个条件：

（1）发生静电放电时产生放电火花；

（2）在静电放电火花间隙中有可燃气体或可燃粉尘与空气所形成的混合物，并在爆炸极限范围之内；

（3）静电放电量大于或等于爆炸性混合物的最小点火能量。

305. 静电对人体有哪些危害？

研究发现，静电对人体有害无利。人体长期在静电辐射下，会使人焦躁不安、头痛、胸闷、呼吸困难、咳嗽。在家庭生活当中，不仅化纤衣服有静电，脚下的地毯、日常的塑料用具、锃亮的油漆家具乃至各种家电均可能出现静电现象，静电可吸附空气中大量的尘埃而且带电性越大、吸附尘埃的数量就越多，而尘埃中往往含有多种有毒物质和病菌，轻则刺激皮肤，影响皮肤的光泽和细嫩，重则使皮肤起癣生疮，更严重的还会引发支气管哮喘和心律失常等病症。

306. 老人应如何避免静电伤身？

化纤衣服摩擦产生的静电电压很高，但由于电阻大、电流小，只在瞬间发生作用，通常不会对人构成生命威胁。然而医学专家研究证实，皮肤静电干扰可改变人体体表的正常电位差，影响心肌正常的电生理过程及心电在无干扰下的正常传导。由于老年人的皮肤相对比年轻人干燥，以及老年人心血管系统的老化、抗干扰能力减弱、胸壁变薄等因素，因此老年人特别易受静电的影响。本来就有各种心血管系统病变的老年人，静电更易使病情加重或诱发室性早搏等心律失常。持久的静电还使血液的碱性升高，血钙减少，尿中钙排泄量增加，这对于血钙水平较低的老年人来说，无疑是雪上加霜。此外，静电还会导致皮肤瘙痒，使皮肤色素沉着；影响机体生理平衡，干扰人的情绪等。

307. 静电对电子设备有哪些危害？

静电放电主要通过放电辐射、静电感应、电磁感应和传导耦合等途径危害电子设备，见图 4-8。

静电放电属于脉冲式干扰，它对电子电路的干扰一般取决于脉冲幅度、宽度及脉冲的能量。据有关资料报道，一般 TTL 电路翻转的脉冲能量大致为 32×10^{-12} J。当人手接触电子设备时，静电放电所含能量约为 7.5×10^{-3} J，通过人体电阻（约为 150Ω）放电时，放电脉冲宽度为 22.5ns，瞬时功率十分巨大，峰值高达 667kJ。有时带电电压或能量虽不很大，但由于在极短时间内起作用，其瞬间能

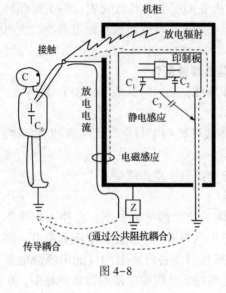

量密度也会对器件和电路产生干扰和危害。

众所周知，大规模集成电路之所以体积小、速度快，是因为其内部线路之间的间距短、面积小，这必然以牺牲其耐压、耐流参数为昂贵代价。如：CMOS电路对静电极为敏感，其敏感度电压范围一般为0～2000V，因此最易因静电放电而失效。特别是为越来越低的工作电压所设计的电路中，由于器件的栅极氧化膜极薄，因而其耐压界线很低，微小的电荷就能导致器件损坏。静电放电可使器件内部极间电容立即被充到高电压，使得氧化物遭到破坏，以致造成短路、开路、击穿和金属化

图 4-8

层的熔融现象。

静电放电对于电路产生的干扰，主要是在极短的瞬间放电电流对电路的感应所产生的噪声，以及放电电流使基准地电位如机壳地、信号地的电位发生偏移波动，从而导致对电路正常工作的干扰。这种电磁脉冲干扰有可能引起电子产品的误动作以及信息的丢失。例如：放电火花产生的电磁干扰有可能使计算机程序出错或数据丢失，导致测量和控制系统失灵或发生故障。可见，静电放电一旦使得应用于舰艇上的关键设备丧失功能，比如：雷达、指控中心、导弹指挥仪等，在战争中其后果将是致命的。静电放电的损害往往只有10%造成电子元器件当时完全失效，通常表现为短路、开路以及参数的严重变化，超出其额定范围，器件完全丧失了其特定功能；而另外90%会潜伏下来，造成积累效应，一般情况下，一次ESD后不足以引起器件立即完全失效，但元件内部会存在某种程度的轻微损伤，通常表现为参数有小的偏差或漂移，潜在失效并不明显，因而极易被人们忽视，若这种元器件继续带伤工作，随着ESD次数的增加，积累效应越来越明显，其损伤程度会逐渐加剧，最终必将元器件导致失效。

第三节　静电防护安全技术

308. 预防静电危害的基本方法有哪些？

（1）控制静电场合的危险程度；

（2）减少静电荷的产生；

（3）减少静电荷的积累。

309. 在静电防护方面一般采取哪些基本措施？

（1）对接触起电的物料，应按带电序列选用位置较邻近的加以适当组合，以使起电最小。

（2）在生产工艺和生产设备的设计上，尽量做到接触面积、压力较小，接触次数较少，运动和分离速度较慢。

（3）在爆炸危险场所内，对所有的静电导体加以接地，尤其应注意可移动的设备或部件应接地，对静电亚导体及静电非导体则应作间接接地，且其连接必须牢固可靠，与大地间的总接地电阻一般不应大于100Ω。

（4）增加局部环境的相对湿度至50%以上以降低某些物料表面的电阻率，其具体增湿程度应由现场实际条件决定。

（5）采用静电导体或静电亚导体以取代静电非导体。

（6）对于带电的物料，在接近排放口处装设流速较慢的静电缓和器。

（7）在爆炸危险场所工作的人员，应穿防静电（导电）鞋，以防止人体带电，且应配置导电地面。《煤矿安全规程》规定：井上下接触爆破材料的人员，应穿棉布或抗静电衣服，严禁穿化纤衣服。

（8）在某些物料中添少量适宜的防静电添加剂，以降低其电阻率。

（9）利用生气电离校静电中和，可用高压电源式、感应式或放射式等不同原理的静电消除器。

（10）增加带电体的对地电容值，也就是使具有一定尺寸的接地导体靠近带电体，以降低带电体的电位，避免发生放电。

（11）将带电体进行局部或全部屏蔽，可靠接地。

（12）选用产生正电荷的静电非导体，代替产生负电荷的物体，以减少引燃危险。

（13）在设计和采用工艺装置或设备时，避免存在静电放电的条件，如在容器内避免出现细长的导电性突出物等。

（14）控制可燃可爆物的浓度，使其在燃爆下限以下。如《煤矿安全规程》的主要章节中规定了瓦斯、煤尘的下限和超限时的处理办法。

310. 固体物料静电防护措施有哪些？

除静电防护基本措施中的(1)～(9)条外，在采取接地措施时还应注意以下几点：

（1）静电亚导体与金属导体相互联接时，其紧密接触的面积应大于$20cm^2$。

（2）采用螺纹及法兰联接的配管系统通常有静电的导通性，所以不要另外设跨接线，若中间存在有非电导体隔离时，则应装设跨接线；对于室外的架空配管系统，可能出现静电感应的场所则应较设跨接线，同时将跨线接地。

（3）对于某些特殊情况，有时为了限制带电体对地的放电电流，可以人为地将接地电阻提高到不超过 $10^8\Omega$。

（4）在进行间接接地时，可在金属导体与静电亚导体或静电非导体之间加设金属网、导电性涂料或导电营等以减小接触电阻。

（5）对于油罐汽车，不必加装接地拖链（稍），而应配置附属在油罐车上的卷绳式接地用导线和铅式接地夹子，以便与离装卸处相当距离的专用接地端子相联接。接地的联接应在油罐车开盖以前，接地线的拆除应在装卸操作完毕，封闭罐盖以后进行。

（6）在振动和频繁移动的器件上用的接地导体不应用单股线，应用直径为 $1.25mm^2$ 以上的可绕绞线或编织线等，且为了便于发现断线宜用裸线。

311. 液体静电防护措施主要有哪些？

除静电防护基本措施中（2）、（6）、（8）、（13）条最常用外，还可采用以下几条：

（1）绝缘性液体产生的流动静电大体上与其在管道内的流速平方成正比，因此管线中液体的流速对起电影响很大，管线中液体的最大流速可参考表4-1。

表 4-1　管线中流体的最大流速表

管径/mm	10	25	50	100	200	400	600
最大流速/（m/s）	18	4.9	3.5	2.5	1.8	1.3	1.0

（2）烃类液体对罐车等大型容器的罐装，以底部进油为宜。若只能采用顶部进油时，则其注油管应伸入罐内接近罐底。否则在注油管未浸入液面前其流速应抑制在1m/s以内。

（3）为减少起电，烃类液体中应避免混入其他不相溶的第二相杂质，如水等。因此，应尽可能减少和排除槽底和管道中的积水。若管道内明显存在第二物相时，其流速应控制在1m/s以下。

（4）当液体带电很高时，例如在精细过滤器的出口，可先通过流速缓和器，待大部分静电消散后再输出，缓和器可以是一个小容器，或是一个大直径管子。带电液体在缓和器停留的时间，一般可按缓和时间的3倍来设计。

（5）设备在罐装、循环或搅拌等操作中禁止进行取样、检尺或测温等现场操作。在设备停止运行后，仍需静置一段时间才允许进行上述操作。所需静置时间见表4-2。对铁路槽车油罐车则需静置2min以上。

对金属材质制作的取样器、测温器及检尺等在操作中应与大地进行联接（可用导静电绳索与已接地的构件相接）。有条件时应采用自身具有防静电性能的工具。

表 4-2 静置时间表　　　　　　　　　　min

设备容积/m³　　　　　流体电导率/(s/m)	小于10	10~50	50~5000	5000以上
10^{-2}	1	1	1	2
$10^{-12} \sim 10^{-2}$	2	3	10	30
$10^{-14} \sim 10^{-12}$	4	5	60	120
10^{-14} 以下	10	15	120	240

（6）当在烃类液体中加入防被电添加剂来消除静电时，应注意其容器应是导电的并可靠接地，还需定期检测其电导率，以便保持在规定要求以上。

（7）当不能以控制流速等方法来减少静电积聚时，可以在管线的末端，装设液体静电消防器以限制出口后液体所带的静电。

（8）当用软管输送易燃液体时，应使用导电胶管或内附金属丝、网的橡胶管，且在相接时应注意静电的导通性。

（9）在使用小型便携式容器灌装易燃绝缘性液体时，宜用金属容器，避免采用绝缘容器，对金属容器及金属漏斗应跨接并接地，对绝缘性容器则应避免摩擦容器的外表面。

312. 气(粉)态物料静电防护措施有哪些?

除静电防护基本措施中(3)、(10)、(13)条最常用外，可采用以下几条：

（1）对可燃气的管道等容器要防止不正常的泄漏，尤其是当高压设备泄漏时容易产生静电则更应注意，宜装设气体泄漏自动检测报警器以便及时发现和处理。

（2）气(粉)体物料输送系统内，应防止偶然性外来气体混入。

（3）尽可能不采用静电非导体作管道或部件，否则要具体评价或测量其起电程度。

（4）必要时可在气体输送系统的管道内装设两端接地的金属线以降低静电电位，或采用专用的管道静电消除器。

（5）可将强带电的粉料先输入小体积的金属接地容器，待静电消除后再装入大料仓。

（6）大型料仓内部不应有突出的接地导体，在用顶部进料时，进料口不得伸出，应与仓顶取平。

（7）对粉料的收集和过滤等设备，应采用导静电的容器，滤网应予以接地。

313. 如何有效控制静电场合的危险程度？

在静电放电时，它的周围有可燃物存在才是酿成静电火灾和爆炸事故的最基本条件。因此控制或排除放电场合的可燃物，成为预防静电危害的重要措施。

（1）用非可燃物取代易燃介质

在石油化工等许多行业的生产工艺过程中，都要大量的使用有机溶剂和易燃液体（如煤油、汽油和甲苯等），而这些闪点很低的液体很容易在常温常压下形成爆炸混合物，容易形成火灾或爆炸事故。如果在清洗设备和在精密加工去油过程中，用非燃烧性洗涤剂取代上述液体就会大大减少静电危害的可能性。非可燃洗涤剂如苛性钾、磷酸三钠、碳酸钠、硅酸钠（水玻璃）水溶液等。

（2）降低爆炸性混合物在空气中的浓度

当可燃液体的蒸气与空气混合，达到爆炸极限浓度范围时，如遇火源就会发生火灾和导致爆炸事故。因为爆炸温度存在上限和下限，在此范围内，可燃物产生的蒸气与空气混合的浓度也在爆炸极限的范围内，所以可以利用控制爆炸温度来限定可燃物的爆炸浓度。

（3）减少氧含量或采取强制通风措施

可使用惰性气体减少空气中的氧含量，通常含氧量不超过 8% 时就不会使可燃物引起燃烧和爆炸。采用强制通风的办法，使可燃物被抽走，新空气得到补充，则不会引起事故。

314. 为了防止静电危险的发生，油罐的安装与操作应采取哪些措施？

（1）应尽量避免上部喷溅装油。否则要有相应的安全措施。

（2）加大伸入油中的注油管品径，以使流速减慢，在条件允许的情况下可设置缓和器。进入油罐的管口要向上呈 30°锐角。

（3）伸入油罐中的注油管要尽可能地接近底部，并水平放置，以减少底部水和沉淀物的搅拌。

（4）尽可能把油罐底部的水除净。

（5）不许使用喷气搅拌器，不许用空气或气体进行搅拌。

（6）油罐汪油时罐顶应避免上人。

（7）注油前清除罐底，不许有不接地的浮游导体和其他杂物。

（8）检测和取样等必须在测量井内进行，若未装设专用的测量井，则上述工作必须在油品充分静置以后进行。

（9）检测用卷尺上需装端子或专用夹，并与接地线联接后使用。

（10）浮顶罐在浮顶未完全浮起前其注油速度不应超过 1m/s。

（11）当油品注入油罐前通过过滤器时应限制注油管流速在 1m/s 以下。最好能使管线长度保证油品有 30s 以上的缓和时间。

315. 槽车装油防静电安全应采取哪些措施？

（1）排除气体

已输送过汽油的槽车，如未经清洗又装煤油、柴油等油品，会因吸收汽油蒸汽而使混合气体进入爆炸范围。从注入柴油开始，经 10~15s 左右便进入这个状态。所以对于这类槽车必须进行清洗或者用排气装置排除掉汽油蒸汽或者用惰性气体进行更换。

（2）人体除电

油槽车的装车工人，需先用空手接触接地金属体进行人体放电后再从事操作。一般的操作工人应当穿防静电工作服、鞋（电阻 10^5~$10^7 \Omega$）。

（3）接地

装车开始前一定要把接地线接在槽车某一指定的位置，并用专用的接地夹以防止车体上积聚电荷。对铁路罐车来说，因铁轨对地电阻很低，可不再另行接地。但对鹤管等活动部件则应分别单独接地。

（4）装车方法

要将鹤管插入到槽车底部。

（5）控制流速

装轻质油品等易燃液体时要求先以 1m/s 流速装入，到鹤管管口完全浸入在油中以后才可逐渐提高流速。

（6）过滤器的设置

要求过滤器至装油栈台间留有足够的距离，或者采用消电器等措施以便消散过滤器所产生的电荷。

（7）检测及取样

当测温盒等设备是金属制品时，其吊绳也必须用导体材料制作，并且上端用特制金属夹与槽车接地线相连。当测温盒等器具是绝缘材料制品时，其吊绳应用尼龙绳。其他测量尺、取样品器具等也应与测温盒一样处理。有人认为，要防止放电，从绳索到使用器具两端的电阻应为 10^7~$10^9 \Omega$ 为好。检尺等工作进行需在装车以后静止 3min 以上。

316. 汽车油罐车装油时应注意哪些事项？

许多汽车油罐车静电灾害说明，除汽车油罐车固有的因素外，管理不善或操作上的疏忽，都可能成为静电着火、爆炸的辅助因素。下面就一些人为的因素提出如下注意事项

（1）合理地控制油压与流速

通常，设备在正常压力与流量下是不会发生事故的，意外原因或工作玩忽而使压力、流量增加时，往往是很危险的。如某机场用压力罐给汽车油罐车加油，

为增加供油速度而人为的把压力从 $3.5kgf/cm^2$ 增加到 $5.5kgf/cm^2$，结果连续出现静电失火事故。另外，要尽量避免突然开泵或突然停泵。过滤器是主要的静电源，它的起电率往往在初按时最高，所以突然开停泵会造成瞬时冲击压力和流速过高，使静电涌起，往往造成事故。据分析，突然关泵所带来的影响可能是罐内电荷因流动突然减慢而增加趋表效应。据美国 EXXON 研究所的试验报告认为，当汽车油罐刚刚加满油自动关闭时，油面场强可以从零跳到 $27kV/m$，维持时间达 $7\sim13s$ 后才降回零。合理的解决措施是利用一种缓减手段，例如某机场利用先开小泵、后开大泵，停泵时先大泵后小泵的操作顺序，起到了很好的防护作用。

（2）安全可靠的接地措施

从防静电角度出发，接地电阻值的要求并不高，但一定要连接可靠，确保系统安全。例如不少水泥路面的机坪和加油站没有固定的接地装置，随意将接地针扔在地面上即算接地，这是很危险的。事实上这种水泥路面电阻常可高达 $10^{11}\sim10^{12}\Omega$ 以上，而油罐"悬空"情况下注油时，罐体可带 1×10^4V 以上的电位。在这种情况下金属对地打火只要 $300\sim500V$ 就可点燃石油蒸汽混合气体。

人们还是比较重视接引接地线的，但在拆卸地线时往往造成人为的使油罐"悬空"。由于罐内液体流动等索，有时虽已停止加油，油面电位常可保持几分钟，因此在停泵后过快拆除地线同样可以造成与上面相似的"悬空"状况。为安全起见，汽车油罐车注装结束后最好静止 $5min$ 后再收地线。同时要注意先拆除加油接头及共连接导线，最后拆除罐体接地线。

（3）严防罐内有浮游物体存在

据有关资料介绍，在给汽车油罐车加油时，油面电压达到 $28kV$ 左右才会出现放电现象，但是当油面有游离的绝缘金属物，即相当于有电荷收集器时，只要 $1\sim2kV$ 就会出现放电。因此油面的游离绝缘金属物是非常危险的，一定要注意认真予以排除。目前汽车油罐车液面计浮子大多采用开口销活络连接，易锈蚀又不可靠。加油过程进行检尺、取样或将手电筒、工具等掉进正在加油的油罐中，都可能因"集电"而引起放电。因此，在进行装油作业时，罐顶不站人，更不允许进行其他作业。

（4）尽量避免顶部喷溅注装方式

上部注装油料容易形成可燃混合气体，也易于起电，应尽量避免。但国内一些地方和单位仍保留着顶部装油设施，一时还难以更改。从实践经验看，在目前尚不能改装的地方，应采用将加油管伸到 1/2 罐高以下的暗通加油方式，且流量最好不超过 $1000L/min$。对于大型汽油车则不应允许顶部注装低电导率的航空煤油，更不能用本车车泵双管同时在罐口加油，此外，由于汽车油罐车内总是有部分存油，因此对放置时间较久或罐内存油较脏时，严禁顶部喷溅加油。

（5）换装过滤器芯后要降速装油

平时过滤器内总是充满着油。然而换装新滤芯后，过滤器内则充满油气混合气。新滤芯又有高的起电特性，因此就出现了过滤器内静电放电和蒸汽爆炸的潜在威胁。这时如果以较高速度排气和加油，发生过滤器静电爆炸是完全可能的。为此在换新滤芯和排除容器内气体时，泵速必须限制在最小范围内，一般不得大于10%额定速度，采取自流式为宜。

317. 减少静电荷积累的措施有哪些?

（1）静电接地，这是消除静电灾害最简单、最常用的类型。

（2）增湿。

（3）抗静电剂。

（4）采用使周围介质电离的静电消除器。

（5）抑制静电放电和控制放电量。

318. 静电接地方法有几种?

（1）直接接地，即将金属导体与大地进行导电性连接，从而使金属导体的电位接近于大地电位的一种接地类型。

（2）间接接地，即为了使金属导体外部的静电导体和静电压导体进行静电接地，将其表面的全部或局部与接地的金属导体紧密相接，将此金属作为接地电极的一种接地类型。

（3）跨接接地，即通过机械和化学方法把金属物体间进行结构固定，从而使两个或两个以上互相绝缘的金属导体进行导电性连接，以建立一个供电流流动的低阻抗通路，然后再接地的一种接地类型。

319. 静电接地应怎样连接?

（1）接地端子与接地支线连接，应采用下列方式：

① 固定设备宜用螺栓连接。

② 有振动、位移的物体，应采用挠性线连接。

③ 移动式设备及工具，应采用电瓶夹头、鳄式夹钳、专用连接夹头或磁力连接器等器具连接，不应采用接地线与被接地体相缠绕的方法。

（2）静电接地的连接应符合下列要求：

① 当采用搭接焊连接时，其搭接长度必须是扁钢宽度的两倍或圆钢直径的6倍。

② 当采用螺栓连接时，其金属接触面应去锈、除油污，并加防松螺帽或防松垫片。

③ 当采用电池夹头、鳄式夹钳等器具连接时，有关连接部位应去锈、除油污。

320. 对静电接地支线和连接线有何要求？

静电接地支线和连接线，应采用具有足够机械强度、耐腐蚀和不易断线的多股金属线或金属体，规格按表 4-3 选用。

表 4-3　静电接地支线、连接线的最小规格

设备类型	接地支线	连接线
固定设备	16mm² 多股铜芯电线 φ8 镀锌圆钢 12×4(mm) 镀锌扁钢	6mm² 铜芯软绞线或软铜编织线
大型移动设备	16mm² 铜芯软绞线或橡套铜芯软电缆	
一般移动设备	10mm² 铜芯软绞线或橡套铜芯软电缆	
振动和频繁移动的器件	6mm² 铜芯软绞线	

321. 对静电接地干线和接地体用钢材的规格有何要求？

静电接地干线和接地体用钢材规格按表 4-4 选用。

表 4-4　静电接地干线和接地体用钢材的最小规格

名　称	单　位	规　格	
		地上	地下
扁钢	截面积/mm²	100	160
	厚度/mm	4(5)	4(5)
圆钢	直径/mm	12(14)	14
角钢	规格/mm		50×5
钢管	直径/mm		50

322. 哪些接地干线或线路不得用于静电接地？

（1）照明回路的工作零线和三相四线制系统中的中性线；

（2）整流所各级电压的交流、直流保护接地系统；

（3）直流回路的专用接地干线；

（4）防雷引下线(兼有引流作用的金属设备本体除外)。

323. 通常接地对象有哪些？

（1）凡用来加工、贮存、运输各种易燃液体、可燃气体和可燃粉尘的设备和管道，如油罐、贮气罐、油品运输管道装置、过滤器、吸附器等均须接地。

（2）注油漏斗、浮顶油罐罐顶、工作站台、磅秤、金属检尺等辅助设备均应接地。大于 50m³，直径 2.5m 以上的立式罐，应在罐体对应两点处接地，接地点沿外围的距离应不大于 30m，接地点不要装在进液口附近。

（3）工厂和车间的氧气、乙炔等管道必须连接成一个整体，并予以接地，其他的有产生静电可能的管道设备，如油料储运设备、空气压缩机、通风装置和空气管道，特别是局部排风的空气管道，都必须连接成整体，并予以接地。

（4）移动设备，如汽车槽车、火车罐车、油轮、手推车，以及移动式容器的停留、停泊处，要在安全场所装设专用的接地接头如颚式夹钳或螺栓紧固，使移动设备良好接地，防止移动设备上积聚电荷。当槽车、罐车到位后，停机刹车、关闭电路，再打开罐盖前先行接地，同时对鹤管等活动部件也应分别单独接地。注油完毕先拆掉油管，经一定时间（一般为 3~5min 以上）的静置，才能把接地线拆除。汽车槽车上应装设专用的接地软铜线（或导电橡胶拖地带），牢固连接在槽车上并垂挂于地面，以便导走汽车行驶时产生的静电。

（5）金属采样器、检尺器、测温器应经导电性绳索接地。

324. 静电接地系统的接地电阻有什么规定？

（1）静电接地系统静电接地电阻值不应大于 $10^6\Omega$。专设的静电接地体的对地电阻值不应大于 100Ω，在山区等土壤电阻率较高的地区，其对地电阻值也不应大于 1000Ω。

（2）当其他接地装置兼作静电接地时，其接地电阻值应根据该接地装置的要求确定。

325. 怎样正确检测静电接地？

（1）静电接地的检测，应在被检测对象不带电的条件下进行。被测对象包括设备中的接地系统、非金属材料、防静电产品等。

（2）设备接地测量应符合下列规定：

① 设备的金属零部件之间、设备与专用接地极之间的接触电阻、跨接电阻，可用普通万用表测量。

② 设备接地极电阻，包括接地级与土壤的接触电阻，以及土壤的流散电阻，可用 ZC 系列接地摇表测量。接地板与电流电极间距应为 40m，电压电极与电流电极间距应为 20m。

③ 设备中的非金属器件（如用于接地的非金属零件、绝缘法兰等）的电阻测量规定如下：

当电阻小于 $1M\Omega$ 时，可用普通万用表或高阻计测量；

当电阻大于或等于 $1M\Omega$ 时，可用 500V 以上高阻计或兆欧表测量。

（3）非金属材料导电性能测量应符合下列规定：

① 板材、薄膜等的体积电阻率和表面电阻率

当体积电阻率大于或等于 $10^6\Omega\cdot m$ 时，按《固体绝缘电阻、体积电阻率和表面电阻率试验方法》（GB 1410—2006）规定测量，测量仪表可用 ZC36、ZC43 等高

阻计。试样尺寸：方形 100×100（mm）或圆形 $\phi 100$。

当体积电阻率小于 $10^6 \Omega \cdot m$ 时，按《导电和抗静电橡胶电阻率（系数）的测定方法》（GB/T 2439—2006）规定测量，其中静电计和电流表输入阻抗大于 $10^{12} \Omega$。试样尺寸：长 70~150mm，宽 10~150mm。

② 纤维泄漏电阻，按《纤维泄漏电阻测试方法》（FJ 551—85）进行测量，其中试样量为 2±0.1g。测试仪器则采用 RC 充放电原理的纤维泄漏电阻测试仪。

③ 航空燃料与馏分燃料按《航空燃料与馏分燃料电导率测定法》（GB/T 6539—1997）进行测量。样品油大于 1L，测量仪器为油品电导率测试仪。

326. 静电接地工作应注意哪些事项？

（1）在可能产生静电危害的场所，对移动设备、工具的静电接地应按下列程序：

① 在工艺操作或运输之前，必须做好接地工作。

② 工艺操作或运输完毕后，经过规定的静置时间，方可拆除接地线。

③ 接地线连接点位置宜避开火灾、爆炸危险场所，且不应在装卸作业区的下风向。

（2）生产过程中，当设备、管道等局部检修会造成有关物体静电连接回路断路时，应做好临时性跨接，检修后应及时复原，并重新测定电阻值。

（3）应正确使用接地用具和材料，并经常检查，确保电气通路完好性。如接地连接有断裂点，在恢复其连接前，应采取措施确保周围环境无爆炸、火灾的危险。

（4）易燃、易爆物品的取样器、检尺和测温用的金属用具，工作时不允许与金属器壁相碰撞。

327. 如何使用抗静电添加剂消除静电？

抗静电添加剂是一种表面活性剂。在绝缘材料中掺杂少量的抗静电添加剂就会增大该种材料的导电性和亲水性，使导电性增强，绝缘性能受到破坏，体表电阻率下降，促进绝缘材料上的静电荷被导走。

（1）在非导体材料、器具的表面通过喷、涂、镀、敷、印、贴等方式附加上一层物质以增加表面电导率，加速电荷的泄漏与释放。

（2）在塑料、橡胶、防腐涂料等非导电材料中掺加金属粉末、导电纤维、炭黑粉等物质，以增加其带电性。

（3）在布匹、地毯等织物中，混入导电性合成纤维或金属丝，以改善织物的抗静电性能。

（4）在易于产生静电的液体（如汽油、航空煤油等）中加入化学药品作为抗静电添加剂，以改善液体材料的导电率。

328. 静电消除器根据工作原理分为几种？

静电消除器按工作原理不同，可分为感应式静电消除器、附加高压的静电消除器、脉冲直流型静电消除器和同位素静电消除器。

（1）感应式静电消除器

它是利用带电体的电荷与被感应放电针之间发生电晕放电使空气被电离的方法来中和静电。

（2）附加高压静电消除器

为达到快速消除静电的效果，可在放电针上加交、直流高压，使放电针与接地体之间形成强电场，这样就加强了电晕放电，增强了空气电离，达到中和静电的效果。

（3）脉冲直流静电消除器

脉冲直流静电消除器是一种新型、高效的静电中和装置，特别适合电子和洁净厂房。由于正、负离子的多少和比例可调节，更适合无静电机房的需求。该消除器的特点是，有正负两套可控的直流高压电源，它们以 $4\sim6s$ 的周期轮流交替的接通、关断，从而交替的产生正负离子。

（4）同位素静电消除器

它主要是利用同位素射线使周围空气电离成正、负离子，中和积累在生产物料上的静电荷。如 α 射线效果极佳。

329. 预防静电危害的管理措施有哪些？

（1）各单位安全技术部门应会同有关职能部门制定防静电危害具体实施方案，并加以监督检查。负责管理工作的人员必须掌握静电安全技术知识，当发现静电可能酿成事故时，有权采取有效措施，并上报主管领导。

（2）所有防静电设备、测试仪表及防护用品，要定期检查、维修，并建立设备档案。

330. 静电接地的目的和要求有哪些？

接地是用来消除导体上的静电，但不能用来消除绝缘体上的静电。因带有静电的绝缘体如经过导体直接接地，即相当于把大地电位引向绝缘体，反而会增加火化放电的危险。故防静电接地的方法仅适用于导体。

防静电接地装置，可与电气设备工作、保护和重复接地装置共用。其接地连接线应保证足够的机械强度和化学稳定性。连接应当可靠，不得有任何中断之处。

导电性地面实质上也是一种接地措施。采用它不但能导走设备上的静电，且有利于导走聚积在人体上的静电。导电性地面常是指混凝土、导电橡胶地面、导电合成树脂、导电母板、导电水磨石、导电瓷砖等地面。采用导电性地面或导电性涂料粉刷地面时，地面与大地之间的电阻值不应超过1MΩ，地面与接地体的接触面积不宜小于10cm²。

在某些危险性较大的场所，为使转轴能可靠接地，可采用导电性润滑油或采用使滑环、碳刷接地的方法。

为了消除人体静电，可穿导电性工作鞋，这实际上也是一种接地措施。

331. 如何通过改善带电体周围环境的条件减少静电？

在油品蒸气和空气的混合物接近爆炸浓度极限范围的场合下，必须加强作业场所通风措施，必要时可配置惰性气体系统。

（1）当气体爆炸危险场所的等级属0区及1区时，作业人员应穿防静电工作服，防静电工作鞋、袜，且应配置导电地面(见 GB 12014 和 GB 21146)。

（2）禁止在爆炸危险场所穿脱衣服、帽子或类似物。

第四节　静电应用技术

332. 静电有哪些应用？

静电已在现代科学技术领域发挥了巨大的作用，如高能物理研究方向的"静电加速"、"粒子分离"等，工业生产中的静电除尘、静电抑制酸雾、静电纺纱、静电植绒、静电复印、静电筛选、静电喷漆等工艺技术，及医疗卫生食物保鲜方面的静电杀菌。

333. 简述静电除尘的原理如何。

（1）静电除尘器的原理示意图，如图4-9所示。

（2）基本构造：金属筒A和管中的金属丝B，A接高压电源的正极，B接高压电源的负极。

（3）原理：A、B之间产生强电场，距B越近，场强越大，B附近的空气中的气体分子被电离，成为电子和正离子，正离子被吸附到B上，得到电子又成为分子，电子在向正极运动过程中，使烟气中的煤粉带负电，吸附到正极A上最后在重力作用下落入下面的漏斗中。

（4）应用：除去有害微粒、回收物资。

334. 静电喷涂和静电植绒的原理是？

设法使工作物质带电，带电的工作物质在电

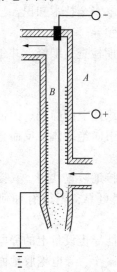
图4-9　静电除尘器原理示意图

场大作用下向作为电极的工件运动，完成静电喷涂和静电植绒。

335. 简单叙述静电复印的过程。

（1）静电复印机：其中心部件是一个可以旋转由接地铝质圆柱体，表面镀一层半导体硒，叫做硒鼓。半导体硒有特殊的光学性质：没有光照时是很好的绝缘体，能保持电荷；受到光的照射立即变成导体，将所带的电荷导走。

（2）静电复印的过程：要经过充电、曝光、显影、转印等几个步骤，这几个步骤是在硒鼓转动一周的过程中依次完成的。

336. 静电纺纱是何原理？

棉条经刺辊开松为单纤维，利用气流把单纤维吸走，通过输棉管送入静电场。在高压静电场的作用下，由于极化和电离作用使纤维两端呈现相反的电荷，产生静电力。沿轴线的分力使纤维伸直，并沿轴线分力较大的一方移动；垂直于轴线方向的分力使纤维转动按电力线方向排列，并向电场中心移动，凝聚成自由端须条；由于电晕放电使纤维某一种电荷产生静电力 F' 作用在纤维的重心上，它将使纤维沿电力线方向异性电极运动。凝聚在电场中心线上的自由端须条经过加捻器加捻成纱，然后由引纱罗拉引出直接卷绕成为筒子。

337. 什么是静电分选？

物料经给料系统均匀散布在接地转动电极光滑表面上，带电的物料与接地分选滚筒电极交换，两种不同静电性能不同的物料有差异。然后带电的物料进入分选区，受静电力、重力、离心力等的合力下落（图4-10）。完成两种不同电性物料的分离，应用在选矿等方面。

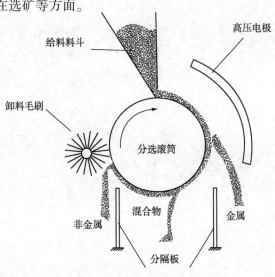

给料料斗　高压电极　卸料毛刷　分选滚筒　非金属　混合物　金属　分隔板

图4-10 静电分选原理示意图

338. 什么是静电常温灭菌？

静电常温灭菌技术包括电磁杀菌和静电臭氧杀菌两项技术。

电磁杀菌技术是采用高压静电场和交变电场、静磁场和交变磁场对液体进行静电常温杀菌技术。它解决了传统灭菌方法难以克服的高温杀菌破坏水果汁、蔬菜汁、啤酒等饮料营养成分的难题，杀菌效率达到100%。

静电臭氧杀菌技术主要是指静电臭氧发生技术。过去是采用点放电技术，臭氧发生量很少，现在采用的是面放电技术，臭氧的发生量增加几十倍。因此，成本迅速降低。臭氧是一种强氧化物，可用于消毒灭菌。臭氧有净化空气、消除臭味的功效。国际上正在进行工业自来水臭氧杀菌技术的研究试验，用以取代化学杀菌方法。

第五章　继电保护及常见电气设备实用安全技术

第一节　继电保护实用技术

339. 什么是电力系统稳定和振荡？短路和振荡的区别是什么？

电力系统稳定分静态稳定和暂态稳定。静态稳定是指电力系统受到微小的扰动(如负荷和电压较小的变化)后，能自动恢复到原来运行状态的能力。暂态稳定对应的是电网受到大扰动的情况。

发电机与系统电源之间或系统两部分电源之间功角 δ 的摆动现象，称为振荡。电力系统的振荡有同期振荡和非同期振荡两种情况。能够保持同步而稳定运行的振荡称为同期振荡；导致失去同步而不能正常运行的振荡称为非同期振荡。

电力系统振荡和短路的主要区别：

振荡时系统各点的电压和电流值均作往复性摆动，而短路时电流、电压值是突变的。此外，振荡时电流、电压值的变化速度缓慢，而短路时电流、电压值的突然变化量较大。

振荡时系统任何一点的电流与电压之间的相位角都随功角 δ 的变化而改变；而短路时电流与电压之间的相位角是基本不变的。

340. 电力系统振荡时，对继电保护装置有哪些影响？哪些保护装置不受影响？

（1）对电流继电器的影响。图5−1为流入继电器的振荡电流随时间变化的曲线，由图可见，当振荡电流达到继电器的动作电流 I_{op} 时，继电器动作；当振荡电流降低到继电器的返回电流 I_{re} 时，继电器返回。图 t_k 表示继电器的动作时间(触点闭合的时间)，由此可以看出电流速断保护肯定会误动作。一般情况下振荡周期较短，当保护装置的时限大于 1.5~2s 时，就可能躲过振荡误动作。

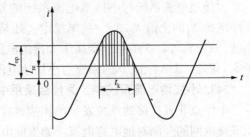

图 5−1　流入继电器的振荡电流随时间变化的曲线

（2）对阻抗继电器的影响。周期性振荡时，电网中任一点的电压和流经线路的电流将随两侧电源电动势间相位角的变化而变化。振荡电流增大，电压下降，阻抗继电器可能动作；振荡电流减小，电压升高，阻抗继电器返回。如果阻抗继电器触点闭合的持续时间长，将造成保护装置误动作。

原理上不受振荡影响的保护，有相差动保护和电流差动纵联保护等。

341. 我国电力系统中中性点接地方式有几种？它们对继电保护的原则要求是什么？

我国电力系统中性点接地方式有 3 种：中性点直接接地方式；中性点经消弧线圈接地方式；中性点不接地方式。110kV 及以上电网的中性点均采用第①种接地方式。在这种系统中，发生单相接地故障时接地短路电流很大，故称其为大接地电流系统。在大接地电流系统中发生单相接地故障的概率较高，可占总短路故障的 70% 左右，因此要求其接地保护能灵敏、可靠、快速地切除接地短路故障，以免危及电气设备的安全。3~35kV 电网的中性点采用第②或第③种接地方式。在这种系统中，发生单相接地故障时接地短路电流很小，故称其为小接地电流系统。在小接地电流系统中发生单相接地故障时，并不破坏系统线电压的对称性，系统还可继续运行 1~2h。同时，绝缘监察装置发出无选择性信号，可由值班人员采取措施加以消除。只有在特殊情况或电网比较复杂、接地电流比较大时，根据技术保安条件，才装设有选择性的接地保护，动作于信号或跳闸。所以，小接地电流系统的接地保护带有很大的特殊性。

342. 什么是大接地电流系统？什么是小接地电流系统？它们的划分标准是什么？

中性点直接接地系统（包括经小阻抗接地的系统）发生单相接地故障时，接地短路电流很大，所以这种系统称为大接地电流系统。采用中性点不接地或经消弧线圈接地的系统，当某一相发生接地故障时，由于不能构成短路回路，接地故障电流往往比负荷电流小得多，所以这种系统称为小接地电流系统。

大接地电流系统与小接地电流系统的划分标准是依据系统的零序电抗 X_0 与正序电抗 X_1 的比值 X_0/X_1。我国规定：凡是 $X_0/X_1 > 4~5$ 的系统属于小接地电流系统，$X_0/X_1 \leq 4~5$ 的系统则属于大接地电流系统。有些国家（如美国与某些西欧国家）规定，$X_0/X_1 > 3.0$ 的系统为小接地电流系统。

343. 小接地电流系统中，为什么采用中性点经消弧线圈接地？

中性点非直接接地系统发生单相接地故障时，接地点将通过接地线路对应电压等级电网的全部对地电容电流。如果此电容电流相当大，就会在接地点产生间歇性电弧，引起过电压，从而使非故障相对地电压极大增加。在电弧接地过电压的作用下，可能导致绝缘损坏，造成两点或多点的接地短路，使事故扩大。为此，我国采取的措施是：当各级电压电网单相接地故障时，如果接地电容电流超过一定数值(35kV 电网为 10A，10kV 电网为 10A，3~6kV 电网为 30A)，就在中性点装设消弧线圈，其目的是利用消弧线圈的感性电流补偿接地故障时的容性电流，使接地故障电流减少，以致自动熄弧，保证继续供电。

344. 什么是消弧线圈的欠补偿、全补偿、过补偿？

中性点装设消弧线圈的目的是利用消弧线圈的感性电流补偿接地故障时的容性电流，使接地故障电流减少。通常这种补偿有 3 种不同的运行方式，即欠补偿、全补偿和过补偿。

(1) 欠补偿。补偿后电感电流小于电容电流，或者说补偿的感抗 ωL 大于线路容抗 $1/(3\omega C_0)$ 电网以欠补偿的方式运行。

(2) 过补偿。补偿后电感电流大于电容电流，或者说补偿的感抗 ωL 小于线路容抗 $1/(3\omega C_0)$ 电网以过补偿的方式运行。

(3) 全补偿。补偿后电感电流等于电容电流，或者说补偿的感抗 ωL 等于线路容抗 $1/(3\omega C_0)$，电网以全补偿的方式运行。

345. 中性点经消弧线圈接地系统为什么普遍采用过补偿运行方式？

中性点经消弧线圈接地系统采用全补偿时，无论不对称电压的大小如何，都将因发生串联谐振而使消弧线圈感受到很高的电压。因此，要避免全补偿运行方式的发生，而采用过补偿的方式或欠补偿的方式。实际上一般都采用过补偿的运行方式，其主要原因：

(1) 欠补偿电网发生故障时，容易出现数值很大的过电压。例如，当电网中因故障或其他原因而切除部分线路后，在欠补偿电网中就可能形成全补偿的运行方式而造串联谐振，引起很高的中性点位移电压与过电压，在欠补偿电网中也会出现很大的中性点位移而危及绝缘。只要采用欠补偿的运行方式，这一缺点是无法避免的。

(2) 欠补偿电网在正常运行时，如果三相不对称度较大，还有可能出现数值很大的铁磁谐振过电压。这种过电压是因欠补偿的消弧线圈和线路电容发生铁磁谐振引起的。如采用过补偿的运行方式，就不会出现这种铁磁谐振现象。

(3) 电力系统往往是不断发展和扩大的，电网的对地电容亦将随之增大。如果采用过补偿，原装的消弧线圈仍可以继续使用一段时期，至多是由过补偿转变为欠补偿运行；但如果原来就采用欠补偿的运行方式，则系统一有发展就必须立即增加补偿容量。

(4) 由于过补偿时流过接地点的是电感电流，熄弧后故障相电压恢复速度较慢，因而接地电弧不易重燃。

(5) 采用过补偿时，系统频率的降低只是使过补偿度暂时增大，这在正常运行时是毫无问题的；反之，如果采用欠补偿，系统频率的降低将使之接近于全补偿，从而引起中性点位移电压的增大。

346. 电力系统对继电保护的基本要求是什么？

对电力系统继电保护的基本性能要求有可靠性、选择性、快速性、灵敏性。这些要求之间，有的相辅相成，有的相互制约，需要针对不同的使用条件，分别进行协调。

（1）可靠性

继电保护可靠性是对电力系统继电保护的最基本性能要求，它又分为两个方面，即可信赖性与安全性。可信赖性要求继电保护在设计要求它动作的异常或故障状态下，能够准确地完成动作；安全性要求继电保护在非设计要求它动作的其他所有情况下，能够可靠地不动作。可信赖性与安全性，都是继电保护必备的性能，但两者相互矛盾。在设计与选用继电保护时，需要依据被保护对象的具体情况，对这两方面的性能要求适当地予以协调。例如，对于传送大功率的输电线路保护，一般宜于强调安全性；而对于其他线路保护，则往往宜于强调可信赖性。至于大型发电机组的继电保护，无论它的拒绝动作或误动作跳闸，都会引起巨大的经济损失，需要通过精心设计和装置配置，兼顾这两方面的要求。提高继电保护安全性的办法，主要是采用经过全面分析论证，有实际运行经验或者经试验确证为技术性能满足要求、元件工艺质量优良的装置；而提高继电保护的可信赖性，除了选用高可靠性的装置外，重要的还可以采取装置双重化，实现"二中取一"的跳闸方式。

（2）选择性

继电保护选择性是指在对系统影响可能最小的处所，实现断路器的控制操作，以终止故障或系统事故的发展。例如，对于电力元件的继电保护，当电力元件故障时，要求最靠近故障点的断路器动作断开系统供电电源；而对于振荡解列装置，则要求当电力系统失去同步运行稳定性时，在解列后两侧系统可以各自安全地同步运行的地点动作于断路器，将系统一分为二，以中止振荡。

电力元件继电保护的选择性，除了决定于继电保护装置本身的性能外，还要求满足：①自电源算起，愈靠近故障点的继电保护的故障起动值相对愈小，动作时间愈短，并在上下级之间留有适当的裕度；②要具有后备保护作用，如果最靠近故障点的继电保护装置或断路器因故拒绝动作而不能断开故障时，能由紧邻的电源侧继电保护动作将故障断开。在220kV及以上电压的电力网中，由于接线复杂所带来的具体困难，在继电保护技术上往往难于做到对紧邻下一级元件的完全后备保护作用，相应采用的通用对策是，每一电力元件都装设至少两套各自独立工作、可以分别对被保护元件实现充分保护作用的继电保护装置，即实现双重化配置；同时，设置一套断路器拒绝动作的保护，当断路器拒动时，使同一母线上的其他断路口跳闸，以断开故障。

（3）快速性

继电保护快速性是指继电保护应以允许的可能最快速度动作于断路器跳闸，以断开故障或中止异常状态发展。继电保护快速动作可以减轻故障元件的损坏程度，提高线路故障后自动重合闸的成功率，并特别有利于故障后的电力系统同步运行的稳定性。快速切除线路与母线的短路故障，是提高电力系统暂态稳定的最重要手段。

（4）灵敏性

继电保护灵敏性是指继电保护对设计规定要求动作的故障及异常状态能够可靠地动作的能力。故障时通入装置的故障量和给定的装置起动值之比，称为继电保护的灵敏系数。它是考核继电保护灵敏性的具体指标，在一般的继电保护设计与运行规程中，对它都有具体的规定要求。继电保护愈灵敏，愈能可靠地反应要求动作的故障或异常状态；但同时，也愈易于在非要求动作的其他情况下产生误动作，因而与选择性有矛盾，需要协调处理。

347. 继电保护的基本内容是什么？

对被保护对象实现继电保护，包括软件和硬件两方面的内容：①确定被保护对象在正常运行状态和拟进行保护的异常或故障状态下，有哪些物理量发生了可供进行状态判别的量、质或量与质的重要变化，这些用来进行状态判别的物理量（例如通过被保护电力元件的电流大小等），称为故障量或起动量；②将反应故障量的一个或多个元件按规定的逻辑结构进行编排，实现状态判别，发出警告信号或断路器跳闸命令的硬件设备。

（1）故障量。用于继电保护状态判别的故障量，随被保护对象而异，也随所处电力系统的周围条件而异。使用得最为普遍的是工频电气量。而最基本的是通过电力元件的电流和所在母线的电压，以及由这些量演绎出来的其他量，如功率、相序量、阻抗、频率等，从而构成电流保护、电压保护、阻抗保护、频率保护等。例如，对于发电机，可以实现检测通过发电机绕组两端的电流是否大小相等、相位是否相反，来判定定子绕组是否发生短路故障；对于变压器，也可以用同样的判据来实现绕组的短路故障保护，这种方式叫做电流差动保护，是电力元件最基本的一种保护方式；对于油浸绝缘变压器，可以用油中气体含量作为故障量，构成气体保护。线路继电保护的种类最多，例如在最简单的辐射形供电网络中，可以用反应被保护元件通过的电流显著增大而动作的过电流保护来实现线路保护；而在复杂电力网中，除电流大小外，还必须配以母线电压的变化进行综合判断，才能实现线路保护，而最为常用的是可以正确地反应故障点到继电保护装置安装处电气距离的距离保护。对于主要输电线路还借助连接两侧变电所的通信通道相互传输继电保护信息，来实现对线路的保护。近年来，又开始研究利用故障初始过程暂态量作为判据的线路保护。对于电力系统安全自动装置，简单的例如以反应母线电压的频率绝对值下降或频率变化率为负来判断电力系统是否已开始走向频率崩溃；复杂的则在一个处所设立中心站，通过通信通道连续收集相关变电所的信息，进行综合判断，及时向相应变电所发出操作命令，以保证电力系统的安全运行。

（2）硬件结构。硬件结构又叫装置。硬件结构中，有反应一个或多个故障量而动作的电器元件，组成逻辑回路的时间元件和扩展输出回路数的中间元件等。在 20 世纪 50 年代以前，它们差不多都是用电磁型的机械元件构成。随着半导体器件的发展，陆续推广利用整流二极管构成的整流型元件和由半导体分立元件组成的装置。70 年代以后，利用集成电路构成的装置在电力系统继电保护中得到广泛运用。到 80 年代，微型机在安全自动装置和继电保护保护装置中逐渐应用。随着新技术、新工艺的采用，继电保护硬件设备的可靠性、运行维护方便性也不断得到提高。目前，是多种硬件结构并存的时代。

348. 继电器一般怎样分类？试分别进行说明。

（1）继电器按在继电保护中的作用，可分为测量继电器和辅助继电器两大类。①测量继电器能直接反应电气量的变化，按所反应电气量的不同，又可分为电流继电器、电压继电器、功率方向继电器、阻抗继电器、频率继电器以及差动继电器等。②辅助继电器可用来改进和完善保护的功能，按其作用的不同，可分为中间继电器、时间继电器以及信号继电器等。

（2）继电器按结构型式分类，目前主要有电磁型、感应型、整流型以及静态型。

349. 试述电磁型继电器的工作原理，按其结构型式可分为哪三种？

电磁型继电器一般由电磁铁、可动衔铁、线圈、触点、反作用弹簧和止挡等部件构成。线圈通过电流时所产生的磁通，经过铁芯、空气隙和衔铁构成闭合回路。衔铁在电磁场的作用下被磁化，因而产生电磁转矩，如电磁转矩大于反作用弹簧力矩及机械摩擦力时，则衔铁被吸向电磁铁磁极，使继电器触点闭合。

电磁型继电器按其结构的不同，可分为螺管线圈式、吸引衔铁式和转动舌片式三种。螺管线圈式有时间继电器等；吸引衔铁式有中间继电器、信号继电器等；转动舌片式有电流、电压继电器等。

350. 简述感应型继电器的工作原理。

感应型继电器分为圆盘式和四极圆筒式两种，其基本工作原理是一样的。根据电磁感应定律，一运动的导体在磁场中切割磁力线，导体中就会产生电流，这个电流产生的磁场与原磁场间的作用力，力图阻止导体的运动；反之，如果通电导体不动，而磁场在变化，通电导体同样也会受到力的作用而产生运动。感应型继电器就是基于这种原理而动作的。

351. 整流型继电器由哪些回路构成？简述其工作原理。

整流型继电器一般由电压形成回路、整流滤波回路、比较回路和执行回路构成。其工作原理是：电压形成回路把输入的交流电压或电流以及它们的相位，经过小型中间变压器或电抗变压器转换成便于测量的电压，该电压经整流滤波后变成与交流量成正比的直流电压，然后送到比较回路进行比较，以确定继电器是否应该动作，最后由执行元件执行。

352. 什么是现场总线？简述现场总线技术的主要特点和对自动化技术的影响。

现场总线是用于现场仪表与控制系统和控制室之间的一种全分散、全数字化、智能、双向、互联、多变量、多点、多站的通信系统，其特点是可靠性高、稳定性好、抗干扰强、通信速率快，系统安全符合环境保护要求，且造价低廉、维护成本低。现场总线技术的主要特点如下：

（1）完全替代 4～20mA 模拟信号，实现传输信号数字化，从而易于现场布线，且降低电缆安装和保养费用，增加了可靠性。

（2）控制、报警、趋势分析等功能分散在现场仪表和装置中，简化了上层系统。

（3）各厂家产品的交互操作和互换使用，给用户进行系统组织提供了方便。

（4）实现自动化仪表技术从模拟数字技术向全数字技术的转化，自动化系统从封闭系统向开放式系统的转变。

现场总线将对自动化技术带来以下七个方面的变革：

（1）用一对通信线连接多台数字仪表代替一对信号线只能连接 1 台模拟仪表。

（2）用多变量、双向、数字通信方式代替单变量、单向、模拟传输方式。

（3）用多功能的现场数字仪表代替单功能的现场模拟仪表。

（4）用分散式的虚拟控制站代替集中式的控制站。

（5）用控制系统 FCS 代替集散控制 DCS。

（6）变革传统的信号标准、通信标准和系统标准。

（7）变革传统的自动化系统的体系结构、设计方法和安装调试方法。

353. 微机继电保护装置对运行环境有什么要求？

微机继电保护装置室内月最大相对湿度不应超过 75%，应防止灰尘和不良气体侵入。微机继电保护装置室内环境温度应在 5～30℃ 范围内，若超过此范围应装设空调。

354. 发电厂继电保护专业部门对微机继电保护装置的运行管理职责是什么？

（1）负责微机继电保护装置的日常维护、定期检验和输入定值。

（2）按地区调度及发电厂管辖范围，定期编制微机继电保护装置整定方案和处理日常工作。

（3）贯彻执行上级颁发的有关微机继电保护装置的规程和标准，负责为地区调度及现行人员编写微机继电保护装置调度运行规程和现场运行规程。

（4）统一管理直接管辖范围内微机继电保护装置的程序，同一型号微机继电保护装置用相同的程序，更改程序应下发程序通知单。

（5）负责对现场运行人员和地区调度人员进行有关微机继电保护装置的技术培训。

（6）微机继电保护装置发生不正确动作时，应调查不正确动作原因，并提出改进措施。

（7）熟悉微机继电保护装置原理及二次回路，负责微机继电保护装置的异常处理。

（8）了解变电所综合自动化系统中微机继电保护装置的有关内容。

355. 什么情况下应该停用整套微机继电保护装置？

（1）微机继电保护装置使用的交流电压、交流电流、开关量输入、开关量输出回路作业；

（2）装置内部作业；

（3）继电保护人员输入定值。

356. 对继电保护和安全自动装置投退压板进行操作的要点是什么？

（1）继电保护人员工作后，运行人员在交接班时，每班都应核对操作过的保护压板位置是否与运行要求相符，没做实际核对时，严禁在运行记录簿上签字；

（2）运行人员应督促继电保护人员写明压板和有关控制把手的用途及位置，压板标号不全时应拒绝投入运行；

（3）运行人员还应了解各压板、各按钮和控制把手的用途及位置，以免停错，每次操作压板要写入操作票中，并且要有监护人；

（4）若两压板之间距离小于一个压板长度，在停上述压板时，应将两旁的压板套上绝缘套或其他绝缘物，以免误碰而造成保护误动跳闸；

（5）使用万用表测量压板电位时，必须使用直流电压最高档；

（6）当母线电压互感器停用时，运行人员应先将带电压闭锁、电压启动的保护，或备用电源自动投入装置的跳闸压板打开。在投入跳闸压板时，电压互感器一次、二次必须带电；

（7）变压器停电或 220kV 及以上线路停电时，应特别注意联跳压板、启动失灵压板等的退出。

357. 运行中保护装置变更保护定值应按什么顺序进行？

（1）对于故障时反应数值上升的继电器（如过流继电器等），若定值由大改小则在运行方式变更后进行；定值由小改大则在运行方式变前进行。

（2）对于故障时反应数值下降的继电器（如低电压继电器、阻抗继电器）若定值由大改小则在运行方式变更前进行，定值由小改大则在运行方式变更后进行。

（3）需改变继电器线圈串并联时严防流就二次回路开路，应先将电流回路可靠短接。

358. 微机继电保护投运时应具备哪些技术文件？

（1）竣工原理图、安装图、技术说明书、电缆清册等设计资料；

（2）制造厂提供的装置说明书、保护屏（柜）电原理图、装置电原理图、分板电原理图、故障检测手册、合格证明和出厂试验报告等技术文件；

（3）新安装检验报告和验收报告；

（4）微机继电保护装置定值和程序通知单；

（5）制造厂提供的软件框图和有效软件版本说明；

（6）微机继电保护装置的专用检验规程。

359. 继电保护装置的检验一般可分为哪几种？

（1）新安装装置的验收检验，在下列情况进行：当新安装的一次设备投入运行时；当在现有的一次设备上投入新安装的装置时。

（2）运行中装置的定期检验（简称定期检验）。定期检验又分为 3 种：全部检验、部分检验、用装置进行断路器跳、合闸试验。

（3）运行中装置的补充检验（简称补充检验）。补充检验又分为 5 种：对运行中的装置进行较大的更改或增设新的回路后的检验；检修或更换一次设备的检验；运行中发现异常情况后的检验；事故后检验；已投运行的装置停电一年及以上，再次投入运行时的检验。

360. 微机继电保护装置的定检周期是怎样规定的？

在一般情况下，定期检验应尽可能配合在一次设备停电检修期间进行。新安装的保护装置一年内进行一次全部检验，以后每 6 年进行一次全部检验，每 2~4 年进行一次部分检验。

361. 在微机继电保护装置的检验中应注意哪些问题？

（1）微机继电保护屏（柜）应有良好可靠的接地，接地电阻应符合设计规定。用使用交流电源的电子仪器（如示波器、频率计等）测量电路参数时，电子仪器测量端子与电源侧绝缘良好，仪器外壳应与保护屏（柜）在同一点接地。

（2）检验中不宜用电烙铁，如必须用电烙铁，应使用专用电烙铁，并将电烙铁与保护屏（柜）在同一点接地。

（3）用手接触芯片的管脚时，应有防止人身静电损坏集成电路芯片的措施。

（4）只有断开直流电源后才允许插、拔插件。

（5）拔芯片应用专用起拔器，插入芯片应注意芯片插入方向，插入芯片后应经第二人检验确认无误后，方可通电检验或使用。

（6）测量绝缘电阻时，应拔出装有集成电路芯片的插件（光耦及电源插件除外）。

362. 微机继电保护装置的现场检验应包括哪些内容？

（1）测量绝缘；

（2）检验逆变电源（拉合直流电流，直流电压缓慢上升、缓慢下降时逆变电源和微机继电保护装置应能正常工作）；

（3）检验固化的程序是否正确；

（4）检验数据采集系统的精度和平衡度；

（5）检验开关量输入和输出回路；

（6）检验定值单；

（7）整组检验；

（8）用一次电流及工作电压检验。

363. 在整组试验中应着重检查哪些问题？

（1）各套保护间的电压、电流回路的相别及极性是否一致。

（2）各套装置间有配合要求的各元件在灵敏度及动作时间上是否确实满足配合要求。所有动作的元件应与其工作原理及回路接线相符。

（3）在同一类型的故障下，应该同时间动作于发出跳闸脉冲的保护，在模拟短路故障中是否均能动作，其信号指示是否正确。

（4）在两个线圈以上的直流继电器的极性连接是否正确，对于用电流启动（或保持）的回路，其动作（或保持）性能是否可靠。

（5）所有相互间存在闭锁关系的回路，其性能是否与设计符合。

（6）所有在运行中需要由运行值班员操作的把手及连接片的连线、名称、位置标号是否正确，在运行过程中与这些设备有关系的名称、使用条件是否一致。

（7）中央信号装置的动作及有关光、音信号指示是否正确。

（8）各套保护在直流电源正常及异常状态下（自段子排处断开其中一套保护的负电源等）是否存在寄生回路。

（9）断路器跳、合闸回路的可靠性，其中装设单相重合闸的线路，验证电压、电流、断路器回路相别的一致性及与断路器跳、合闸回路相连的所有信号指示回路的正确性。

（10）被保护的一次设备发生短路故障时，在直流电源电压可能出现最低(实际可能最大的负荷)的运行情况下，检验保护装置及重合闸动作的可靠性。例如对双回线的和电流保护，应检验和电流保护动作将两线路断路器跳开继之重合且重合不成功德情况。

（11）单项及综合自动重合闸是否能确实保证按规定的方式动作，并保证不发生多次重合情况。

（12）当直流电压在运行时可能高于额定定值的5%而不超过额定定值的10%时，在整组试验时需在实际可能最高的运行电压下进行如下检查：

① 直流回路各元件的热稳定性。

② 动作时间有相互配合要求的回路(如与直流继电器动作时间、复归时间有关的回路)，是否尚能保证有足够的可靠性。

364. 微机继电保护屏应符合哪些要求？

（1）微机线路保护屏(柜)的电流输入、输出端子排排列应与电力工业部规定的"四统一"原则一致。

（2）同一型号的微机继电保护组屏时，应统一零序电流和零序电压绕组的极性端，通过改变微机继电保护屏(柜)端子上的连线来适应不同电压互感器接线的要求。

（3）为防止由交流电流、交流电压和直流回路进入的干扰引起微机继电保护装置不正常工作，应在微机继电保护装置的交流电流、交流电压回路和直流电源的入口处，采取抗干扰措施

（4）微机继电保护屏(柜)应设专用接地铜排，屏(柜)上的微机继电保护装置和收发信机中的接地端子均应接到屏(柜)的接地铜排上，然后再与控制室接地线可靠连接接地。

（5）与微机继电保护装置出口继电器触点连接的中间继电器线圈两端应并联消除过电压回路。

365. 第一次采用国外微机继电保护装置时应遵循什么规定？

凡第一次采用国外微机继电保护装置，必须经部质检中心进行动模试验(按部颁试验大纲)，确认其性能、指标等完全满足我国电网对微机继电保护装置的要求后才可选用。

366. 确定继电保护和安全自动装置的配置和构成方案时应综合考虑哪几个方面？

(1) 电力设备和电力网的结构特点和运行特点；

(2) 故障出现的概率和可能造成的后果；

(3) 电力系统的近期发展情况；

(4) 经济上的合理性；

(5) 国内和国外的经验。

367. 什么是主保护、后备保护、辅助保护和异常运行保护？

(1) 主保护是满足系统稳定和设备安全要求，能以最快速度有选择地切除被保护设备和线路故障的保护。

(2) 后备保护是主保护或断路器拒动时，用来切除故障的保护。后备保护可分为远后备保护和近后备保护两种。

① 远后备保护是当主保护或断路器拒动时，由相邻电力设备或线路的保护来实现的后备保护。

② 近后备保护是当主保护拒动时，由本电力设备或线路的另一套保护来实现后备的保护；当断路器拒动时，由断路器失灵保护来实现后备保护。

(3) 辅助保护是为补充主保护和后备保护的性能或当主保护和后备保护退出运行而增设的简单保护。

(4) 异常运行保护是反应被保护电力设备或线路异常运行状态的保护。

368. 为分析和统计继电保护的工作情况，对保护装置指示信号的设置有哪些规定？

(1) 在直流电压消失时不自动复归，或在直流电源恢复时，仍能重现原来的动作状态。

(2) 能分别显示各保护装置的动作情况。

(3) 在由若干部分组成的保护装置中，能分别显示各部分及各段的动作情况。

(4) 对复杂的保护装置，宜设置反应装置内部异常的信号。

(5) 用于启动顺序记录或微机监控的信号触点应为瞬时重复动作触点。

(6) 宜在保护出口至断路器跳闸的回路内，装设信号指示装置。

369. 解释停机、解列灭磁、解列、减出力、程序跳闸、信号的含义。

停机：断开发电机断路器、灭磁。对汽轮发电机还要关闭主汽门；对水轮发电机还要关闭导水翼。

解列灭磁：断开发电机断路器，灭磁，汽轮机甩负荷。

解列：断开发电机断路器，汽轮机甩负荷。

减出力：将原动机出力减到给定值。

程序跳闸：对于汽轮发电机，首先关闭主汽门，待逆功率继电器动作后，再跳开发电机断路器并灭磁；对于水轮发电机，首先将导水翼关到空载位置，再跳开发电机断路器并灭磁。

信号：发出声光信号。

370. 什么情况下变压器应装设瓦斯保护？

0.8MV·A 及以上油浸式变压器和 0.4MV·A 及以上车间内油浸式变压器，均应装设瓦斯保护；当壳内故障产生轻微瓦斯或油面下降时，应瞬时动作于信号；当产生大量瓦斯时，应动作于断开变压器各侧断路器。

带负荷调压的油浸式变压器的调压装置，亦应装设瓦斯保护。

371. 什么情况下变压器应装设纵联差动保护？

（1）对 6.3MV·A 及以上厂用工作变压器和并列运行的变压器，10MV·A 及以上厂用备用变压器和单独运行的变压器，以及 2MV·A 及以上用电流速断保护灵敏性不符合要求的变压器，应装设纵联差动保护。

（2）对高压侧电压为 330kV 及以上的变压器，可装设双重纵联差动保护。

372. 如何保证继电保护的可靠性？

继电保护的可靠性主要由配置合理、质量和技术性能优良的继电保护装置以及正常的运行维护和管理来保证。任何电力设备（线路、母线、变压器等）都不允许在无继电保护的状态下运行。220kV 及以上电网的所有运行设备都必须由两套交、直流输入、输出回路相互独立，并分别控制不同断路器的继电保护装置进行保护。当任一套继电保护装置或任一组断路器拒绝动作时，能由另一套继电保护装置操作另一组断路器切除故障。在所有情况下，要求这两套继电保护装置和断路器所取的直流电源都经由不同的熔断器供电。3~110kV 电网运行中的电力设备一般应有分别作用于不同断路器、且整定有规定的灵敏系数的两套独立的保护装置作为主保护和后备保护，以确保电力设备的安全。

373. 为保证电网保护的选择性，上、下级电网保护之间逐级配合应满足什么要求？

上、下级（包括同级和上一级及下一级电网）继电保护之间的整定，应遵循逐级配合的原则，满足选择性的要求，即当下一级线路或元件故障时，故障线路或元件的继电保护整定值必须在灵敏度和动作时间上均与上一级线路或元件的继电保护整定值相互配合，以保证电网发生故障时有选择性地切除故障。

374. 在哪些情况下允许适当牺牲部分选择性？

（1）接入供电变压器的终端线路，无论是一台或多台变压器并列运行（包括多处 T 接供电变压器或供电线路），都允许线路侧的速动段保护按躲开变压器其他侧母线故障整定。需要时，线路速动段保护可经一短时限动作。

（2）对串联供电线路，如果按逐级配合的原则将过分延长电源侧保护的动作时间，则可将容量较小的某些中间变电所按 T 接变电所或不配合点处理，以减少配合的级数，缩短动作时间。

（3）双回线内部保护的配合，可按双回线主保护（例如横联差动保护）动作，或双回线中一回线故障时两侧零序电流（或相电流速断）保护动作的条件考虑；确有困难时，允许双回线中一回线故障时，两回线的延时保护段间有不配合的情况。

（4）在构成环网运行的线路中，允许设置预定的一个解列点或一回解列线路。

375. 电力设备由一种运行方式转为另一种运行方式的操作过程中，对保护有什么要求？

电力设备由一种运行方式转为另一种运行方式的操作过程中，被操作的有关设备应在保护范围内，部分保护装置可短时失去选择性。

376. 电力变压器的不正常工作状态和可能发生的故障有哪些？一般应装设哪些保护？

变压器的故障可分为内部故障和外部故障两种。变压器内部故障系指变压器油箱里面发生的各种故障，其主要类型有：各相绕组之间发生的相间短路，单相绕组部分线匝之间发生的匝间短路，单相绕组或引出线通过外壳发生的单相接地故障等。变压器外部故障系指变压器油箱外部绝缘套管及其引出线上发生的各种故障，其主要类型有：绝缘套管闪络或破碎而发生的单相接地（通过外壳）短路，引出线之间发生的相间故障等。

变压器的不正常工作状态主要包括：由于外部短路或过负荷引起的过电流、油箱漏油造成的油面降低、变压器中性点电压升高、由于外加电压过高或频率降低引起的过励磁等为了防止变压器在发生各种类型故障和不正常运行时造成不应有的损失，保证电力系统连续安全运行，变压器一般应装设以下继电保护装置：

（1）防御变压器油箱内部各种短路故障和油面降低的瓦斯保护。

（2）防御变压器绕组和引出线多相短路、大接地电流系统侧绕组和引出线的单相接地短路及绕组匝间短路的（纵联）差动保护或电流速断保护。

（3）防御变压器外部相间短路并作为瓦斯保护和差动保护（或电流速断保护）后备的过电流保护（或复合电压起动的过电流保护、负序过电流保护）。

（4）防御大接地电流系统中变压器外部接地短路的零序电流保护。

（5）防御变压器对称过负荷的过负荷保护。

（6）防御变压器过励磁的过励磁保护。

377. 什么是复合电压过电流保护？有何优点？

复合电压过电流保护通常作为变压器的后备保护，它是由一个负序电压继电器和一个接在相电压上的低电压继电器共同组成的电压复合元件，两个继电器只要有一个动作，同时过流继电器也动作，整套装置即能启动。

该保护具有以下优点：

（1）在后备保护范围内发生不对称短路时，有较高灵敏度。

（2）在变压器后发生不对称短路时，电压启动元件的灵敏度与变压器的接线方式无关。

（3）由于电压启动元件只接在变压器的一侧，故接线比较简单。

378. 变压器差动保护的不平衡电流是怎样产生的(包括稳态和暂态情况下的不平衡电流)？

（1）稳态情况下的不平衡电流

①由于变压器各侧电流互感器型号不同，即各侧电流互感器的饱和特性和励磁电流不同而引起的不平衡电流。它必须满足电流互感器的10%误差曲线的要求。

②由于实际的电流互感器变比和计算变比不同引起的不平衡电流。

③由于改变变压器调压分接头引起的不平衡电流。

（2）暂态情况下的不平衡电流

①由于短路电流的非周期分量主要为电流互感器的励磁电流，使其铁芯饱和，误差增大而引起不平衡电流。

②变压器空载合闸的励磁涌流，仅在变压器一侧有电流。

379. 变压器励磁涌流有哪些特点？目前差动保护中防止励磁涌流影响的方法有哪些？

励磁涌流有以下特点：

（1）包含有很大成分的非周期分量，往往使涌流偏于时间轴的一侧。

（2）包含有大量的高次谐波分量，并以二次谐波为主。

（3）励磁涌流波形之间出现间断。

防止励磁涌流影响的方法：

（1）采用具有速饱和铁芯的差动继电器。

（2）鉴别短路电流和励磁涌流波形的区别，要求间断角为60°~65°。

（3）利用二次谐波制动，制动比一般为15%~20%。

380. 简述变压器瓦斯保护的基本工作原理。

瓦斯保护是变压器的主要保护，能有效地反应变压器内部故障。

轻瓦斯保护的气体继电器由开口杯、干簧触点等组成，作用于信号。重瓦斯保护的气体继电器由挡板、弹簧、干簧触点等组成，作用于跳闸。

正常运行时，气体继电器充满油，开口杯浸在油内，处于上浮位置，干簧触点断开。当变压器内部故障时，故障点局部发生高热，引起附近的变压器油膨胀，油内溶解的空气被逐出，形成气泡上升，同时油和其他材料在电弧和放电等的作用下电离而产生气体。当故障轻微时，排出的气体缓慢地上升而进入气体继电器，使油面下降，开口杯产生以支点为轴的逆时针方向转动，使干簧触点接通，发出信号。当变压器内部故障严重时，将产生强烈的气体，使变压器内部压力突增，产生很大的油流向油枕方向冲击，因油流冲击挡板，挡板克服弹簧的阻力，带动磁铁向干簧触点方向移动，使干簧触点接通，作用于跳闸。

381. 为什么差动保护不能代替瓦斯保护？

瓦斯保护能反应变压器油箱内的任何故障，如铁芯过热烧伤、油面降低等，但差动保护对此无反应。又如变压器绕组发生少数线匝的匝间短路，虽然短路匝内短路电流很大会造成局部绕组严重过热产生强烈的油流向油枕方向冲击，但表现在相电流上其量值却并不大，因此差动保护没有反应，但瓦斯保护对此却能灵敏地加以反应，这就是差动保护不能代替瓦斯保护的原因。

382. 运行中的变压器瓦斯保护，当现场进行什么工作时，重瓦斯保护应由"跳闸"位置改为"信号"位置运行？

（1）进行注油和滤油时；

（2）进行呼吸器畅通工作或更换硅胶时；

（3）除采油样和气体继电器上部放气阀放气外，在其他所有地方打开放气、放油和进油阀门时；

（4）开、闭气体继电器连接管上的阀门时；

（5）在瓦斯保护及其二次回路上进行工作时；

（6）对于充氮变压器，当油枕抽真空或补充氮气时，变压器注油、滤油、更换硅胶及处理呼吸器时，在上述工作完毕后，经 1h 试运行后，方可将重瓦斯投入跳闸。

383. 什么是零序保护？大电流接地系统中为什么要单独装设零序保护？

在大短路电流接地系统中发生接地故障后，就有零序电流、零序电压和零序功率出现，利用这些电气量构成保护接地短路的继电保护装置统称为零序保护。三相星形接线的过电流保护虽然也能保护接地短路，但其灵敏度较低，保护时限较长。采用零序保护就可克服此不足，这是因为：①系统正常运行和发生相间短路时，不会出现零序电流和零序电压，因此零序保护的动作电流可以整定得较小，这有利于提高其灵敏度；②Y/△接线降压变压器，△侧以后的故障不会在 Y侧反映出零序电流，所以零序保护的动作时限可以不必与该种变压器以后的线路保护相配合而取较短的动作时限。

384. 什么叫距离保护？距离保护的特点是什么？

距离保护是以距离测量元件为基础构成的保护装置，其动作和选择性取决于本地测量参数（阻抗、电抗、方向）与设定的被保护区段参数的比较结果，而阻抗、电抗又与输电线的长度成正比，故名距离保护。

距离保护主要用于输电线的保护，一般是三段式或四段式。第一、二段带方向性，作为本线段的主保护，其中第一段保护线路的80%～90%。第二段保护余下的10%～20%并作相邻母线的后备保护。第三段带方向或不带方向，有的还没有不带方向的第四段，作本线及相邻线段的后备保护。

整套距离保护包括故障启动、故障距离测量、相应的时间逻辑回路与电压回路断线闭锁，有的还配有振荡闭锁等基本环节以及对整套保护的连续监视等装置。有的接地距离保护还配备单独的选相元件。

385. 母线差动保护的形式有哪些？它们各有什么特点？

母线差动保护的形式主要有：母线完全电流差动保护、母线不完全电流差动保护、固定连接的母线差动保护、电流相位比较式母线差动保护、比率制动式母线差动保护和中阻抗型母线保护，它们的特点分别是：

（1）母线完全电流差动保护是将母线上所有连接元件的电流互感器按同名相、同极性连接到差动回路，要求所有电流互感器的特性和变比均应相同，若变比不同则采用补偿变流器进行补偿，满足$\sum I=0$。

（2）母线不完全电流差动保护是在当母线所连接的元件较多，且每一元件的功率相差较大时，为了减少投资，只需将连接于母线上的各电源元件的电流互感器，接入差动回路，而无电源元件上的电流互感器，不接入差动回路，以在母线和无电源元件上发生故障时动作。一般不接入差动回路的无电源元件是电抗器或变压器。目前，6～10kV母线上常用不完全差动保护。

（3）固定连接母线差动保护用于当发电厂和变电所的母线为双母线且采用将元件固定连接至不同母线而断路器在合闸运行方式时的母线保护装置。该保护有能区别哪一组母线故障的选择元件和反映区内、外故障的启动元件。

（4）电流相位比较式母线差动保护是在完全差动的基础上，通过比较流过母线联络断路器的电流相位，而判断哪段母线故障，从原理上克服双母线固定连接母线差动保护运行方式不灵活的缺点不受引出线连接方式的影响，具有较高的选择性和可靠性。

（5）比率制动式母线差动保护为具有制动特性且差动回路有低值强制电阻的母线完全差动电流保护，这种母线保护的动作速度快，仅半个周波。所以又称为半周波母线差动保护。该保护在220kV电网中获得广泛应用。

（6）中阻抗型快速母线保护是带制动特性的母线差动保护，其选择元件是一个具有比率制动特性的中阻抗型电流差动继电器，解决了电流互感器饱和和引起母线差动保护区外故障时的误动问题。装置以电流瞬时值测量、比较为基础，母线内部故障时，保护装置的启动元件、选择元件能优先于电流互感器饱和前动作，因此动作速度快，装置的整组动作时间不大于10ms。

386. 为什么设置母线充电保护？

母线差动保护应保证在一组母线或某一段母线合闸充电时，快速而有选择地断开有故障的母线。为了更可靠地切除被充电母线上的故障，在母联开关或母线分段开关上设置电流或零序电流保护，作为母线充电保护。

母线充电保护接线简单，在定值上可保证高的灵敏度。在有条件的地方，该保护可以作为专用母线单独带新建线路充电的临时保护。

母线充电保护只在母线充电时投入，当充电良好后，应及时停用。

387. 什么是断路器失灵保护？

当系统发生故障时，故障元件的保护动作而其断路器操作机构失灵拒绝跳闸时，通过故障元件的保护，作用于同一变电所相邻元件的断路器使之跳闸，有条件的还可以利用通道，使远端有关断路器同时跳闸，这样的保护方式，就称为断路器失灵保护。断路器失灵保护是近后备中防止断路器拒动的一项有效措施。

388. 发电机可能发生的故障和不正常工作状态有哪些类型？

在电力系统中运行的发电机，小型的为6~12MW，大型的为200~600MW。由于发电机的容量相差悬殊，在设计、结构、工艺、励磁乃至运行等方面都有很大差异，这就使发电机及其励磁回路可能发生的故障、故障几率和不正常工作状态有所不同。

（1）可能发生的主要故障：定子绕组相间短路；定子绕组一相匝间短路；定子绕组一相绝缘破坏引起的单相接地；转子绕组（励磁回路）接地；转子励磁回路低励（励磁电流低于静稳极限所对应的励磁电流）、失去励磁。

（2）主要的不正常工作状态：过负荷；定子绕组过电流；定子绕组过电压（水轮发电机、大型汽轮发电机）；三相电流不对称；失步（大型发电机）；逆功率；过励磁；断路器断口闪络；非全相运行等。

389. 发电机应装设哪些保护？它们的作用是什么？

对于发电机可能发生的故障和不正常工作状态，应根据发电机的容量有选择地装设以下保护。

（1）纵联差动保护：为定子绕组及其引出线的相间短路保护。

（2）横联差动保护：为定子绕组一相匝间短路保护。只有当一相定子绕组有两个及以上并联分支而构成两个或三个中性点引出端时，才装设该种保护。

（3）单相接地保护：为发电机定子绕组的单相接地保护。

（4）励磁回路接地保护：为励磁回路的接地故障保护，分为一点接地保护和两点接地保护两种。水轮发电机都装设一点接地保护，动作于信号，而不装设两点接地保护。中小型汽轮发电机，当检查出励磁回路一点接地后再投入两点接地保护，大型汽轮发电机应装设一点接地保护。

（5）低励、失磁保护：为防止大型发电机低励（励磁电流低于静稳极限所对应的励磁电流）或失去励磁（励磁电流为零）后，从系统中吸收大量无功功率而对系统产生不利影响，100MW 及以上容量的发电机都装设这种保护。

（6）过负荷保护：发电机长时间超过额定负荷运行时作用于信号的保护。中小型发电机只装设定子过负荷保护；大型发电机应分别装设定子过负荷和励磁绕组过负荷保护。

（7）定子绕组过电流保护：当发电机纵差保护范围外发生短路，而短路元件的保护或断路器拒绝动作时，为了可靠切除故障，则应装设反应外部短路的过电流保护。这种保护兼作纵差保护的后备保护。

（8）定子绕组过电压保护：中小型汽轮发电机通常不装设过电压保护。水轮发电机和大型汽轮发电机都装设过电压保护，以切除突然甩去全部负荷后引起定子绕组过电压。

（9）负序电流保护：电力系统发生不对称短路或者三相负荷不对称（如电气机车、电弧炉等单相负荷的比重太大）时，发电机定子绕组中就有负序电流。该负序电流产生反向旋转磁场，相对于转子为两倍同步转速，因此在转子中出现100Hz 的倍频电流，它会使转子端部、护环内表面等电流密度很大的部位过热，造成转子的局部灼伤，因此应装设负序电流保护。中小型发电机多装设负序定时限电流保护；大型发电机多装设负序反时限电流保护，其动作时限完全由发电机转子承受负序发热的能力决定，不考虑与系统保护配合。

（10）失步保护：大型发电机应装设反应系统振荡过程的失步保护。中小型发电机都不装设失步保护，当系统发生振荡时，由运行人员判断，根据情况用人工增加励磁电流、增加或减少原动机出力、局部解列等方法来处理。

（11）逆功率保护：当汽轮机主汽门误关闭，或机炉保护动作关闭主汽门而发电机出口断路器未跳闸时，发电机失去原动力变成电动机运行，从电力系统吸收有功功率。这种工况对发电机并无危险，但由于鼓风损失，汽轮机尾部叶片有可能过热而造成汽轮机事故，故大型机组要装设用逆功率继电器构成的逆功率保护，用于保护汽轮机。

390. 何谓同步发电机的励磁系统？其作用是什么？

供给同步发电机励磁电流的电源及其附属设备，称为同步发电机的励磁系统。发电机励磁系统的作用是：

（1）当发电机正常运行时，供给发电机维持一定电压及一定无功输出所需的励磁电流。

（2）当电力系统突然短路或负荷突然增、减时，对发电机进行强行励磁或强行减磁，以提高电力系统运行的稳定性和可靠性。

（3）当发电机内部出现短路时，对发电机进行灭磁，以避免事故扩大。

391. 同步发电机的励磁方式有哪些？

按给发电机提供励磁功率所用的方法，励磁系统可分为以下几种方式：

（1）同轴直流励磁机系统。在这种励磁方式中，由于发电机与直流励磁机同轴连接，当电网发生故障时，不会影响到励磁系统的正常运行。但受到直流励磁机容量的限制，这种励磁方式广泛应用于中小容量的发电机。

（2）半导体励磁系统。这是目前国内外大型发电机广泛采用的一种新型的、先进的励磁方式。它的优点是性能优良、维护简单、运行可靠、体积小、寿命长。

392. 什么是同步发电机的并列运行？什么叫同期装置？

为了提高供电的可靠性和供电质量，合理地分配负荷，减少系统备用容量，达到经济运行的目的，发电厂的同步发电机和电力系统内各发电厂应按照一定的条件并列在一起运行，这种运行方式称为同步发电机并列运行。

实现并列运行的操作称为并列操作或同期操作。用以完成并列操作的装置称为同期装置。

393. 实现发电机并列有几种方法？其特点和用途如何？

实现发电机并列的方法有准同期并列和自同期并列两种：

（1）准同期并列的方法：发电机在并列合闸前已经投入励磁，当发电机电压的频率、相位、大小分别和并列点处系统侧电压的频率、相位、大小接近相同时，将发电机断路器合闸，完成并列操作。

（2）自同期并列的方法：先将未励磁、接近同步转速的发电机投入系统，然后给发电机加上励磁，利用原动机转矩、同步转矩把发电机拖入同步。

自同期并列的最大特点是并列过程短，操作简单，在系统电压和频率降低的情况下，仍有可能将发电机并入系统，且容易实现自动化。但是，由于自同期并列时，发电机未经励磁，相当于把一个有铁芯的电感线圈接入系统，会从系统中吸取很大的无功电流而导致系统电压降低，同时合闸时的冲击电流较大，所以自同期方式仅在系统中的小容量发电机及同步电抗较大的水轮发电机上采用。大中型发电机均采用准同期并列方法。

394. 准同期并列的条件有哪些? 条件不满足将产生哪些影响?

准同期并列的条件是待并发电机的电压和系统的电压大小相等、相位相同和频率相等。上述条件不被满足时进行并列，会引起冲击电流。电压的差值越大，冲击电流就越大;频率的差值越大，冲击电流的振荡周期越短，经历冲击电流的时间也愈长。而冲击电流对发电机和电力系统都是不利的。

395. 按自动化程度不同，准同期并列有哪几种方式?

(1) 手动准同期:发电机的频率调整、电压调整以及合闸操作都由运行人员手动进行，只是在控制回路中装设了非同期合闸的闭锁装置(同期检查继电器)，用以防止由于运行人员误发合闸脉冲造成的非同期合闸。

(2) 半自动准同期:发电机电压及频率的调整由手动进行，同期装置能自动地检验同期条件，并选择适当的时机发出合闸脉冲。

(3) 自动准同期:同期装置能自动地调整频率，至于电压调整，有些装置能自动地进行，也有一些装置没有电压自动调节功能，需要靠发电机的自动调节励磁装置或由运行人员手动进行调整。当同期条件满足后，同期装置能选择合适的时机自动地发出合闸脉冲。

396. 什么是电力系统安全自动装置?

电力系统安全自动装置，是指防止电力系统失去稳定性和避免电力系统发生大面积停电的自动保护装置。如自动重合闸、备用电源和备用设备自动投入、自动切负荷、自动按频率(电压)减负荷、发电厂事故减出力、发电厂事故切机、电气制动、水轮发电机自动启动和调相改发电、抽水蓄能机组由抽水改发电、自动解列及自动快速调节励磁等装置。

397. 什么是自动重合闸? 电力系统中为什么要采用自动重合闸?

自动重合闸装置是将因故障跳开后的开关按需要自动投入的一种自动装置。

电力系统运行经验表明，架空线路绝大多数的故障都是瞬时性的，永久性故障一般不到10%。因此，在由继电保护动作切除短路故障之后，电弧将自动熄灭，绝大多数情况下短路处的绝缘可以自动恢复。因此，自动将开关重合，不仅提高了供电的安全性和可靠性，减少了停电损失，而且还提高了电力系统的暂态稳定水平，增大了高压线路的送电容量，也可纠正由于开关或继电保护装置造成的误跳闸。所以，架空线路要采用自动重合闸装置。

398. 维持系统稳定和系统频率及预防过负荷措施的安全自动装置有哪些?

(1) 维持系统稳定的装置:快速励磁、电力系统稳定器、电气制动、快关汽门及切机、自动解列、自动切负荷、串联电容补偿、静止补偿器及稳定控制装置等。

(2) 维持频率的装置:按频率(电压)自动减负荷、低频自起动、低频抽水改发电、低频调相转发电、高频切机、高频减出力装置等。

（3）预防过负荷的装置：过负荷切电源、减出力、过负荷切负荷等装置。

399. 备用电源自动投入装置应符合什么要求？

（1）应保证在工作电源或设备断开后，才投入备用电源或设备。

（2）工作电源或设备上的电压，不论因何原因消失时，自动投入装置均应动作。

（3）自动投入装置应保证只动作一次。

发电厂用备用电源自动投入装置，除第(1)的规定外，还应符合下列要求：

① 当一个备用电源同时作为几个工作电源的备用时，如备用电源已代替一个工作电源后，另一工作电源又被断开，必要时，自动投入装置应仍能动作。

② 有两个备用电源的情况下，当两个备用电源为两个彼此独立的备用系统时，应各装设独立的自动投入装置，当任一备用电源都能作为全厂各工作电源的备用时，自动投入装置应使任一备用电源都能对全厂各工作电源实行自动投入。

③ 自动投入装置，在条件可能时，可采用带有检定同期的快速切换方式，也可采用带有母线残压闭锁的慢速切换方式及长延时切换方式。

通常应校验备用电源和备用设备自动投入时过负荷的情况，以及电动机自启动的情况，如过负荷超过允许限度或不能保证自启动时，应有自动投入装置动作于自动减负荷。当自动投入装置动作时，如备用电源或设备投于故障，应使其保护加速动作。

400. 备用电源自动投入装置的整定原则是什么？

（1）备用电源自动投入装置的电压鉴定元件按下述规定整定：

① 低电压元件：应能在所接母线失压后可靠动作，而在电网故障切除后可靠返回，为缩小低电压元件的动作范围，低电压定值宜整定的较低，一般整定为 $0.15 \sim 0.3$ 倍额定电压。

② 有电压检测元件：应能在所接母（或线路）电压正常时可靠动作，而在母线电压低到不允许自投装置动作时可靠返回，电压定值一般整定为 $0.6 \sim 0.7$ 倍额定电压。

③ 动作时间：电压鉴定元件动作后延时跳开工作电源，其动作时间宜大于本级线路电源侧后备保护动作时间与线路重合闸时间之和。

（2）备用电源投入时间一般不带延时，如跳开工作电源时需联切部分负荷，则投入时间可整定为 $0.1 \sim 0.5s$。

（3）后加速过电流保护：

① 安装在变压器电源侧自动投入装置，如投入在故障设备上，后加速过电流保护应快速切出故障，本级线路电源侧速动段保护的非选择性动作由重合闸来

补救，电流定值应对故障设备有足够的灵敏系数，同时还应可靠包括自启动电流在内的最大负荷电流。

② 安装在变压器负荷侧自动投入装置，如投入在故障设备上，为提高投入成功率，后加速保护宜带 0.2~0.3s 延时，电流定值应对故障设备有足够的灵敏系数，同时还应可靠包括自启动电流在内的最大负荷电流。

401. 什么是按频率自动减负荷装置？其作用是什么？

为了提高供电质量，保证重要用户供电的可靠性，当系统中出现有功功率缺额引起频率下降时，根据频率下降的程度，自动断开一部分不重要的用户，阻止频率下降，以便使频率迅速恢复到正常值，这种装置叫按频率自动减负荷装置。它不仅可以保证重要用户的供电，而且可以避免频率下降引起的系统瓦解事故。

402. 防止自动低频减负荷装置误动作的措施有哪些？

（1）加速自动重合闸或备用电源自动投入装置的动作，缩短供电中断时间，从而可使频率降低得少一些。

（2）使按频率自动减负荷装置动作带延时，来防止系统旋转备用容量起作用前发生的误动作。在有大型同步电机的情况下，需要 1.5s 以上的时间才能防止其误动。在只有小容量感应电动机的情况下，也需要 0.5~1s 的时间才能防止其误动。

（3）采用电压闭锁。电压继电器应保证在短路故障切除后，电动机自启动过程中出现最低电压时可靠动作，闭合触点解除闭锁。一般整定为额定电压的65%~70%。时间继电器的动作时间，应大于低频继电器开始动作至综合电压下降到电压闭锁继电器的返回电压时所经过的时间一般整定为 0.5s。

（4）采用按频率自动重合闸来纠正系统短路故障引起的有功功率增加，可能造成频率下降而导致按频率自动减负荷装置的误动作。由于故障引起的频率下降，故障切除后频率上升快；而真正出线功率缺额使按频率自动减负荷装置动作后，频率上升较慢。因此，按频率自动重合闸是根据频率上升的速度来决定其是否动作的，频率上升快时动作，上升慢时不动作。

403. 什么是稳定控制装置？其作用是什么？

电网稳定控制装置就是为了提高某一区域电网的运行稳定水平，而在该区域电网的控制中心厂站和其他不同厂站分别设置的所有控制执行设备的总称。它由控制中心确定本区域的全网在线稳定措施冰箱各就地执行装置发出执行命令，使电网的运行方式或机组出力发生改变或调整，从而保持电网在特殊状态下的稳定安全运行。对于一个复杂的电网稳定控制问题，必须靠区域电网中的几个厂站的稳定控制装置协调统一才能完成，即每个厂站的稳定控制装置不仅靠就地测量信号，还要接受其他厂站传来的信号，只有综合判断才能正确进行稳定控制，这些分散的稳定控制装置的组合，统称为区域性稳定控制系统。

稳定控制的作用是电力系统承受扰动时保持稳定运行性和防止事故扩大，并保持供电的连续性。

404. 在什么情况下应设置解列点？

（1）当系统中非同期运行的各部分可能实现再同期，且对负荷影响不大时，应采取措施，以促使将其拉入同期。如果发生持续性的非同期过程，则经过规定的振荡周期数后，在预定地点将系统解列。

（2）当故障后，难以实现再同期或者对负荷影响较大时，应立即在预定地点将系统解列。

（3）并列运行的重负荷线路中一部分线路断开后，或并列运行的不同电压等级线路中主要高压送电线路断开后，可能导致继续运行的线路或设备严重过负荷时，应在预定地点解列或自动减负荷。

（4）与主系统相连的带有地区电源的地区系统，当主系统发生事故、与主系统相连的线路发生故障，或地区系统与主系统发生振荡时，为保证地区系统重要负荷的供电，应在地区系统设置解列点。

（5）大型企业的自备电厂，为保证在主系统电源中断或发生振荡时，不影响企业重要用户供电，应在适当地点设置解列点。

405. 什么是电气一次设备和一次回路？什么是电气二次设备和二次回路？

一次设备是指直接用于生产、输送和分配电能的生产过程的高压电气设备。它包括发电机、变压器、断路器、隔离开关、自动开关、接触器、刀开关、母线、输电线路、电力电缆、电抗器、电动机等。由一次设备相互连接，构成发电、输电、配电或进行其他生产过程的电气回路称为一次回路或一次接线系统。

二次设备是指对一次设备的工作进行监测、控制、调节、保护以及为运行、维护人员提供运行工况或生产指挥信号所需的低压电气设备。如熔断器、控制开关、继电器、控制电缆等。由二次设备相互连接，构成对一次设备进行监测、控制、调节和保护的电气回路称为二次回路或二次接线系统。

406. 哪些回路属于连接保护装置的二次回路？

（1）从电流互感器、电压互感器二次侧端子开始到有关继电保护装置的二次回路(对多油断路器或变压器等套管互感器，自端子箱开始)。

（2）从继电保护直流分路熔丝开始到有关保护装置的二次回路。

（3）从保护装置到控制屏和中央信号屏间的直流回路。

（4）继电保护装置出口端子排到断路器操作箱端子排的跳、合闸回路。

407. 什么是二次回路标号？二次回路标号的基本原则是什么？

为便于安装、运行和维护，在二次回路中的所有设备间的连线都要进行标号，这就是二次回路标号。标号一般采用数字或数字与文字的组合，它表明了回路的性质和用途。回路标号的基本原则是：凡是各设备间要用控制电缆经端子排进行联系的，都要按回路原则进行标号。此外，某些装在屏顶上的设备与屏内设备的连接，也需要经过端子排，此时屏顶设备就可看作是屏外设备，而在其连接线上同样按回路编号原则给以相应的标号。为了明确起见，对直流回路和交流回路采用不同的标号方法，而在交、直流回路中，对各种不同的回路又赋予不同的数字符号，因此在二次回路接线图中，我们看到标号后，就能知道这一回路的性质而便于维护和检修。

408. 为什么交直流回路不能共用一条电缆？

交直流回路都是独立系统。直流回路是绝缘系统而交流回路是接地系统。若共用一缆，两者之间一旦发生短路就造成直流接地，同时影响了交、直流两个系统。平常也容易互相干扰，还有可能降低对直流回路的绝缘电阻。所以交直流回路不能共用一条电缆。

409. 查找直流接地的操作步骤和注意事项有哪些？

根据运行方式、操作情况、气候影响进行判断可能接地的处所，采取拉路寻找、分段处理的方法，以先信号和照明部分后操作部分，先室外部分后室内部分为原则。在切断各专用直流回路时，切断时间不得超过 3s，不论回路接地与否均应合上。当发现某一专用直流回路有接地时，应及时找出接地点，尽快消除。

查找直流接地的注意事项如下：

(1) 查找接地点禁止使用灯泡寻找的方法；

(2) 用仪表检查时，所用仪表的内阻不应低于 $2000\Omega/V$；

(3) 当直流发生接地时，禁止在二次回路上工作；

(4) 处理时不得造成直流短路和另一点接地；

(5) 查找和处理必须由两人同时进行；

(6) 拉路前应采取必要措施，以防止直流失电可能引起保护及自动装置的误动。

410. 用试停方法查找直流接地有时找不到接地点在哪个系统，可能是什么原因？

当直流接地发生在充电设备、蓄电池本身和直流母线上时，用拉路方法是找不到接地点的。当直流采取环路供电方式时，如不首先断开环路也是不能找到接地点的。除上述情况外，还有直流串电(寄生回路)、同极两点接地、直流系统绝缘不良，多处出现虚接地点，形成很高的接地电压，在表计上出现接地指示。所以在拉路查找时，往往不能一下全部拉掉接地点，因而仍然有接地现象的存在。

411. 直流正、负极接地对运行有哪些危害？

直流正极接地有造成保护误动的可能。因为一般跳闸线圈(如出口中间继电器线圈和跳合闸线圈等)均接负极电源，若这些回路再发生接地或绝缘不良就会引起保护误动作。直流负极接地与正极接地同一道理，如回路中再有一点接地就可能造成保护拒绝动作(越级扩大事故)。因为两点接地将跳闸或合闸回路短路，这时还可能烧坏继电器触点。

第二节　电力安全工作规程

412.《电力安全工作规程　发电厂和变电所电气部分》(GB 26860—2011)对电气工作人员有什么作业要求？

(1) 经医师鉴定，无妨碍工作的病症(体格检查至少每两年一次)。

(2) 具备必要的安全生产知识和技能，从事电气作业的人员应掌握触电急救等救护法。

(3) 具备必要的电气知识和业务技能，熟悉电气设备及其系统。

413. 电力安全工作规程对高压设备和低压设备是如何划分的？

(1) 高压，电压等级在 1000V 及以上者；

(2) 低压，电压等级在 1000V 以下者。

414. 高压设备符合什么条件，可由单人值班？

(1) 室内高压设备的隔离室设有遮栏，遮栏的高度在 1.7m 以上，安装牢固并加锁者；

(2) 室内高压开关的操作机构用墙或金属板与该开关隔离，或装有远方操作机构者。

单人值班不得单独从事修理工作。

415. 倒闸操作必须注意哪些问题？

倒闸操作应根据值班调度员或值班负责人命令，受令人复诵无误后执行。发布命令应准确、清晰、使用正规操作术语和设备双重名称，即设备名称和编号。发令人使用电话发布命令前，应先和受令人互报姓名。值班调度员发布命令的全过程(包括对方复诵命令)和听取命令的报告时，都要录音并作好记录。倒闸操作由操作人填写操作票。单人值班，操作票由发令人用电话向值班员传达，值班员应根据传达，填写操作票，复诵无误，并在"监护人"签名处填入发令人的姓名。操作人员(包括监护人)应了解操作目的和操作顺序。对指令有疑问时应向发令人询问清楚无误后执行。每张操作票只能填写一个操作任务。

416. 停电拉闸操作应注意什么问题？

停电拉闸操作必须按照断路器(开关)−负荷侧隔离开关(刀闸)−母线侧隔离开关(刀闸)的顺序依次操作，送电合闸操作应按与上述相反的顺序进行。严防带负荷拉合刀闸。

417. 哪些工作可以不用操作票？

(1) 事故处理；

(2) 拉合断路器(开关)的单一操作；

(3) 拉开接地刀闸或拆除全厂(所)仅有的一组接地线。

上述操作在完成后应做好记录，事故应急处理应保存原始记录。

418. 高压设备上工作时安全措施分哪几类？

(1) 全部停电的工作，系指室内高压设备全部停电(包括架空线路与电缆引入线在内)，通至邻接高压室的门全部闭锁，以及室外高压设备全部停电(包括架空线路与电缆引入线在内)。

(2) 部分停电的工作，系指高压设备部分停电，或室内虽全部停电，而通至邻接高压室的门并未全部闭锁。

(3) 不停电工作：

① 工作本身不需要停电和没有偶然触及导电部分的危险者；

② 许可在带电设备外壳上或导电部分上进行的工作。

419. 在高压设备上工作必须遵守哪些规定？

(1) 填用工作票或口头、电话命令；

(2) 至少应有两人在一起工作；

(3) 完成保证工作人员安全的组织措施和技术措施。

420. 保证安全的组织措施有哪些？

(1) 工作票制度；

(2) 工作许可制度；

(3) 工作监护制度；

(4) 工作间断、转移和终结制度。

421. 在电气设备上工作，应填用工作票或按命令执行，其方式有几种？

(1) 填用第一种工作票；

(2) 填用第二种工作票；

(3) 口头或电话命令。

422. 哪些工作需要填写第一种工作票？

(1) 需要全部停电或部分停电的高压设备上的工作；

（2）需要将高压设备停电或做安全措施的二次系统和照明等回路上的工作；

（3）需要将高压电力电缆停电的工作；

（4）需要将高压设备停电或要做安全措施的其他工作。

423. 哪些工作需要填写第二种工作票？

（1）带电作业和在带电设备外壳上的工作；

（2）控制盘和低压配电盘、配电箱、电源干线上的工作；

（3）二次接线回路上的工作，无需将高压设备停电者；

（4）转动中的发电机、同期调相机的励磁回路或高压电动机转子电阻回路上的工作；

（5）非当值值班人员用绝缘棒和电压互感器定相或用钳形电流表测量高压回路的电流。

424. 对工作票签发人有哪些要求？

工作票签发人不得兼任该项工作的工作负责人。工作负责人可以填写工作票。

工作许可人不得签发工作票。

工作票签发人应由本单位熟悉人员技术水平、熟悉设备情况、熟悉本规程的生产领导人、技术人员或经本单位管生产领导批准的人员担任。工作票签发人员名单应书面公布。

425. 工作票签发人的安全责任有哪些？

（1）工作必要性和安全性；

（2）工作票上所填安全措施是否正确完备；

（3）所派工作负责人和工作班人员是否适当和足够。

426. 工作许可人的安全责任有哪些？

（1）负责审查工作票所列安全措施是否正确完备，是否符合现场条件；

（2）工作现场布置的安全措施是否完善；

（3）负责检查停电设备有无突然来电的危险；

（4）对工作票中所列内容即使发生很小疑问，也必须向工作票签发人询问清楚，必要时应要求作详细补充。

427. 工作负责人的安全责任有哪些？

（1）正确安全地组织工作；

（2）确认工作票所列安全措施正确完备，符合现场实际条件，必要时予以补充；

（3）工作前向工作班全体成员告知危险点，交待安全措施和技术措施，并予以确认；

（4）严格执行工作票所列安全措施；

（5）督促、监护工作班成员遵守本标准，正确使用劳动防护用品和执行现场安全措施；

（6）确认工作班成员精神状态良好，变动合适。

428. 专责监护人的安全责任包括哪些?

（1）明确被监护人员和监护范围；

（2）工作前对被监护人员交待安全措施，告知危险点和安全注意事项；

（3）监督被监护人员遵守本标准和现场安全措施，及时纠正不安全行为。

429. 保证安全的技术措施有哪些?

在全部停电或部分停电的电气设备上工作，必须完成下列措施：

（1）停电；

（2）验电；

（3）装设接地线；

（4）悬挂标示牌和装设遮栏。

430. 工作地点，必须停电的设备有哪些? 停电有哪些具体规定?

（1）检修设备；

（2）与工作人员在工作中的距离小于表 5-1 规定的设备；

（3）工作人员与 35kV 及以下设备的距离大于表 5-1 规定的安全距离，但小于表 5-2 规定的安全距离，同时又无绝缘隔板、安全遮栏等措施的设备；

（4）带电部分邻近工作人员，且无可靠安全措施的设备；

（5）其他需要停电的设备。

表 5-1　人员工作中与设备带电部分的安全距离

电压等级/kV	安全距离/m	电压等级/kV	安全距离/m
10 及以下	0.35	750	8.00
20、35	0.60	1000	9.50
66、110	1.50	±50 及以下	1.50
220	3.00	±500	6.80
330	4.00	±660	9.00
500	5.00	±800	10.10

注：1. 表中未列电压等级按高一挡电压等级安全距离。

2. 13.8kV 执行 10kV 的安全距离。

3. 750kV 数据按海拔 2000m 校正，其他等级数据按海拔 1000m 校正。

表 5-2　设备不停电时的安全距离

电压等级/kV	安全距离/m	电压等级/kV	安全距离/m
10 及以下	0.70	750	7.20
20、35	1.00	1000	8.70
66、110	1.50	±50 及以下	1.50
220	3.00	±500	6.00
330	4.00	±660	8.40
500	5.00	±800	9.30

注：1. 表中未列电压等级按高一挡电压等级安全距离。

2. 13.8kV 执行 10kV 的安全距离。

3. 750kV 数据按海拔 2000m 校正，其他等级数据按海拔 1000m 校正。

停电设备的各端应有明显的断开点，或应有能反映设备运行状态的电气和机械等指示，不应在只经断路器断开电源的设备上工作。

应断开停电设备各侧断路器、隔离开关的控制电源和合闸能源，闭锁隔离开关的操作机构。

高压开关柜的手车开关应拉至"试验"或"检修"位置。

431. 对验电有哪些规定？

直接验电应使用相应电压等级的验电器在设备的接地处逐相验电。验电前，验电器应先在有电设备上确证验电器良好。在恶劣气象条件时，对户外设备及其他无法直接验电的设备，可间接验电。330kV 及以上的电气设备可采用间接验电方法进行验电。

高压验电应戴绝缘手套，人体与被验电设备的距离应符合表 5-2 的安全距离要求。

432. 线路作业时发电厂和变电所的安全措施有哪些？

（1）线路作业时发电厂和变电站的安全措施应满足一般工作程序和安全要求。

（2）线路的停、送电均应按照调度机构或线路运行维护单位的指令执行。不应约时停、送电。

（3）调度机构或线路运行维护单位应记录线路停电检修的工作班组数目、工作负责人姓名、工作地点和工作任务。

（4）工作结束时，应得到工作负责人的工作结束报告，确认所有工作班组均已完工，接地线已拆除，工作人员已全部撤离线路，并与记录核对无误后，方可下令拆除发电厂或变电站内的安全措施，向线路送电。

第三节　常见电气设备和装置实用安全技术

433. 电动机起动前一般进行哪些检查内容？

（1）绝缘电阻值的测量

6kV 高压电动机送电前用 2500V 摇表测量其绝缘电阻，其值应不小于 1MΩ/kV。低压电动机送电前应用 500V 摇表测量其绝缘电阻，其值应大于 0.5MΩ。如果绝缘电阻低于上述规定应向有关领导汇报后，再决定是否送电。

（2）起动前的检查

电机送电前应检查工作票办理结束，全部安全措施拆除，检修交代齐全后，方可进行送电操作。对于停机时间较长或大修后的电动机，在送电前要进行绝缘电阻测量。测量绝缘电阻的标准按本章第一节执行。检查电动机上或其附近有无杂物和有无人员工作，接地线是否良好，各部螺丝是否紧固。检查电动机盘车良好，无偏重感。电动机的开关、电缆、电流互感器、仪表保护等一、二次回路均良好。

434. 电动机的在送电操作和起动时应注意哪些问题？

电动机经检查完毕，符合送电条件后，经过运行值班人员的许可，方可进行送电操作。送电操作应注意：

（1）低压电动机送电时，要检查其保险的接触情况，保险的容量应与电动机容量相适应。刀闸的接触是否良好。

（2）由直流控制操作的电动机，要检查操作保险是否接触良好，开关柜上指示灯应良好。

（3）有联动装置的电动机，应按要求投入或切除相应的联板。

（4）带变频调速的电动机送电时，合上相应的电源开关后，应检查变频器的面板显示正常。

（5）电动机送电完毕后，应通知运行人员现场启动。

（6）鼠笼式转子电动机在冷、热态下允许启动的次数，应按制造厂的规定执行。在正常情况下，于冷态下允许启动 2 次，每次间隔时间不得小于 5min；在热态下允许启动一次。只有在事故处理时以及启动时间不超过 2~3s 的电动机可以多启动一次。

（7）电动机在合闸后应监视启动过程，对于有电流表的电动机，在启动结束后要监视电流的指示是否超过额定值，超过额定值时应切断电源，查明原因后再行启动。电机送电前应检查工作票办理结束，全部安全措施拆除，检修交代齐全后，方可进行送电操作。对于停机时间较长或大修后的电动机，在送电前要进行绝缘电阻测量。测量绝缘电阻的标准按本章第一节执行。检查电动机上或其附近有无杂物和有无人员工作，接地线是否良好，各部螺丝是否紧固。检查电动机盘车良好，无偏重感。电动机的开关、电缆、电流互感器、仪表保护等一、二次回路均良好。

435. 电动机运行中常发生哪些故障？如何处理？

（1）电动机不能启动

电动机不能启动，可能为电源缺相，此时应进行下列检查：①测量电源电压，检查电源线、保险等是否有断线的地方。②测量电源电压，检查电源电压是否在额定值附近。③转动转子，检查转子和定子是否有相碰的部位。④用表测量定子绕组是否有断线的地方。⑤带变频调速的电动机应检查变频器的运行情况。

（2）电动机启动后达不到额定转速

原因：电源电压低；鼠笼式电动机转子断条；负荷过大或定、转子间有摩擦。

处理：恢复电源电压；更换电动机转子；减小负荷、调整间隙。

（3）电动机运行中温度过高或冒烟

原因：①负载过大。②电动机冷却系统故障。③定子绕组匝间或相间短路。④缺相运行。⑤环境温度过高。⑥定、转子扫膛。⑦电源电压过高或过低。⑧转子回路开焊。

处理：针对上述原因进行检查，并及时汇报给值长及车间领导，不能处理的应开启备用电动机，及时停下故障机组。

（4）电动机在运行中有不正常的振动和异音

原因：①基础不坚固和地脚螺丝松动。②轴承损坏。③电动机与被拖动机械的中心不正。④定、转子有摩擦。⑤电动机所带的机械损坏。⑥定转子的绕组有局部短路。⑦失去平衡。

处理：①及时汇报给领导及车间领导。②及时针对上述原因进行检查处理。③及时开启备用电动机，停止故障电动机的运行。

（5）低压电动机启动后跳闸

现象：微机发相应的电机跳闸信号；低压配电屏上的故障信号灯可能亮。

原因：低压电动机回路热保护元件的定值太小；电动机本身故障，保护动作跳闸。

处理：首先，检查电动机本身有无异常，如无异常，可将保护复位后再启动一次。如是保护定值太小，应将定值调至正常范围。如电机本身故障，应启动备用机组，并联系检修。

436. 对异步电动机运行维护工作中应注意些什么？

(1) 电动机周围应保持清洁；

(2) 用仪表检查电源电压和电流的变化情况，一般电动机允许电压波动为定电压的±5%，三相电压之差不得大于 5%，各相电流不平衡值不得超过 10%并要注意判断是否缺相运行；

(3) 定期检查电动机的温升，常用温度计测量温升，应注意温升不得超过最大允许值；

(4) 监听轴承有无异常杂音，密封良好，并定期更换润滑油，其换油周期，滑动轴承为 1000h，滚动轴承 500h；

(5) 注意电动机音响、气味、振动情况及传动装置情况。正常运行时，电动机应音响均匀，无杂音和特殊叫声。

437. 运行中的电动机应巡检哪些内容？

(1) 三相电流是否平衡，有无过载；

(2) 各接点有无过热接触不良现象；

(3) 电机轴承声音是否正常，润滑情况是否良好；

(4) 电机温度、振动是否超标；

(5) 通风散热情况是否良好；

(6) 其他辅助设备是否良好。

438. 对变压器的电压、绝缘电阻各有何规定？

变压器额定电压变化在±5%范围内，变压器的出力不变，无论调压器分接开关在何位置，只要加于变压器一次侧的最高电压不超过额定值的 105%，则二次侧可全力运行。

在用同一等级的摇表摇测的绝缘电阻值($M\Omega$)与上次所测得的结果比较，若低于 70%，则认为不合格。变压器绕组电压等级在 500V 以下的，用 500V 摇表测量不小于 0.5$M\Omega$，变压器绕组电压等级在 500V 以上者，用 2500V 摇表测量，每千伏不小于 1$M\Omega$。高、低压绕组对地绝缘电阻应用吸收比法测量，若 R_{60}/R_{15} ≥1.3，则认为合格。

439. 变压器投用前应进行哪些检查？

检修完毕，收回全部工作票，并经电气试验班验收合格后，进行送电准备工作。值班人员在投用变压器前，应仔细检查，并确认变压器处于完好状态，具备带电运行的条件。变压器投用前应做下列检查：

（1）变压器本体及周围环境应清洁；

（2）设备的瓷质部件无破裂、放电痕迹及积灰现象；

（3）各引线接触良好，螺丝无松动，无过热痕迹；

（4）变压器外壳接地线应良好；

（5）油枕内及充油套管油面高度正常，油色正常，各部无漏油现象；

（6）呼吸器内的干燥剂无受潮现象；

（7）做变压器高压侧断路器和低压侧开关切合试验，并根据情况做保护动作试验；

（8）变压器检修后应对一次、二次进行核相

440. 变压器并列的条件是什么？为什么要规定并列运行条件？

（1）接线组别相同；电压等级相等；

（2）变比差值不得超过±0.5%；

（3）短路电压值相差不得超过±10%；

（4）两台变压器的容量比不宜超过 3：1。如果两台变压器的接线组别不一致，或变比不等，将会产生环流，破坏变压器运行，甚至烧坏变压器；如果两台变压器的短路电压不等，则变压器所带负荷不能按变压器容量的比例分配，容易造成容量小的变压器过负荷。

441. 变压器的运行中应进行哪些检查与维护？

运行人员应定期、定时对运行中的变压器进行巡视检查，以掌握变压器的运行工况，及时发现缺陷，及时处理，保证变压器的安全运行。对检查中发现的问题，应及时汇报并填写在运行记录本或设备缺陷记录本内。变压器在运行中应做以下检查：

（1）监视变压器的负荷电流是否超过允许值；

（2）监视变压器一、二次额定电压，看其是否正常；

（3）监视变压器二次侧三相电压、三相电流是否平衡；

（4）监视变压器的声音是否正常，正常运行时为连续的嗡嗡声；

（5）检查变压器的绝缘套管是否清洁，有无裂纹及闪络放电现象，连接线接触是否良好，有无放电及过热现象；

（6）检查变压器间门窗是否完整，照明及通风是否良好。

442. 变压器常见的异常情况有哪些？如何处理？

（1）变压器声音异常

变压器在运行中有均匀的嗡嗡声是正常的，但出现下列声音时为异常：

① 过负荷，变压器发出高而沉重的嗡嗡声；

② 负荷变化大，变压器声响随之变化也大，如有高次谐波分量，会使变压器有较重的"哇哇"声；

③ 零件松动，夹件，铁芯松动，造成变压器内部发出异常声响；

④ 内部接头焊接或接触不良，或有击穿处均使变压器有"咻咻"声或有"劈啪"放电声；

⑤ 由于系统短路或接地，通过很大的短路电流，使变压器有很大的噪音；

⑥ 铁磁振荡，使变压器发出时粗时细不均匀的噪音。

（2）变压器三相电压不平衡原因

① 三相负荷不平衡，导致中性点位移；

② 系统发生铁磁谐振；

③ 绕组发生匝间或层间短路。

（3）接线端子发热

因接线端子接触不良，接触电阻增大所致。

（4）变压器过负荷

变压器过负荷运行，三相电流超过额定值。

上述四种情况在事故之前应严密监视负荷及缺陷的变化，并及时做出处理，不能处理的要及时汇报给厂调及车间领导。

443. 真空开关的投用前及运行中应检查哪些内容？

（1）合闸前的检查

真空开关合闸前应检查开关及其连接的设备和二次回路的工作票全部结束，安全措施及标示牌应拆除，接地刀闸应拉开。开关投用前应进行一次全面的外观检查，应将绝缘件表面擦干净，机械转动摩擦部位应涂润滑油。投运前，应检查开关本身及附近无遗留工具及杂物。开关本身及套管应清洁，无损坏及裂纹现象。表示开关位置的信号指示装置应正确、明显，分合指示正确。开关各部接触应紧固，螺丝无松动，小车插头应正常。开关机械掉闸装置应完整。测量开关各相对地绝缘及相间绝缘应合格。开关在大修后投用前必须做开关的跳合闸试验或根据要求做开关的保护跳闸试验。开关在投用前应按继电保护的要求切换保护压板。

（2）开关的合闸操作

开关操作必须在接到操作命令并联系好后方可进行。开关停送电操作必须填写操作票并严格按操作票执行。在进行真空开关操作时应同时投入相应的继电保护装置和联锁装置。对同期点的开关应注意防止误合造成非同期并列。开关合闸后应检查刺儿头位置指示和运行参数。开关合闸后，应到配电装置室检查开关柜运行的位置显示、信号指示、表计指示、声音等是否正常。

（3）开关运行中的检查

真空开关在正常情况下，工作电压、工作电流不得超过额定值。运行中的开关应按巡检规定每班定时检查。检查开关的位置指示应正确，指示信号灯、表计应正常。检查开关室内有无异味、异音和振动现象。检查有无电晕及放电现象。

444. 开关设备常见的故障有哪些？如何处理？

（1）真空开关拒绝合闸

原因：控制电源开关未合。合闸电源开关未合。控制、合闸电源电压太低。开关辅助接点接触不好。二次回路接线错误。微机监控系统故障。开关本身机械故障。

处理：检查电源电压，合上电源开关，二次回路查线，现场开关进行分、合闸试验，检查开关是否良好。

（2）开关合闸后又跳开的原因及处理

原因：操作机构失灵，挂钩没挂上。联动跳闸接点没有打开。继电保护误动或出口中间继电器接点闭合。保护联锁压板没解。接线错误。

处理：检查联动跳闸的接点或开关，处理操作机构，检查继电保护联板，查线等。

（3）开关拒绝跳闸

原因：控制电源不正常；控制回路接线错误；操作机构卡住失灵；开关辅助接点不通。

处理：按上述原因进行分项检查，如需要应立即切断此开关，应到现场用脚踏脱扣器进行分闸操作。

445. 什么是电气防误装置？

防误装置是防止工作人员发生电气误操作的有效技术措施。防误装置包括：微机防误、电气闭锁、电磁闭锁、机械联锁、机械程序锁、机械锁、带电显示装置等。

446. 如何加强防误装置的运行管理？

防误装置实行统一管理、分级负责的原则。应配备防误装置专责人员。各企业应定期对管辖范围内的防误装置进行试验、检查、维护、检修，以确保装置的正常运行。对新建或更新改造的电气设备，防误装置必须同步设计、同步施工、同步投运。防误装置正常情况下严禁解锁或退出运行。防误装置的解锁工具（钥匙)或备用解锁工具(钥匙)必须有专门的保管和使用制度。电气操作时防误装置发生异常，应立即停止操作，及时报告运行值班负责人，在确认操作无误，经变电站负责人或发电厂当班值长同意后，方可进行解锁操作，并做好记录。当防误装置确因故障处理和检修工作需要，必须使用解锁工具(钥匙)时，需经变电站负责人或发电厂当班值长同意，做好相应的安全措施，在专人监护下使用，并做好记录。在危及人身、电网、设备安全且确需解锁的紧急情况下，经变电站负责人或发电厂当班值长同意后，可以对断路器进行解锁操作。防误装置整体停用应经本单位总工程师批准，才能退出，并报有关主管部门备案。同时，要采取相应的防止电气误操作的有效措施，并加强操作监护。运行值班人员(或操作人员)及检修维护人员应熟悉防误装置的管理规定和实施细则，做到"三懂二会"(懂防误装置的原理、性能、结构；会操作、维护)。新上岗的运行人员应进行使用防误装置的培训。防误装置的管理应纳入厂站的现场规程，明确技术要求、运行巡视内容等，并定期维护。防误装置的检修工作应与主设备的检修项目协调配合，定期检查防误装置的运行情况，并做好检查记录。防误装置的缺陷定性应与主设备的缺陷管理相同。

447. 防误装置应具有哪些功能？使用原则是什么？

防误装置应实现以下功能(简称"五防")：防止误分、误合开关；防止带负荷拉、合隔离刀闸；防止带电挂(合)接地线(接地刀闸)；防止带接地线(接地刀闸)合开关(隔离刀闸)；防止误入带电间隔。凡有可能引起以上事故的一次电气设备，均应装设防误装置。

选用防误装置的原则：防误装置的结构应简单、可靠，操作维护方便，尽可能不增加正常操作和事故处理的复杂性。电磁锁应采用间隙式原理，锁栓能自动复位。成套高压开关设备，应具有机械联锁或电气闭锁。防误装置应有专用的解锁工具(钥匙)。防误装置应满足所配设备的操作要求，并与所配用设备的操作位置相对应。防误装置应不影响开关、隔离刀闸等设备的主要技术性能(如合闸时间、分闸时间、速度、操作传动方向角度等)。防误装置所用的直流电源应与继电保护、控制回路的电源分开，使用的交流电源应是不间断供电系统。防误装置应做到防尘、防蚀、不卡涩、防干扰、防异物开启。户外的防误装置还应防水、耐低温。"五防"功能中除防止误分、误合开关可采用提示性方式，其余"四防"必须采用强制性方式。变、配电装置改造加装防误装置时，应优先采用电气闭锁方式或微机"五防"。对使用常规闭锁技术无法满足防误要求的设备(或场合)，宜加装带电显示装置达到防误要求。采用计算机监控系统时，远方、就地操作均应具备电气"五防"闭锁功能。若具有前置机操作功能的，亦应具备上述闭锁功能。开关和隔离刀闸电气闭锁回路严禁用重动继电器，应直接用开关和隔离刀闸的辅助接点。防误装置应选用符合产品标准、并经国家鉴定的产品。已通过鉴定的防误装置，必须经运行考核，取得运行经验后方可推广使用。

新建的变电站、发电厂（110kV 及其以上电气设备）防误装置应优先采用单元电气闭锁回路加计算机"五防"的方案；变电站、发电厂采用计算机监控系统时，计算机监控系统中应具有防误闭锁功能；无人值班变电站采用在集控站配置中央监控防误闭锁系统时，应实现对受控站的远方防误操作。对上述三种防误闭锁设施，应做到：对防误装置主机中一次电气设备的有关信息做好备份。当信息变更时，要及时更新备份，信息备份应存储在磁带、磁盘或光盘等外介质上，满足当防误装置主机发生故障时的恢复要求。制定防误装置主机数据库、口令权限管理办法。防误装置主机不能和办公自动化系统合用，严禁与因特网互联，网络安全要求等同于电网二次系统实时控制系统。对微机防误闭锁装置：现场操作通过电脑钥匙实现，操作完毕后，要将电脑钥匙中当前状态信息返回给防误装置主机进行状态更新，以确保防误装置主机与现场设备状态的一致性。对计算机监控系统的防误闭锁功能：应具有所有设备的防误操作规则，并充分应用监控系统中电气设备的闭锁功能实现防误闭锁。对中央监控防误闭锁系统：要实现对受控站电气设备位置信号、电控锁的锁销位置信号以及其他辅助接点信号的实时采集，实现防误装置主机与现场设备状态的一致性，当这些信号故障时应发出告警信息，中央监控防误闭锁系统能实现远程解锁功能。远方操作无人值班的受控变电站，应具备完善的闭锁功能，集控站通过该功能进行操作。

448. 什么是漏电保护器？有何作用？

漏电保护器是一种在规定条件下电路中漏（触）电流（mA）值达到或超过其规定值时能自动断开电路或发出报警的装置。

漏电是指电器绝缘损坏或其他原因造成导电部分碰壳时，如果电器的金属外壳是接地的，那么电就由电器的金属外壳经大地构成通路，从而形成电流，即漏电电流，也叫做接地电流。当漏电电流超过允许值时，漏电保护器能够自动切断电源或报警，以保证人身安全。

漏电保护器动作灵敏，切断电源时间短，因此只要能够合理选用和正确安装、使用漏电保护器，除了保护人身安全以外，还有防止电气设备损坏及预防火灾的作用。

449. 哪些设备和场所必须安装漏电保护器？

（1）属于 I 类的移动式电气设备及手持式电气工具；

（2）安装在潮湿、强腐蚀性等恶劣环境场所的电气设备；

（3）建筑施工工地的电气施工机械设备，如打桩机、搅拌机等；

（4）临时用电的电气设备；

（5）宾馆、饭店及招待所客房内及机关、学校、企业、住宅等建筑物内的插座回路；

（6）游泳池、喷水池、浴池的水中照明设备；

（7）安装在水中的供电线路和设备；

（8）医院在直接接触人体的电气医用设备；

（9）其他需要安装漏电保护器的场所。

450. 有关漏电保护器安装、检查、使用中有哪些要求？

漏电保护器的安装、检查等应由专业电工负责进行。对电工应进行有关漏电保护器知识的培训、考核。内容包括漏电保护器的原理、结构、性能、安装使用要求、检查测试方法、安全管理等。

第六章 电气运行实用安全技术

第一节 电气运行操作

451. 什么是电气运行操作？

电力系统中的设备有运行、热备用、冷备用和检修四种不同的状态，运行操作是指变更电力系统设备运行状态的过程，是指将设备从一种状态改变到另一种状态或变更运行方式所需要进行的一系列倒闸操作。

452. 电气运行操作的原则有哪些？

（1）电力系统运行操作应按规定的调度权限范围，实行分级管理，并在操作中在值班调度员的指挥下，遵照下级服从上级的原则进行；

（2）凡系统内运行设备或备用设备进行的倒闸操作，均应根据值班调度员发布的操作指令票（任务票）或口头指令执行，严禁没有调度指令擅自进行操作；

（3）操作前要充分考虑操作后的电网接线正确性，并考虑对重要用户供电可靠性的影响；

（4）操作前要对电网的有功功率和无功功率进行平衡，以保证操作后的电网稳定运行，并应考虑备用容量的合理分布；

（5）操作时注意系统变更后引起的潮流、电压及频率的变化，必要时将改变的运行方式及潮流变化通知有关现场；

（6）按照变更后的运行方式正确投、停继电保护和自动装置；

（7）由于检修、扩建有可能造成相序或相位不一致，送电前应注意核相；

（8）在电磁环网中操作变压器时，应防止网络接线角度发生的变化，否则会导致设备损坏、保护误动作；

（9）严禁约时停送电；

（10）系统变更后应重新考虑解列点。

453. 什么是遥控操作和程序操作？有哪些要求？

遥控操作是指从调度端或集控站发出远方操作命令，以微机监控系统或变电所的 RTU 当地功能为技术手段，在远方的变电所实现的操作。程序操作是遥控操作的一种，但程序操作时发出的远方操作指令是批命令。

遥控操作、程序操作的设备应满足设备运行技术和操作管理两个方面的技术条件。

454. 什么是改变运行状态？它包括哪些内容？

改变运行状态就是拉开或合上某些断路器和隔离开关，包括断开或投入相应的直流回路，改变继电保护和自动装置的定值或运行状态，拆除或安装临时接地线等。倒闸操作主要是指为适应电网运行方式改变的需要，而必须进行的拉、合断路器、隔离开关、高压熔断器等一次设备的操作。为适应一次设备运行状态的改变，继电保护和自动装置二次设备的运行状态亦应作相应的改变，如继电保护装置的投入或退出、保护定值的调整等。

455. 什么是并列操作？

一般情况下，两个独立运行的电网间发电机是不同步的，把两个电网中运行的发电机进行并列运行的操作称之为并列操作。并列操作是电网运行中的一项重要操作，因为电网间在并列投入瞬间，往往会产生冲击电流和冲击力矩，操作错误可导致发电机、变压器绕组严重损坏或导致电网振荡以至瓦解的严重事故，因此并列操作是下项很重要、很严格、技术性很强的操作，它必须满足以下两项基本要求：

(1) 投入瞬间发电机的冲击电流和冲击力矩不应超过电网设备的允许值；

(2) 电网能将两个电网中的发电机迅速拉入同步。

456. 并列、解列操作时应遵循哪些原则？

(1) 并列操作应采用准同期法进行，准同期并列的条件：相序相同、频率相同、电压相等；

(2) 解列操作时应将解列点的有功和无功潮流调至零，或调至最小。

457. 解、合环操作应注意哪些问题？

(1) 环路操作应使用断路器进行，如必须使用隔离开关，应事先经过计算试验，并报所属公司(厂)总工程师批准后，方可进行；

(2) 环路或双回路中必须相位相同才可合环操作，若断路器有同期监视装置，则环路操作时应投入该装置；

(3) 解、合环操作前，应考虑环网内所有断路器、继电保护和自动装置的定值变更与投运状态的改变，用母联断路器解环时，应注意解环后保护电压要取自本母线。

458. 调度术语中的"同意""许可""直接""间接"的含义如何？

同意：上级值班调度员对下级值班调度员或厂站运行人员提出的申请、要求等予以同意。

许可：在改变电气设备的状态和电网运行方式前，根据有关规定，由有关人员提出操作项目，值班调度员同意其操作。

直接：值班调度员直接向运行人员发布调度命令的调度方式。

间接：值班调度员通过下级调度机构值班调度员向其他值班运行人员转达调度命令的调度方式。

459. 调度操作指令有几种？其含义如何？

调度操作指令形式有综合操作指令、逐项操作指令和单项操作指令三种。它们的含义分别为：

(1) 综合操作指令是指值班调度员对一个单位下达的一个综合操作任务的指令，可用于只涉及一个单位的操作，如变电所倒母线和变压器的停送电等。

(2) 逐项操作指令是指值班调度员按操作任务顺序逐项下达的指令，一般适用于涉及两个和以上单位的操作，以及必须在前一项操作完成后才能进行下一项的操作任务，如线路停送电等，调度员必须事先按操作原则填写操作票，操作时由值班调度员逐项下达操作指令，现场运行人员按指令逐项操作。

(3) 单项操作指令是指值班调度员发布的只对一个单位，只一项操作内容，由下级值班调度员或现场运行人员完成的操作指令。

460. 倒闸操作制度的内容有哪些？意义何在？

倒闸操作制度包括操作指令的正确发布和接受，操作票的正确填写、审查、预演、执行等，并认真执行监护制度。制定倒闸操作制度的意义是因为倒闸操作是变电所运行工作中较为复杂的技术工作，要想正确、安全地完成倒闸操作任务，避免误操作，实现安全运行，就必须认真的执行倒闸操作制度。

461. 进行倒闸操作的基本条件是什么？

(1)应有与现场一次设备和实际运行方式相符合的一次模拟图(包括各种电子接线图)。

(2)操作设备应有明显的标志，包括命名、编号、分合指示、旋转方向、切换位置的指示及设备相色等。

(3)高压电气设备都应安装完善的防误操作闭锁装置，防误闭锁装置不得随意退出运行。停用防误闭锁装置应经本单位总工程师批准；短时间退出防误闭锁装置时，应经变电所所长或发电厂当班值长批准，并应按程序尽快投入。

(4)对未装防误闭锁装置或闭锁装置失灵的隔离开关手柄和网门，以及当电气设备处于冷备用且网门闭锁失去作用时的有电间隔网门，或设备检修时，回路中的各来电侧隔离开关操作手柄和电动操作隔离开关机构箱的箱门应加挂机械锁；机械锁要一把钥匙开一把锁，钥匙要编号并妥善保管。

(5)应有值班调度员、运行值班负责人正式发布的指令(规范的操作术语)，并使用经事先审核合格的操作票。

(6)应有合格的操作人和监护人,有统一的调度术语和操作术语。

(7)应有合格的操作用具和安全用具,且现场有充足的照明设备和良好的天气条件。

462. 倒闸操作的内容有哪些?

(1)电力线路停送电操作;

(2)电力变压器停送电操作;

(3)电网合环或解环操作;

(4)倒换母线操作;

(5)旁路母线代路操作;

(6)中性点接地方式改变和消弧线圈分头调整。

463. 倒闸操作的分类有哪些?

倒闸操作从满足新技术应用和经济性,即减人增效提高劳动生产率的要求来考虑,倒闸操作分为就地操作、遥控操作、程序操作,其中就地操作按执行操作人员又可分为:

(1)由两人进行同一项操作的监护操作。监护操作时,由对设备较为熟悉者作监护;特别重要和复杂的倒闸操作,由熟练的运行人员操作,运行值班负责人监护。

(2)由一人完成的单项操作。单人值班的变电所操作时,运行人员根据发令人用电话传达的操作指令填用操作票,并复诵无误后方可操作;对实行单人操作的设备、项目及运行人员需经设备运行管理单位批准,且人员应通过专项考核。

(3)由检修人员完成的检修人员操作。经设备运行管理单位考试合格、批准的本企业检修人员可进行 220kV 及以下的电气设备由热备用至检修或由检修至热备用的监护操作,监护人应是同一单位的检修人员或设备运行人员;检修人员进行操作的接、发令程序及安全要求应由设备运行管理单位总工程师(技术负责人)审定,并报相关部门和调度机构备案。

464. 倒闸操作的基本要求是什么?

倒闸操作是一项严谨的工作,应根据值班调度员或运行值班负责人的指令,在受令人复诵无误后执行,操作过程中操作者和监护者应全神贯注,并满足以下基本要求:

(1)全面完成操作任务,不出现任何差错;

(2)保证运行合理(便于事故处理,安全经济);

(3)保证对用户可靠供电及供电质量;

(4)保证继电保护及自动装置的可靠运行。

465. 对单人值班或单人操作的限制条件是什么？

当运行人员熟悉电气设备，并具有实际工作经验，且高压设备符合以下条件时，才可由单人值班或单人操作。

（1）室内高压设备的隔离室设有遮栏，遮栏高度在1.7m以上，安装牢固并加锁；

（2）室内高压断路器的操作机构用墙或金属板与该断路器隔离或装有远方操作机构时。

466. 操作票的分类及要求有哪些？

操作票根据操作性质可分为综合操作票和逐项操作票。对执行综合指令的操作，一般不需要与发令的值班调度员核对操作票，但必须核对操作任务，发令的值班调度员只对操作任务的正确性负责。对执行逐项指令的操作，应与发令的值班调度员核对操作票，但只核对与电网有关的主要操作次序，如断路器、隔离开关拉、合，线路接地开关的拉、合，线路侧接地线装、拆，继电保护规程规定的必须由调度员发令的保护调整与投、退等，此时值班调度员对整个操作任务中有关电网的主要项目的正确性负责，其余项目的正确性则根据现场规定由接受操作任务的各执行单位负责。

同一发电厂、变电所（站）的操作票应事先连续编号，每张操作票只能填写一个操作任务，各发电厂、变电所（站）的运行人员应根据上级调度值班调度员的操作指令，按照"电气设备倒闸操作一般方法"填写倒闸操作票。

操作票操作结束后，作废的操作票应注明"作废"字样，未执行的应注明"未执行"字样，已操作的应注明"已执行"字样。操作票应保存一年。

467. 如何填写操作票？应填入操作票的项目有哪些？

操作票应按编号顺序使用，用钢笔或圆珠笔按设备的双重名称（即设备名称和编号）逐项填写，票面应清楚整洁，不得任意涂改。计算机生成的操作票应在正式出票前连续编号，且计算机开出的操作票应与手写格式一致。

应填入操作票的项目包括：

（1）拉合设备（断路器、隔离开关、接地刀闸等），验电，装拆接地线，安装和拆除控制回路或电压互感器回路的熔断器，切换保护回路和自动化装置及检验是否确无电压等；

（2）拉合设备（断路器、隔离开关、接地刀闸等）后检查设备的位置；

（3）进行停、送电操作时，在拉、合隔离开关和手车式开关拉出、推入前，检查断路器确在分闸位置；

（4）在进行倒负荷或解、并列操作前后，检查相关电源运行及负荷分配情况；

（5）设备检修后合闸送电前，检查送电范围内接地刀闸已拉开，接地线已拆除。

操作人和监护人应根据模拟图或接线图核对所填写的操作项目，并分别签名，然后经运行值班负责人（检修人员操作时由工作负责人）审核签名。

468. 不需填写操作票的项目有哪些?

事故处理过程中的紧急操作，即事故应急处理；拉合断路器的单一操作；拉开接地开关或拆除全厂（所）仅有的一组接地线。但上述操作在完成后应记入操作记录簿内，事故应急处理应保存原始记录。

469. 进行倒闸操作的基本条件是什么?

（1）应有与现场一次设备和实际运行方式相符的一次模拟图（包括各种电子接线图）。

（2）操作设备应有明显的标志，包括命名、编号、分合指示、旋转方向、切换位置的指示及设备相色等。

（3）高压电气设备都应安装完善的防误操作闭锁装置，防误闭锁装置不得随意退出运行。停用防误闭锁装置应经本单位总工程师批准；短时间退出防误闭锁装置时，应经变电所所长或发电厂当班值长批准，并应按程序尽快投入。

（4）对未装防误闭锁装置或闭锁装置失灵的隔离开关手柄和网门，以及当电气设备处于冷备用且网门闭锁失去作用时有电间隔网门，或设备检修时，回路中的各来电侧隔离开关操作手柄和电动操作隔离开关机构箱的箱门应加挂机械锁；机械锁要一把钥匙开一把锁，钥匙要编号并妥善保管。

（5）应有值班调度员、运行值班负责人正式发布的指令（规范的操作术语），并使用经事先审核合格的操作票。

（6）应有合格的操作人和监护人，有统一的调度术语和操作术语。

（7）应有合格的操作用具和安全用具，且现场有充足的照明设备和良好的天气条件。

470. 倒闸操作的步骤是什么?

（1）接受调度预发指令；

（2）根据预发指令由操作人填写倒闸操作票；

（3）操作人和监护人应了解操作目的和操作顺序，并根据模拟图或接线图核对填写的操作项目和顺序，并由运行值班负责人或值长审核签名；

（4）监护人和操作人相互考问和预想；

（5）接受调度正式操作指令，发、受令双方应互报单位和姓名，发令应准确、清晰，使用规范的调度术语和设备双重名称，受令人应复诵无误，对发、受令全过程进行录音并做好记录；

（6）模拟操作，即先在模拟图（或微机防误装置、微机监控装置）上进行核对性模拟预演，无误后，再进行操作；

（7）操作前应先核对设备名称、编号及其运行状态（位置）；

（8）操作中应认真执行监护复诵制度，即监护人高声唱票，操作人高声复诵（单人操作时也应高声唱票），宜全过程录音；

（9）操作过程中，应按操作票填写的顺序逐项操作，每操作完一步，应检查无误后打勾，操作中，当对所进行的操作存有疑问时，应立即停止操作并向值班调度员或运行值班负责人报告，待弄清楚后再行操作；

（10）操作完毕，全面检查核对，并向值班调度员汇报；

（11）总结，评价；

（12）鉴销操作票。

471. 正确执行倒闸操作的关键是什么？

（1）发令受令准确无误；

（2）填写操作票准确无误；

（3）具体操作过程中要防止失误。

472. 倒闸操作中操作人员的责任和任务是什么？

（1）正确无误地接受当值调度员的操作预令，并记录；

（2）接受工作票后，认真审查工作票中所列安全措施是否正确、完备，是否符合现场条件；

（3）根据调度员（或工作票）所发任务填写操作票；

（4）根据当值调度员的操作指令按照操作票操作，操作完成后应进行一次全面检查；

（5）向调度员汇报并在操作票上盖"已执行"章，并按要求将操作情况记入运行记录；

（6）收存操作票于专用夹中。

473. 操作中发生疑问时如何处理？

操作中发生疑问时应立即停止操作，并向发令人报告，待弄清问题，发令人再行许可后，方可进行操作。期间，既不允许更改操作票内容，也不允许随意解除闭锁装置。解锁工具（钥匙）应封存保管，所有操作人员和检修人员严禁擅自使用解锁工具。若遇特殊情况，应经值班调度员、值长或所长批准后，方能使用解锁工具。单人操作、检修人员在倒闸操作过程中严禁解锁，如需解锁，应待增派运行人员到达现场，履行批准手续后处理。解锁工具使用后应及时封存。

474. 哪些操作应戴绝缘手套或穿绝缘鞋？何时应禁止操作？

当用绝缘棒拉合隔离开关或经传动机构拉合隔离开关或断路器时，应戴绝缘手套；在雨天操作室外高压设备时，还应用带有防雨罩的绝缘棒，并穿绝缘鞋。若操作现场的接地网电阻不符合要求时，即使晴天也应穿绝缘鞋。

当有雷电发生时，应禁止进行电气倒闸操作。

475. 单人值班的变(配)电所倒闸操作的限制是什么？

对单人值班的变(配)电所，可由一人进行简单的操作，但不得进行登高或登杆拉、合柱上油开关和登杆使用绝缘棒进行操作。

476. 如何确认操作后设备已操作到位？

电气设备操作后的位置检查一般应以设备的实际位置为准。

但由于新技术、新设备日益普遍的应用，对所有操作都到现场确认设备实际状态的做法，已变得不可能，为此对无法看到实际位置(如无人值班变电所、GIS设备和五防柜等操作)的电气设备操作后的位置检查，尤其是遥控操作，可通过设备机械指示位置、电气指示、仪表及各种遥测、遥信信号的变化，且至少应有两个及以上指示已同时发生对应变化，才能确认该设备已操作到位，即二元变化确认设备操作状态。但并不是所有的操作都能具备二元变化，如：联络线对侧断路器已经分闸、断路器两侧的隔离开关操作等，除通过技术手段来实现一些二元变化外(如可以通过线路的有电显示器来显示联络线的电压)，其他还只能以现场判断的方式来确认。

477. 操作断路器的基本要求有哪些？

(1) 断路器无影响安全运行的缺陷。断路器遮断容量应满足母线短路电流要求，若断路器遮断容量等于或小于母线短路电流时，断路器与操动(作)机构之间应有金属隔板或用墙隔离。有条件时应进行远方操作，重合闸装置应停用。

(2) 断路器位置指示器应与指示灯信号及表计指示对应。

(3) 断路器合闸前，应检查继电保护按规定投入。分闸前应考虑所带负荷的安排。

(4) 一般不允许用手动机械合断路器。

(5) 液压机构在压力异常信号发出时，禁止操作弹簧储能机构。在储能信号发出时，禁止合闸操作。

(6) 断路器跳闸次数临近检修周期时，需解除重合闸装置。

(7) 操作时控制开关不应返回太快，应待红、绿灯信号发出后再放手，以免分、合闸线圈短时通电而拒动。电磁机构不应返回太慢，防止辅助开关故障，烧毁合闸线圈。

(8) 断路器合闸后，应确认三相均已接通，自动装置已按规定设置。

478. 操作断路器时应重点检查的项目有哪些？

(1) 根据电流、信号及现场机械指示检查断路器位置。

（2）有表计（实时监控）的断路器应逐项检查电流、负荷和电压情况。

（3）操作前应检查控制回路、辅助回路控制电源的液压回路是否正常，检查动力机构是否正常，如果储能机构已储能，则开关具备运行操作条件。

（4）对油和空气断路器，还应检查油断路器的油色、油位及断路器气体压力和空气断路器储气罐压力在规定范围内。

（5）对长期停运的断路器在正式执行操作前应通过远方控制方式进行 2～3 次试操作；无异常后，方能按操作票拟定方式操作。

（6）发现异常情况时，应立即通知操作人员和专业人员，并进行相应处理。

479. 操作隔离开关的基本要求和注意事项有哪些？

（1）操作前应确保断路器在相应分、合闸位置，以防带负荷拉合隔离开关。

（2）操作中，如发现绝缘子严重破损、隔离开关传动杆严重损坏等严重缺陷时，不得进行操作。

（3）如隔离开关有声音，应查明原因，否则不得硬拉、硬合。

（4）隔离开关、接地开关和断路器之间安装有防误操作的闭锁装置时，倒闸操作一定要按顺序进行。如倒闸操作被闭锁不能操作时，应查明原因，正常情况下不得随意解除闭锁。

（5）如确实因闭锁装置失灵而造成隔离开关和接地开关不能正确操作时，必须严格按闭锁要求的条件，检查相应的断路器和隔离开关的位置状态，只有在核对无误后才能解除闭锁进行操作。

（6）解除闭锁后应按规定方向迅速、果断地操作，即使发生带负荷合隔离开关，也禁止再返回原状态，以免造成事故扩大，但也不要用力过猛，以防损坏隔离开关；对单极刀闸，合闸时先合两边相，后合中间相，拉闸时，顺序相反。

（7）拉、合带负荷和有空载电流的刀闸时应符合有关规定。

（8）对具有远方控制操作功能的隔离开关操作，一般应在主控室进行操作，只有在远控电气操作失灵时，才可在征得所长和所技术负责人许可，并有现场监督的情况下在现场就地进行电动或手动操作。

（9）远方控制操作完毕应检查隔离开关的实际位置，以免因控制回路中传动机构故障，出现拒分、拒合现象，同时应检查隔离开关的触头是否到位。

（10）发现隔离开关绝缘子断裂时，应根据规定拉开相应断路器。

（11）操作时应戴好安全帽，绝缘手套，穿好绝缘靴。

（12）操作隔离开关后，要将防误闭锁装置锁好，以防下次发生误操作。

480. 装卸高压熔断器的安全要求有哪些？

装卸高压熔断器时应戴护目眼镜和绝缘手套，必要时使用绝缘夹钳，并站在绝缘垫或绝缘台上。

481. 操作中发生带负荷拉、合隔离开关时应如何处理?

(1) 带负荷错拉隔离开关时,在动触头刚离开固定触头时,便产生电弧,这时应立即合上,以消除电弧,避免事故。如隔离开关已全部拉开,则不许将误拉的隔离开关再合上。

(2) 带负荷合隔离开关时,如发生弧光,应立即将隔离开关合上,即使发现合错,也不准将隔离开关再拉开,只能用断路器断开该回路后,才允许将误合的隔离开关拉开,因为带负荷拉隔离开关,将造成三相弧光短路事故。

482. 如何对低压回路的隔离开关和熔断器进行操作?

在只有隔离开关和熔断器的低压回路,为保证在回路有故障时能由熔断器熔断切除故障,在送电时,应先安上熔断器,然后再合隔离开关。相反,停电时,则应在拉开隔离开关后,再取下熔断器。

483. 线路送电(转运行)的操作顺序是什么?为什么?应注意什么?

线路送电(转运行)的操作顺序是:先拉开线路两侧的接地刀闸或拆除接地线,在确定线路及开关在冷备状态时,再合开关两侧刀闸(先合上母线侧刀闸,后合上线路侧刀闸,3/2 接线的刀闸同样执行),然后选择合适的开关给线路充电,再在对侧合环或并列。

先合上母线侧刀闸,后合上线路侧刀闸,最后合断路器。原因是如果断路器在合闸位置,按先合母线侧隔离开关,后合线路侧隔离开关的顺序操作,等于用线路侧隔离开关带负荷合闸,此时一旦发生弧光短路(包括线路上),线路断路器保护动作,可以瞬时跳闸切除故障,使事故范围缩小在本断路器的负荷侧,从而缩小事故范围,减小对人身的威胁;反之,如故障点出现在母线侧隔离开关,将会使母线保护或主变压器后备保护动作,使母线上全部连接的元件停电,造成事故范围扩大。

线路送电时应注意:①尽量避免由发电厂端向线路充电;②尽量避免从小电源向线路充电,以防止小机组发生自励磁现象;③必须充分考虑充电功率可能引起的电压波动或线路末端的电压高于允许值,以免造成并列或合环困难;④线路充电开关必须具备完善的继电保护装置,并保证有足够的灵敏度。同时 220kV 及以上线路转检修或转运行操作时,线路末端不允许带有变压器。

484. 线路停电(转检修)的操作顺序是什么?为什么?应注意什么?

线路停电(转检修)的操作顺序与送电顺序相反,即先拉开线路受端侧的断路器,再拉开线路送端侧的断路器,后拉开各侧断路器的两侧隔离开关(先拉开线路侧隔离开关,后拉开母线侧隔离开关,3/2 接线的隔离开关同样执行),在将停电线路可能来电的所有断路器、线路隔离开关、母线隔离开关全部拉开(手车开关应拉至试验或检修位置),验明确无电压后在线路可能来电的各侧合接地刀闸或挂接地线。先断开断路器，后断线路侧隔离开关，最后断母线侧隔离开关。原因为若断路器未在分闸位置或错拉隔离开关而造成带负荷拉隔离开关时，同样由于线路保护装置迅速动作，跳开断路器切除故障，使事故范围缩小，并减小对人身的威胁。

线路停电时应注意：

（1）双回线或环网中的任一回线路检修时，应考虑另一回线路有关设备的送电能力（如断路器、隔离开关、线路阻波器、继电保护定值允许电流及电流互感器变比等），以避免引起线路过负荷掉闸或其他事故。

（2）防止线路一端拉开后，线路充电功率引起发电机自励磁。

（3）正确选择解列点或解环点，以减小电压的波动。

（4）当线路有作业时，应在线路断路器和隔离开关操作把手上均悬挂"禁止合闸，线路有人工作！"的标示牌，在显示屏上断路器和隔离开关的操作处均应设置"禁止合闸，线路有人工作！"的标记。

485. 母线操作应遵循哪些原则？

用开关向不带电的母线充电时，应使用充电保护，用其他保护代替时，保护方向应指向被充电的母线或短接保护的方向元件，必要时，应调整保护定值。

倒母线操作，即由一条母线倒换部分或全部元件至另一条母线时，首先应使母联断路器及两侧隔离开关均在合位，并取下母联断路器的操作熔断器，方可进行倒闸操作，其目的是防止在母联断路器原先断开或因其他原因使母联断路器断开的情况下，操作人员未及时发觉，造成带负荷拉合隔离开关或带电源拉隔离开关的误操作事故；必要时也可改变母线保护运行方式，待操作完毕后投入母联开关操作电源熔断器。倒母线操作时，应注意采取措施，防止电压互感器二次反充电，避免运行中电压互感器熔断器熔断而使保护失压误动。

486. 操作母线时应注意哪些问题？

（1）备用和检修后的进线送电操作，应使用装有反映各种故障类型速断保护的断路器进行，若只用隔离开关向母线送电时，必须进行必要的检查，确认设备良好、绝缘良好。

（2）装有母差保护的母线，必须将母差保护作相应切换后才能进行母线操作。

（3）运行中的双母线，当将一组母线上的部分或全部断路器倒至另一组母线时，操作前应确保母联断路器及其隔离开关在合闸位置，停用母联断路器的操作电源，以使母联断路器非自动；同时应注意母线电压互感器低压侧倒送电。

（4）无母联断路器的双母线或母联断路器不能启用，需停用母线、投入备用母线时，应尽可能利用外来电源断路器对备用母线试送电。不具备上述条件时，则应仔细检查备用母线，确认设备正常、可以送电后，先合上原备用母线上的隔离开关，再拉开原运行母线上的所有隔离开关。

（5）母线操作后，应检查倒换母线上的所有断路器的保护和自动装置电压是否切换至相应母线的电压互感器上。

（6）当由变压器向母线送电时，可先将线路断路器连于母线上，或将变压器中性点接地，或在母线电压互感器二次侧的开口三角形回路接入适当电阻后再送电，以防发生铁磁谐振或因母线对地三相电容不平衡而引起异常过电压。

（7）在旁路断路器代出线断路器运行操作中，应先用旁路断路器对旁母冲击正常后，再使用线路旁母隔离开关对旁母充电或断电，然后用旁路断路器进行合、解环。

（8）已发生故障的母线上的断路器需倒换至正常运行母线上时，应先拉开故障母线上的断路器和隔离开关，检查明确，并隔离母线故障点后，才能进行由正常运行母线对断路器的恢复送电操作。

（9）母线操作时，母差保护的运行按母差保护的运行规程执行。

487. 110kV 及以上电压等级母线充电时应注意什么？

由于 110kV 及以上电网所用断路器在其断口处都并有均压电容器，因此为防止均压电容与电压互感器在充电时发生电磁谐振，对 110kV 及以上电压等级母线充电时，应先给母线充电，然后再合电压互感器隔离开关。

488. 如何对变压器进行停送电操作？

变压器停电时，应考虑保护配置和潮流情况，在先断开断路器，后断开隔离开关的前提下，先停负荷侧后停电源侧，具体来说就是：

（1）对单电源变压器停电时，先断开负荷侧断路器，再断开电源侧断路器，最后分别按主变压器侧隔离开关、母线侧隔离开关依次拉开，原则为先拉开负荷侧隔离开关，再拉开电源侧隔离开关，转检修时再在可能来电的各侧合上接地隔离开关或装设接地线；送电时的操作顺序与此相反。

（2）对多电源变压器停电时，在多电源的情况下，变压器停电的顺序是先断开低压侧断路器，再断开中压侧断路器，后断开高压侧断路器，最后各端按主变压器侧、母线侧隔离开关依次操作，原则为先拉开负荷侧隔离开关，再拉开电源侧隔离开关，特殊情况下主变压器的停电顺序还需考虑保护的配置情况和潮流分布情况；转检修时再在可能来电的各侧合上接地隔离开关或装设接地线；送电时的操作顺序与此相反。

在进行变压器倒换运行操作时，应检查投运变压器确已带负荷后，才能将待停变压器退出运行。

220kV 及以上长距离输电线路末端变压器的操作，应考虑线路末端电压可能过高的情况，因此在操作时，应采取措施降低电压。

489. 110kV 及以上变压器停送电操作时，为什么中性点必须接地？

110kV 及以上变压器停送电操作时，中性点必须接地的原因是因为空载停、投变压器时，可能使变压器中性点或相地之间产生操作过电压，为此在停、投变压器时，合上中性点接地刀闸，可避免过电压的产生，防止对电气设备的损坏。

490. 拉合主变压器中性点隔离开关时应遵循什么原则？

断开和投入电压为 110kV 及以上的中性点直接接地电网的空载变压器时，应先合上变压器中性点接地隔离开关，以防在拉合变压器时，因断路器三相不同期而产生的操作过电压危及变压器绝缘，待变压器带电后，再根据电网要求将隔离开关断开或保持在合闸状态。

在倒换不同变压器的中性点接地隔离开关时，应先合上不接地变压器的中性点隔离开关，然后再拉开接地变压器的中性点隔离开关，且两个接地点的并列时间越短越好，这样可防止在此期间电网发生接地故障时，因单相接地短路电流大幅度增大，而扩大电网中零序保护的动作范围，使电网中的保护有可能出现越级掉闸。同时对并列接地的变压器而言，在两个中性点并列接地时，当变压器某侧母线发生接地故障时，由于并列接地隔离开关的分流作用，使变压器零序保护的灵敏度降低，有可能造成变压器保护拒动。

491. 为什么变压器停送、电操作的顺序相反？

（1）先停负荷侧的原因是可以防止变压器反充电，因为若先停电源侧，遇有故障就可能造成保护装置误动或拒动，从而延长故障的切除时间，并可能扩大故障范围；同时当负荷侧母线电压互感器带有低频减载装置而未装电流闭锁时，一旦先停电源侧断路器，由于大型同步电动机的反馈，可能使低频减载装置误动作。

（2）送电时从电源侧逐级送电，如有故障就便于确定故障范围，及时做出判断和处理，以免故障范围扩大。

492. 对高压长线路末端的空载变压器操作应注意什么？

由于电容效应，超高压空载长线路末端电压升高。在这种情况下投入空载变压器，由于铁芯的严重饱和，将感应出高幅值的高次谐波电压，严重威胁变压器绝缘。故在操作前要降低线路首端电压，并投入末端变电所的电抗器，使得操作电压短时间（如 500kV 级不得超过 30min）不超过变压器相应分接头电压的 10%。

493. 如何装设和拆除接地线（接地隔离开关）？

装设接地线时，应先接接地端，后接设备端；拆除接地线时，顺序相反。接设备端时，应在验明设备确无电压后，立即连接。

验电前，应先在带电设备上检查验电器是否良好。

494. 什么情况下应切断操作电源?

(1) 断路器检修时;

(2) 在该断路器二次回路或继电保护装置上工作时;

(3) 倒母线过程中,在拉、合母线隔离开关时,必须先取下母线联络断路器的操作熔断器。

但对配有失灵保护的断路器,则一般不应轻易切断其操作电源。

495. 为何操作500kV线路侧电抗器隔离开关之前必须检查三相无电压?

由于并联电抗器是一个电感线圈,一加上电压,就有电流通过,而500kV电抗器一般不装断路器,如在线路带有电压的情况下操作电抗器隔离开关,就会造成带负荷拉合隔离开关事故。为此在操作线路电抗器隔离开关之前,必须检查线路侧三相确无电压。

第二节 电气运行异常及事故处理

496. 什么是电气事故?如何引起?

电气事故是指电力系统中设备全部或部分故障、稳定破坏、人员工作失误等原因使电网的正常运行遭到破坏,以致造成对用户的停止送电、少送电、电能质量变坏到不能容许的程度,甚至毁坏设备等。在电网运行中,由于各设备之间都有电或磁的联系。当某一设备发生故障时,在很短的瞬间就会影响到整个系统的其他部分。因此,当系统发生故障和不正常工作等情况时,都可能引起电力系统事故,引起电力系统事故的原因主要有:

(1) 自然灾害、外力破坏;

(2) 设备缺陷、管理维护不当、检修质量不好;

(3) 运行方式不合理、继电保护误动作和工作人员失误等;

(4) 运行人员操作不当。

497. 如何解决事故?

解决事故的办法除改进电网设备的设计制造、加强维护检修、提高运行水平和工作质量,从而将事故从根本上减少外,还需要对许多情况下,电网运行中发生的不可避免的故障,采取措施尽快地将故障设备切除,从而保证无故障设备的正常运行,使事故范围缩小。

498. 什么是电力系统工作中的"三违"?

电力系统工作中的"三违"是指"违章指挥,违章操作,违反劳动纪律"。

499. 在电气操作中发生什么情况时构成事故？

在电气操作中，发生带负荷拉、合隔离开关；带电挂接地线（合接地开关）；带接地线（接地开关）合断路器（隔离开关）送电等情况时则构成事故。

500. 什么是"五防"？

（1）防止误拉、误合断路器；

（2）防止带负荷误拉、误合隔离开关；

（3）防止带电合接地隔离开关；

（4）防止带接地线合闸；

（5）防止误入带电间隔。

501. 什么是电气误操作？

误操作是电气运行人员在执行操作指令和其他业务工作时，由于思想麻痹，违反《安规》和现场运行规程等有关规定，没有履行操作监护制度和正常操作程序，而错误进行的一种倒闸操作行为。误操作是违章工作的典型反映，是电力生产中恶性事故的总称。误操作往往造成人身伤亡、设备损坏和电网事故。为此，电气运行人员必须经过安全教育、技术培训，使其熟悉业务和有关规程、规章制度，并经考试合格后，才可允许承担一定的倒闸操作任务。

502. 如何防止误操作？

（1）加装防误闭锁装置，目前常用的包括：机械闭锁、机械程序闭锁和微机闭锁等装置。

（2）操作人员行为规范化。

（3）做到三对照、三禁止、五不操作，即：①填写操作票时对照工作任务、对照模拟图、对照典型操作票；②禁止无票操作、禁止单人操作、禁止无命令操作；③未进行模拟预演不操作、操作任务和操作目的不清楚不操作、操作中发生疑问和异常不操作、未经唱票、复诵、三秒思考不操作、操作项目检查不仔细不操作。

（4）加强操作人员培训工作。

503. 误操作的类型有哪些？

误操作的类型主要包括 3kV 及以上发供电设备发生带负荷误拉（合）隔离开关、带电挂（合）接地线（接地开关）、带接地线（接地开关）合断路器（隔离开关）送电等恶性误操作及误（漏）拉合断路器、误装拆或漏拆接地线以及其他步骤上的错误，误碰运行设备元件、误投设备、误（漏）投或停继电保护及安全自动装置（包括连接片）、误设置继电保护及安全自动装置定值、误动保护触点等一般电气误操作。

504. 引起误操作的原因有哪些?

(1) 操作人员不具备倒闸操作的基本素质;

(2) 无操作票或填写的操作票有错误;

(3) 电气设备没有防误闭锁装置或虽有防误闭锁装置, 但在操作时擅自解锁;

(4) 不认真按操作票顺序操作, 操作中发现问题, 随意更改操作顺序或跳项、倒项、漏项操作;

(5) 倒闸操作行为不规范, 没认真核对设备名称和状态或设备标志不明显、不清楚;

(6) 没按操作技术原则操作或填写操作票。

505. 事故处理的"四不放过"是什么?

事故处理的"四不放过"就是当发生事故后应立即进行调查分析, 调查分析时必须按照实事求是, 尊重科学的原则, 及时、准确地查找事故原因, 查明事故性质和责任, 总结事故教训, 提出整改措施, 并对事故责任者提出处理意见。做到事故原因不清楚不放过, 事故责任者和应受教育者没有受到教育不放过, 没有采取防范措施不放过, 事故责任者没有受到处罚不放过, 简称"四不放过"。

506. 电网发生事故时的处理原则是什么?

电力系统发生事故时, 各单位运行人员必须迅速、果断、慎重、判断准确, 不应慌乱, 以免因考虑不周造成事故扩大, 并在上级值班调度员的指挥下, 应遵循以下原则:

(1) 首先应设法保证发电厂的厂用电源;

(2) 迅速限制事故的发展, 判明和设法消除事故的根源, 并解除对人身和设备的危险;

(3) 保证非故障设备继续良好运行, 必要时增加发电厂出力或设法在未直接受到损坏的变压器和线路上增加负荷, 以保证用户的正常供电, 尤其是所用电的供电;

(4) 迅速对已停电的用户恢复供电, 尤其对重要用户应优先恢复供电;

(5) 在设备所属调度的指挥下, 调整电网的运行方式, 使其恢复正常;

(6) 在紧急情况下, 上级调度有权直接调度下级调度管辖范围内的设备, 运行人员在执行该指令后, 应立即汇报发令人及设备所属调度, 并进行全过程录音和详细记录;

(7) 事故处理可以不填操作票, 但必须至少有两人进行, 并应严格执行监护制度, 不得在无人监护下进行任何事故处理的操作; 处理过程中必须考虑全局, 积极主动地做到稳、准、快, 同时非值班人员必须立即撤离现场, 并严禁使用所内通讯设备。

507. 值班人员可采取紧急措施的情况有哪些？

当出现下列情况时，为防止事故扩大，值班人员可采取紧急措施：

（1）在发生人身触电事故时，为了抢救触电人，可不经许可，即行断开有关设备的电源；

（2）对人员生命有直接危险的设备停电或隔离已损坏和可能扩大事故的设备；

（3）不立即停电将会造成设备损坏的设备隔离工作；

（4）母线发生故障电压消失后，速将该母线上所有的断路器拉开；

（5）所用电和直流系统全部停电或部分停电时，恢复电源的操作；

（6）电压互感器熔断器熔断或二次开关跳闸时，将有误动可能的保护停用；

（7）与调度失去联系，又必须进行事故处理(系统并列除外)时，但应设法尽快与调度取得联系；

（8）各单位运行规程中所规定的可以采取措施的其他操作。

508. 电网事故时，事故有关单位汇报的内容有哪些？

当电网发生事故时，事故有关单位必须立即明确地向值班调度员报告有关事故情况，其主要内容包括：

（1）事故发生的时间、现象、设备的名称和编号、断路器动作情况等；

（2）继电保护和自动装置动作情况；

（3）频率、电压、负荷及潮流的变化情况；

（4）有关事故的其他情况。

509. 运行值班人员应如何进行事故处理？

事故处理时，运行人员必须坚守岗位，集中精力，听从所属调度指令，在运行执班负责人的指挥下进行处理，任何人不得擅离工作岗位，严禁占用调度电话，并遵照以下顺序进行事故处理：

（1）根据表计和信号指示、保护动作、当地设备的外部特征及其他现象，正确判断事故的原因、性质、地点和范围，并迅速限制事故发展，消除事故根源；

（2）如果事故对人身和设备安全有严重威胁时，应在保证人员人身安全前提下，立即解除这种威胁，并迅速切除故障点；

（3）装有自动装置而未动作者，应立即手动执行；

（4）用一切可能的办法调整未直接受到损害的电网及设备的运行方式，尽力保持无故障设备继续运行，以保证对用户的供电；

（5）保证所用电及直流系统的正常运行；

（6）检查保护掉牌及故障录波器的动作情况，进一步判断事故的范围和性质；

（7）迅速准确地将事故象征向值班调度员汇报；

（8）尽快恢复(失去)所用电供电；

（9）事故处理后立即汇报所属调度和上级主管部门，并迅速正确地执行调度指令，对无故障象征，属于保护装置误动作或限时后备保护越级动作而跳闸的设备进行试送电(试送电时，要防止非同期并列)，同时恢复电网的正常运行方式和设备的正常运行状态；

（10）运行人员认为调度指令有疑问时，应向其做简单的询问，若调度员仍坚持自己的命令，运行人员应立即执行，但该指令如可能明显危及人身或设备安全时，可拒绝执行，并将该情况向上级有关领导汇报；

（11）检查故障设备，将故障全都设备停电，判明故障点和其故障程度，并进行必要的测试，通知检修人员进行修复；

（12）对有关设备进行全面检查，详细记录事故发生的现象和处理的过程。

510. 哪些情况运行值班人员可以先行进行事故处理？

为防止事故扩大，发电厂、变电所(站)的运行人员在下列紧急情况下，无需等待值班调度员的指令可先行处理，而后再向值班调度员进行报告的情况包括：

（1）将危及人身安全和扩大事故范围时，运行人员可将该设备立即停止运行；

（2）运行中的设备有受损伤的威胁时，根据现场事故处理规程规定，进行紧急处理，将已损坏的设备隔离；

（3）电压互感器熔断器熔断或二次开关掉闸时，将可能引起误动的部分保护退出运行；

（4）调度通信中断，运行人员应按现场运行规程自行处理，处理完毕后设法报告调度；

（5）有关规程规定的其他操作。

各级运行值班人员应牢记：设备事故停电后，随时有不经事先通知而突然来电的可能，因此，未经值班调度许可，任何人不得触动任何事故停电的设备。

511. 什么原因可造成母线失压事故？

（1）误操作或操作时设备损坏。

（2）母线及连接设备的绝缘子发生闪络事故，或外力破坏。

（3）运行中母线设备绝缘损坏。如母线、隔离开关、断路器、避雷器、互感器等发生接地或短路故障，使母线保护或电源进线保护动作跳闸。

（4）线路上发生故障，线路保护拒动或断路器拒跳，造成越级跳闸，再就是未装失灵保护的，由电源进线后备保护动作跳闸，使母线失压。

512. 如何处理母线失压事故？应注意哪些问题？

（1）根据事故前运行方式、现场仪表指示、保护及自动装置的动作情况、报警信号、事件打印、断路器跳闸及设备状况等情况判明故障性质，并判明故障发生的范围和事故停电范围。若所用电失去时，先倒所用电（夜间应投入事故照明）。

（2）母线失压，同时伴有火光、爆炸声等明显故障（确认不是由于 TV 断线或二次快速开关跳开），运行人员应立即将失压母线上各分路断路器、变压器断路器断开，并将已跳闸断路器的操作把手复位（装有电容器组时应首先断开电容器组断路器）。

（3）若有明显故障点，应迅速将故障点隔离，再恢复母线的运行；若因高压侧母线失压，使中、低压侧母线失压。只要失压的中、低压侧母线无故障象征（如母差保护动作或失灵保护动作，使高压侧母线失压，无变压器保护动作信号，在中、低压侧母线上各分路无保护动作信号），就可以先利用备用电源，或合上母线分段（或母联）开关，先在短时间内恢复供电，然后再处理高压侧母线失压事故。

（4）双母线运行，有一条母线故障停电，运行人员应首先隔离引起该母线故障的间隔，立即检查母线联络断路器应在断开位置，然后将故障母线所接分路断路器由无故障母线送出。

处理母线失压事故时，还应注意以下几点：

（1）未查明故障原因时，严禁将已失压的母线转入运行；

（2）双母线并列运行，因故障被切除一条母线时，装有相比式母差保护的应立即合上非选择性 P 刀闸；

（3）当母线及中性点接地的变压器断路器被切除后，应立即合上另一台不接地变压器的中性点接地隔离开关，同时应监视运行主变压器不得长时间过负荷运行；

（4）当 35kV 母线或 10kV 母线发生故障时，应尽快恢复所用变压器运行；

（5）在恢复各分路断路器送电时，应防止两个独力电源系统的非同期并列。

513. 因外部原因造成母线失压时如何处理？

因外部原因造成母线失压事故时，根据不同的原因其处理方法为：

（1）线路故障，其断路器拒动，启动失灵保护自动切除故障线路所在母线上的全部断路器，此时应根据保护信号，找出拒动的断路器，拉开该断路器两侧隔离开关，并报告调度，按调度指令选用电源断路器给母线充电，无问题后，再逐条试送线路和变压器。

（2）线路故障，其断路器拒动，越级到主变压器断路器跳闸，造成一条母线停电时，若检查出拒动断路器，则拉开其两侧隔离开关，并确认母线上的其他断路器已分闸后，报告调度，按调度指令选用电源断路器给母线充电，无问题后再给各出线送电；如经检查属主变压器保护误动造成越级跳闸，则报告调度，按调度指令选用保护完好的电源断路器给空母线充电，然后再送非故障线路。

（3）变压器本身故障引起母线停电时，根据保护动作情况，若判断为变压器内部故障，则应隔离故障变压器，报告调度，按调度指令恢复其他非故障设备的运行。

（4）电源停电引起母线失电时，仔细检查母线及所属各回路，若没发现问题，则报告调度，可用另一电源送母线及各回路；对有备投装置并在投入位置的变电所，则应先检查备投装置是否动作。

514. 什么原因可导致变电所发生全所停电事故，有哪些特征？

变电所发生全所停电事故的原因包括：

（1）单电源进线变电所，电源进线线路或本所设备故障，使线路对侧（电源侧）跳闸造成电源中断；

（2）本所高压侧母线及其分路故障，因保护或其他原因造成越级使各电源进线跳闸；

（3）电网发生事故造成全所电源中断；

（4）严重的雷击事故及外力破坏。

变电所发生全所停电事故的特征：

（1）所内交流照明全部熄灭；

（2）各母线电压表、电流表、功率表均无指示（监控系统电气运行参数无显示）；

（3）运行中的变压器无声音；

（4）继电保护装置发"交流电压回路断线"、"高频收信"等信号；

（5）所内多台断路器跳闸；

（6）故障录波器、远切等自动装置动作。

这里需要特别指出的是只有当所有指示一次设备运行的电压表、电流表、功率表均无指示，且同时失去所用电时，才能判定为全所停电。

变电所发生全所停电事故时，由于失去了所用电源，因此，直流系统失去浮充电源，蓄电池开始放电。

515. 如何对母线全停电的事故进行判断？应注意什么？

变电所母线停电一般是因母线故障或母线上所接元件保护、断路器误动造成的，但也可能是因外部电源全停造成的，应根据仪表指示、保护和自动装置动作情况、断路器信号及事故现象（如火光、爆炸声等），判断事故情况，并迅速采取有效措施。

事故处理中应注意，切不可只凭所用电源全停或照明全停而误认为是全所全停电。

516. 如何处理变电所全所停电事故？

变电所发生全所停电事故时，应尽快与调度取得联系，运行人员应尽快恢复所用电源和直流系统，在夜间还应投入事故照明，随后对所内设备进行全面检查，将故障设备进行隔离，使高压母线母联断路器断开，在每一条高压母线上只保留一电源线路断路器，其他电源线路断路器全部切断，若变电所与调度间能保持通信联系，则由值班调度员下令处理事故恢复供电。

变电所全所停电又与调度失去通信联系时，变电所运行人员应按规程规定立即将多电源间可能联系的断路器断开，将各电源线路轮流接入有电压互感器的母线上，检测是否来电；对双母线接线应在每条母线上保留一个主要电源线路断路器在投运状态，并首先拉开母联断路器，以防止突然来电而造成非同期合闸，或检查有电源测量装置的线路，以便最早判明来电时间。调度员在判明该变电所处于全停状态时，可分别用一个或几个电源向该变电所送电，变电所发现来电后即可按规程规定送出负荷。

事故处理完后应做好现场事故报告的整理。

517. 变电所全所停电后，为什么必须将全部电容器开关拉开？

变电所全所停电后，一般都将所有的馈线断路器拉开，因此变电所来电后，母线负荷为零，电压较高，此时电容器如不先切除，在较高的电压下突然充电，有可能造成电容器严重喷油或鼓肚。同时由于母线没有负荷，电容器充电后，大量无功向电网倒送，致使母线电压升高。即使是将各级负荷送出，但由于从来电到送出也需要一段时间，这时母线电压仍维持在较高的电压水平，且往往超过了电容器允许的连续运行电压值(一般制造厂家规定电容器的长期运行电压不应超过额定电压 1.1 倍)；此外，当空载变压器投入运行时，其充电电流在大多数情况下是以 3 次谐波为主，这时如电容器的电路和电源侧的阻抗接近于共振条件，那么通过电容器的电流将达额定电流的 2~5 倍，其持续时间为 1~30s，可能引起过流保护动作或造成电容器损坏。

因此，当变电所全所停电后，必须将电容器开关断开，在各路馈线送出负荷后，再根据母线电压及无功负荷情况决定电容器是否投入。

518. 如何判断母线全停电事故？

变电所母线停电，一般是因母线故障或母线上所接元件保护、断路器误动造成的，但也可能是因外部电源全停造成的，应根据仪表指示、保护和自动装置动作情况、断路器信号及事故现象(如火光、爆炸声等)，判断事故情况，并迅速采取有效措施。

　　事故处理中应注意，切不可只凭所用电源全停或照明全停而误认为是变电所全停电。

519. 电容器在运行中可能出现的异常现象和事故有哪些？如何处理？

　　异常现象和事故有：

　　(1) 渗漏油。安装、检修时造成法兰或焊接处损伤，或制造中的缺陷以及在长期运行中外壳锈蚀都可能引起渗漏油，渗漏油会使浸渍剂减少，使元件易受潮从而导致局部击穿。

　　(2) 外壳膨胀。电容器内部故障(过电压、对外壳放电、元件击穿等)会导致介质分解气体，使外壳内部压力增加造成外壳膨胀，此时应立即采取措施或停电处理，以免扩大事故。

　　(3) 电容器爆炸。在没有装设内部元件保护的高压电容器组中，当电容器发生极间或极对外壳击穿时，与之并联的电容器组将对之放电，当放电能量散不出去时，电容器可能爆炸。爆炸后可能会引起其他设备故障甚至发生火灾。防止爆炸的办法除加强运行中的巡视检查外，最好是安装电容器内部元件保护装置。

　　(4) 温升过高。电容器组的过电压、过负荷、介质老化(介质损耗增加)、电容器冷却条件变差等原因皆可能使温升过高，从而影响使用寿命甚至击穿导致事故。运行中必须严密监视和控制环境温度，或采取冷却措施以控制温度在允许范围内，如控制不住则应停电处理。

　　(5) 瓷绝缘表面闪络。瓷绝缘表面发生闪络的原因：表面脏污、环境污染、恶劣天气(如雨、雪)和过电压都将产生表面闪络引起电容器损坏或跳闸，为此应对电容器组定期清扫，并对污秽地区采取防护措施。

　　(6) 异常声响。运行中发生异常声响("滋滋"声或"咕咕"声)则说明内部或外部有局部放电现象，此时应立即停止运行，查找故障电容器。

　　在处理电容器事故时，运行人员需注意以下事项：

　　(1) 停电。必须先拉开电容器断路器及隔离开关或取下熔断器。

　　(2) 放电。尽管电容器组已内部自行放电，但仍有残余电荷存在，必须人工放电，放电时一定要先将地线接地端接好，而后多次放电直至无火花和声音为止。

　　(3) 操作时必须带防护器具(如绝缘手套)，应用短路线将两极间连接放电(因为仍可能有极间残余电荷存在)。

520. 电力电容器因故障退出运行时应如何处理？

　　运行中的电力电容器在发生故障时，应立即退出运行。拉开断路器及两侧隔离开关，如采用熔断器保护，则应取下熔断器，此时电容器组虽然已经过放电装置放电，但仍需利用接地棒对电容器放电，待放电完毕，将接地线固定好。这时应注意，电容器如果是内部断线、熔丝熔断或引线接触不良，其两极间还可能有残余电荷，这样在自动放电或人工放电时，它的残余电荷是不会放掉的。所以，运行或检修人员在接触故障电容器前，还应戴好手套，用短路线短接故障电容器的两极，使其放电。此外对串联接线的电容器也应单独放电。总之，处理故障电容器时，应注意将电容器两极间残余的电荷放尽，以避免发生触电事故。

521. 电容器断路器跳闸后如何处理？

当电容器发生断路器跳闸时，值班人员必须检查保护动作情况，根据保护动作情况进行分析判断，并顺序检查电容器开关、电流互感器、电力电缆、电容器有无爆炸或严重过热鼓肚及喷油，检查接头是否过热或熔化、套管有无放电痕迹；若无以上情况，并确定电容器开关是由于外部故障造成母线电压波动所致，则经检查后方可试送。否则应进一步对保护做全面通电试验，对电流互感器做特性试验，如果仍查不出故障原因，就需要拆开电容器组，逐台进行试验，未查明原因之前不得试送。

522. 电容器组切除后，为什么必须在 3min 后才允许再次合闸？

因为电容器组断电后，必须经 3min 才能使电容器极板上的电荷放尽，否则会使电容器因带电荷合闸，而可能造成电容器过电压损坏。为此电容器组切除后，必须 3min 后才允许再次合闸。

523. 电网发生解列事故的原因有哪些？有何危害？

电网发生解列事故的原因包括：

（1）电网联络线、联络变压器或母线，因为发生事故或过负荷跳闸，或保护误动作使之跳闸；

（2）为解除系统振荡，自动或手动将电网解列；

（3）低频、低压解列装置动作将电网解列。

危害：

由于电网解列事故会使电网的一部分呈现功率不足，而另一部分则功率过剩，造成电网频率和电压的较大变化，因此，如不即时处理，就可能使事故扩大。

524. 电网发生解列事故后的现象有哪些？运行人员需注意什么？

电网解列后，缺少电源的部分会使频率下降，同时也常常伴随着电压的下降，相反电源过剩的部分频率会暂时升高。此时运行人员应注意，除了频率和电压的下降会影响电网的安全运行外，还会因正常接线方式的破坏，潮流随之发生变化，造成有的设备过负荷，如输电线路、联络变压器、发电机组等。因此，运行人员应严密监视设备的过负荷状况，使之不要超过现场运行规程规定的事故过负荷数值。

525. 什么是 SF$_6$ 设备事故？发生紧急事故时如何处理？

SF$_6$ 电气设备事故是指 SF$_6$ 电气设备因绝缘介质严重下降而使内部出现接地、短路、防爆膜破裂或设备本体密封出现问题等使气体严重泄漏的事故。

当 SF$_6$ 电气设备发生紧急事故时，泄漏报警装置发出光、声、音响信号，此时，在对故障设备进行处理时，应注意以下安全问题：

（1）为防止 SF$_6$ 气体蔓延，必须将该系统所有通风机全部开启，进行强力排换，电气运行人员应做好处理事故的组织准备，穿好安全防护服并佩戴隔离式防毒面具、手套和护目眼镜，采取充分的措施准备后，才能进入事故设备装置室进行检查；

（2）设备防爆膜破裂，说明内部出现了严重的绝缘问题，电弧使设备部件损坏，引起内部压力超过标准，因此，必须停电进行处理，并在保障工作人员人身安全的前提条件下查明事故原因；

（3）认真消除故障所造成的设备外部污染，应使用 SF$_6$ 的溶剂汽油或丙酮将其擦洗干净，进行这项工作也应按现场运行规程的规定做好安全防护。

526. 运行中的断路器误跳闸后如何处理？

一次系统正常，无接地或短路，断路器自动跳闸或系统虽有故障，但不属于本线路断路器保护范围时跳闸，称该断路器误跳闸，此时若重合闸未投入运行，如属误碰误操作，外力振动使保护回路接通跳闸的，应立即抢送，属于联络线的应经调度员送电。如为电气和机械故障引起跳闸，待查明原因后再送电。

527. 断路器发生哪些情况时应停电处理？

（1）套管有严重破损和放电现象，断路器内部有爆裂声；

（2）油断路器严重漏油，油位看不见；

（3）少油断路器灭弧室冒烟或内部有异常声响；

（4）空气断路器内部有异常声响或严重漏气，压力下降，橡胶吹出；

（5）真空断路器出现真空损坏的咝咝声；

（6）SF$_6$ 气室严重漏气或发出操作闭锁信号。

528. 断路器误合闸的原因有哪些？如何处理？

未经操作（含自动装置未动作）断路器自动合闸，称该断路器为误合闸。断路器误合闸的原因主要有：

（1）直流两点接地，使合闸回路接通；

（2）自动装置元件故障，使自动重合闸或备用电源自动投入装置误动作；

（3）机械振动使断路器误合闸。

误合闸后，应立即拉开合闸断路器，拉开后又自动合闸时，可先取下合闸熔断器，再拉开断路器，然后查明原因。

529. 线路因保护动作而跳闸时如何处理？

（1）线路保护动作跳闸时，运行值班人员应认真检查保护及自动装置动作情况，检查故障录波动作情况，分析保护及自动装置的动作行为。

（2）及时向调度汇报，便于调度及时、全面地掌握情况，进行分析判断。

（3）线路保护动作跳闸，无论重合闸装置是否动作或重合成功与否，均应对断路器进行外部检查。主要检查断路器的三相位置、油位、油色及有无喷油等异常情况。

（4）凡线路保护动作跳闸，应检查断路器所连接设备、出线部分有无故障现象。

（5）充电运行的输电线路，跳闸后一律不试送电。

（6）全电缆线路(或电缆较长的线路)保护动作跳闸以后，未查明原因不能试送电。

（7）断路器遮断容量不够、事故跳闸次数累计超过规定，重合闸装置退出运行，保护动作跳闸后，一般不能试送电。

（8）低频减载装置、事故联切装置和远切装置，是保证电力系统安全、稳定运行的重要保护装置。线路断路器由上述装置动作跳闸，说明系统中发生了事故，必须向上级调度汇报。虽然被切除的线路上没有接地或短路故障，但在系统还没有恢复正常、没有得到上级调度的指令前，不准合闸送电。

530. 线路跳闸后，哪些情况不宜强送？哪些情况可以强送？

线路跳闸后，下列情况不宜强送电：

（1）空充电线路；

（2）试运行线路；

（3）线路跳闸后，经备用电源自动投入已将负荷转移到其他线路上，不影响供电的线路；

（4）电缆线路；

（5）有带电作业工作并申明不能强送电的线路；

（6）线路变压器组断路器跳闸，重合不成功；

（7）运行人员已发现明显故障现象；

（8）线路断路器有缺陷或跳闸次数已超过规定次数及断路器遮断容量不足的线路；

（9）已掌握有严重缺陷的线路(如水淹、杆塔严重倾斜、导线严重断股等)。

除以上情况外，线路跳闸，重合不成功，按有关规程规定或请示生产负责领导或总工程师批准可进行强送电一次，强送电不成功，有条件的可以对线路零起升压。

531. 必须请示值班调度员后方可强送电的情况有哪些？

(1) 由于母线故障引起的线路跳闸，而没有查出明显故障点；

(2) 环网线路故障跳闸；

(3) 双回线路中的一回线路故障跳闸；

(4) 可能造成非同期合闸的线路跳闸。

532. 断路器出现非全相运行时如何处理？

断路器出现非全相运行时，可根据断路器发生非全相运行的不同情况，分别采取以下措施：

(1) 断路器单相自动掉闸，造成两相运行时，如断相保护启动的重合闸没有动作，可立即现场手动合闸一次，合闸不成功则应切开其余的两相断路器。

(2) 如果断路器是两相断开，应立即将断路器拉开。

(3) 如果非全相断路器采取以上措施无法拉开或合上时，则应尽快将线路对侧断路器断开，然后到断路器机构箱就地断开断路器。

(4) 也可以用旁路断路器与非全相断路器并联，用隔离开关解开非全相断路器或用母联断路器串联非全相断路器以切断非全相电流。

(5) 如果发电机出口断路器非全相运行，应迅速降低该发电机的有功、无功出力到零，然后进行处理。

(6) 母线联络断路器非全相运行时，应立即调整降低通过母线联络断路器的电流，倒为单母线方式运行，必要时应将一条母线停电。

533. 断路器在运行中可能发生的异常现象有哪些？

(1) SF_6 气体泄漏，SF_6 气体含水量超标；

(2) 液压机构漏油和液压机构内部泄压；

(3) 液压机构回路打压频繁；

(4) 液压回路氮气消失，压力释放，零压闭锁；

(5) 油断路器在切断短路电流时喷油；

(6) 合闸线圈或分闸线圈烧断；

(7) 断路器慢分，弹簧机构不能储能；

(8) 断路器辅助触点转换不良造成断路器不能合闸；

(9) 断路器机构箱内加热器烧毁；

(10) 断路器预试部分项目不合格；

(11) 并联电容放电；

(12) 合闸电阻投切失灵，不能有效的提前投入；

(13) SF_6 密度继电器失灵或不能正确动作。

534. 断路器分合闸线圈冒烟的原因是什么？怎样处理？

断路器分合闸线圈冒烟的原因多为断路器在操作过程中，辅助开关切换不正常，线圈长时间带电造成。若分闸线圈或合闸接触器线圈冒烟，则应迅速取下操作电源熔断器。

535. 断路器在运行中出现闭锁分合闸时应采取什么措施？

断路器在运行中出现闭锁分合闸时应尽快将闭锁断路器从运行中隔离开来，可根据以下不同情况采取措施：

(1) 凡有专用旁路断路器或母联兼旁路断路器的变电所，需采用代路方式使故障断路器脱离电网；

(2) 用母线联络断路器串带故障断路器，然后拉开对侧电源断路器，使故障断路器停电；

(3) 对∏型接线，合上线路外桥隔离开关使∏型接线改成 T 型接线，停用故障断路器；

(4) 对于母线联络断路器，可将某一元件两条母线隔离开关同时合上，再断开母联断路器的两侧隔离开关；

(5) 对于双电源且无旁路断路器的变电所线路断路器泄压，必要时可将该变电所改成一条电源线路供电的终端变电所的方式处理泄压断路器的操动机构；

(6) 对于 3/2 接线母线的故障断路器可用其两侧隔离开关隔离。

536. 断路器拒绝合闸的原因有哪些？怎样处理？

断路器拒绝合闸的原因包括：

(1) 操作不当或重合闸回路未启动。

(2) 合闸电源消失。

(3) 就地控制箱内合闸电源小开关未合上或断路器合闸闭锁。

(4) 断路器操作控制箱内"远方-就地"选择开关在就地位置。

(5) 控制回路或同期回路断线。

(6) 合闸线圈及合闸回路继电器烧坏。

(7) 操作继电器故障或控制把手失灵。

(8) 其他机械方面故障，如传动机构连杆松动、脱落，合闸铁芯卡涩，断路器分闸后机构没复位。

检查和处理断路器拒绝合闸的方法：

(1) 用控制开关再合一次，以检查是否因操作不当或重合闸回路未启动。

(2) 若是合闸电源消失，运行人员可更换合闸回路熔断器或试投小开关。

（3）试合就地控制箱内合闸电源小开关。

（4）将断路器操作控制箱内"远方-就地"选择开关放至远方的位置。

（5）若属上述（4）、（5）、（6）、（7）、（8）的情况，应通知专业人员进行处理。

（6）当故障造成断路器不能投运时，应按断路器合闸闭锁的方法进行处理。

537. 断路器拒绝分闸的原因有哪些？怎样处理？

断路器拒绝分闸的原因：

（1）分闸电源消失。

（2）就地控制箱内分闸电源小开关未合上。

（3）断路器分闸闭锁。

（4）断路器操作控制箱内"远方-就地"选择开关在就地位置。

（5）控制回路或同期回路断线。

（6）分闸线圈及合闸回路继电器烧坏。

（7）操作继电器故障或控制把手失灵。

根据不同原因分别检查和处理：

（1）若是分闸电源消失，运行人员可更换分闸回路熔断器或试投小开关。

（2）试合就地控制箱内合闸电源（一般有两套跳闸电源）小开关。

（3）将断路器操作控制箱内"远方一就地"选择开关放至远方的位置。

（4）若属上述（5）、（6）、（7）的情况应通知专业人员进行处理。

（5）当故障造成断路器不能投运时，应按断路器分闸闭锁的方法进行处理。

538. 断路器合闸直流消失时怎样处理？

当发出"合闸直流电源消失"信号时，说明断路器合闸电源开关跳闸或断开，即合闸回路有故障或合闸电源开关未合上。

合闸直流电源消失的处理：运行人员应检查合闸回路有无明显故障（如合闸继电器、合闸线圈等）或合闸电源开关未合上的原因。如未发现明显异常现象，运行人员可将合闸直流电源开关试合一次，如果试合成功，说明已正常。如果再次跳闸，说明直流回路确有问题，应申请调度停用该断路器的重合闸，并通知专业人员进行处理。

539. 断路器遮断容量不满足要求时如何处理？

断路器的遮断容量应满足电网短路容量的要求，当遮断容量不够时，在使用该断路器时必须将操作机构或金属板与该开关隔离，并设远方控制，此时重合闸装置必须停用。

540. 运行中油断路器油位异常及真空断路器真空度降低时如何处理？

运行中油断路器油位异常且因漏油而看不见油面时，此时严禁将断路器分闸，应通过调度倒方式，将该断路器退出运行，以处理漏油。

真空断路器真空度降低时，此时超行程减少，应更换真空灭弧泡。

541. 为什么油断路器切除故障的次数达到规定数时要将重合闸停用？

油断路器切除故障达到一定的次数时，绝缘油中就会混进大量的金属粉末，在电弧的高温作用下，金属粉末变成金属蒸气，使断路器的灭弧能力降低。此时如果不停用重合闸，当断路器重合后，再切除故障，就可能发生爆炸。

542. 弹簧操动机构出现异常时如何处理？

弹簧操动机构出现异常时，若机构不能储能，可检查电动机电源、电动机及电动机启动回路。若电动机损坏，又急于送电，可断开储能电源开关，手动储能，储能完毕后应立即取下手柄，合上断路器后立即再手动储能。如合闸锁扣滑扣而空合时，应立即拉开电动机电源。

543. 断路器分合闸线圈冒烟的原因是什么？如何处理？

断路器分合闸线圈冒烟的原因多为断路器在操作过程中，辅助开关切换不正常，线圈长时间带电造成。若分闸线圈或合闸线圈接触器冒烟，则应立即迅速取下操作电源熔断器。

544. 断路器故障跳闸后，应进行哪些检查？

断路器故障跳闸后，一般应进行设备外部检查，包括：

（1）瓷质部分有无放电痕迹，引线有无放电烧损和短路现象等；

（2）油面、油色是否正常，是否有喷油或其他异常现象；

（3）SF_6 气体压力是否正常；

（4）分合闸电气和机械指示装置三相是否一致和正确；

（5）操作机构压力是否正常和各连接处有无渗、漏油现象；

（6）各传动部件及本身有无机械变形；

（7）机构压力、储能装置有无异常现象；

（8）断路器操作计数器动作是否正确；

（9）保护及自动装置是否有拒动、误动现象（包括重合闸方式）；

（10）少油断路器有无喷油现象。

545. 隔离开关常见的故障有哪些？如何处理？

在隔离开关的运行和操作中容易发生的故障是触点和触头过热、电动操作失灵、三相不同期、合闸不到位等异常情况，它们的处理方法是：

（1）隔离开关触头、触点过热时，需立即设法申请调度减负荷；严重过热时，应转移负荷，然后停电处理。转移负荷可根据不同的接线方式分别处理，如带有旁路断路器接线的可用旁路断路器倒换；双母线接线的可以将另一个隔离开关合上，然后拉开有过热缺陷的隔离开关；3/2 断路器接线的可开环运行。对母线侧隔离开关过热触头、触点，在拉开隔离开关后，经现场察看，满足带电作业安全距离的，可带电解掉母线侧引下线接头，然后进行处理。

（2）隔离开关电动操作失灵后，首先应检查操作有无差错，然后检查操作电源回路、动力电源回路是否完好，熔断器是否熔断或松动，电气闭锁回路是否正常。

（3）隔离开关合闸不到位或三相不同期，多数是机构锈蚀、卡涩、检修调试未调好等原因引起。发生这种情况，可拉开隔离开关再次合闸，对 220kV 隔离开关，可用绝缘棒推入，必要时，申请停电处理。

（4）隔离开关触头熔焊变形、绝缘子破裂、严重放电时，应立即申请停电处理，在停电处理前应加强监视。

546. 运行中隔离开关可能出现的异常现象有哪些？

（1）由于拧紧部件松动，刀口合得不严，造成接触部分过热或刀口熔焊；

（2）瓷绝缘子外伤、硬伤，支柱底座破裂，针式瓷绝缘子胶合部因质量不良和自然老化而造成瓷绝缘子掉盖；

（3）在污秽严重时或过电压情况下，产生闪络、放电、击穿接地而引起烧伤痕迹，严重时产生短路、瓷绝缘子爆炸、开关跳闸等；

（4）三相合闸不同期；

（5）操作卡阻，拉合失灵，严重不到位，或操作过程中隔离开关停止在中间位量；

（6）隔离开关自分；

（7）辅助触点转换不到位；

（8）电动机烧坏，接触器烧坏，远方不能操作。

547. 隔离开关在运行中出现异常时如何处理？

（1）隔离开关过热，应立即设法减少负荷，如通知用户限负荷或拉开部分断路器，在采取措施前，应加强监视。

（2）隔离开关严重发热时，应以适当的断路器倒母线或以备用断路器倒旁路母线等方式转移负荷，使其退出运行。

（3）当停用发热隔离开关，可能引起停电并造成较大损失时，应采取带电作业进行抢修。此时，若仍未消除发热，则可使用接短路线的方法，将隔离开关临时短接。

（4）与母线连接的隔离开关绝缘子损伤，应尽可能停止使用。

（5）绝缘子外伤严重，如绝缘子掉盖、对地击穿、绝缘子爆炸、刀口熔焊等，应立即采取停电或带电作业处理。

（6）对绝缘子不严重的放电痕迹、表面龟裂掉釉等，可暂不停电，经正式申请并办理完停电手续后，再行处理。

（7）运行中的隔离开关如因结冰或其他原因使绝缘子底座破裂（或底座转动）和因端子箱受潮（易使分闸回路接通）造成隔离开关自分现象，一旦发现，应立即断开本间隔断路器，以防止带负荷拉刀闸事故。

（8）若辅助触点转换不良应调整辅助触点。

（9）若远方不能操作，应对控制回路进行检查，包括：操作条件是否满是；操作三相交流电源是否正常（含相序）；激励电源熔断器是否装上，激励电源回路是否正常；电动机热继电器是否动作未复归；接触器或电动机是否故障；操作回路有无断线、端子松动现象；隔离开关机构有无卡住等故障。

（10）隔离开关三相严重不到位或不同期时应通知专业人员进行检修。

548. 隔离开关在满足操作条件情况下出现操作失灵的原因有哪些？

（1）三相操作电源不正常；

（2）闭锁电源不正常；

（3）热继电器动作未复归；

（4）操作回路断线、端子松动、接线错误等；

（5）接触器或电动机故障；

（6）开关辅助触点转换不良；

（7）接地开关与辅助触点闭锁；

（8）控制开关把手接点切换不良；

（9）隔离开关辅助接点切换不良；

（10）机构失灵。

549. 隔离开关和接地开关不能机械操作时应如何处理？

（1）隔离开关与接地开关之间机械闭锁是否解除；

（2）机械传动部分的各元件有无明显的松脱、损坏、卡阻和变形等现象；

（3）动、静触头是否变形卡阻。

当隔离开关发生机械故障时，运行人员应尽可能将隔离开关恢复到操作前的运行状态，并通知专业人员进行处理。

550. 避雷器出现瓷套裂纹和爆炸时如何处理？

（1）当运行中发现避雷器瓷套有裂纹时，应根据不同的情况采取不同的处理方法：

① 如天气正常，应请示调度停运损伤相避雷器，并更换为合格的避雷器，若一时无备件，可在不威胁安全运行的前提下，考虑在裂纹深处涂漆和环氧树脂防止受潮，并安排在短期内更换。

② 如天气不正常（雷雨）时，应尽可能不使避雷器退出运行，待雷雨过后再

处理，如瓷质裂纹已造成内闪络，但未接地时，则在可能条件下应将避雷器停用。

（2）运行中出现避雷器爆炸时，应根据情况处理：

① 避雷器爆炸尚未造成接地时，在雷雨过后拉开相应隔离开关，停用并更换避雷器。

② 避雷器瓷套裂纹或爆炸已造成接地时，需停电更换，此时禁止用隔离开关停用故障的避雷器。

551. 避雷器出现哪些情况时应停电处理？

（1）避雷器爆炸；

（2）避雷器瓷套破裂；

（3）避雷器在正常（电网无内过电压和大气过电压）情况下计数器动作；

（4）引线断损或松动；

（5）氧化锌避雷器的泄漏电流值有明显的变化。

552. 变压器运行中哪些现象属于异常状态？

当变压器在运行中出现下列情况之一时属异常状态：

（1）严重漏油；

（2）油位过低或过高；

（3）油枕、套管上看不到油位；

（4）变压器油炭化；

（5）绝缘油定期色谱分析试验有乙炔或氢气，总烃超标且不断趋于严重；

（6）变压器内部有异常声音；

（7）有载调压分接开关调压不正常滑档，无载分接开关直流电阻数值异常；

（8）变压器套管有裂纹或较严重破损，有对地放电声，接线桩头接触不良有过热现象；

（9）气体继电器轻瓦斯连续动作，且间隔趋短，气体继电器内气体不断集聚；

（10）在同样环境温度和负荷下，变压器温度不正常，且不断上升；

（11）其他如冷却系统等有不正常情况。

553. 变压器运行中哪些现象属于事故状态？

（1）各异常状态继续发展成严重状态，使变压器事故跳闸；

（2）发生不符合变压器正常运行的一般要求项目的现象，且有可能出现使变压器烧损的情况，如变压器发现有隐患、火光、响声很大且不均匀或有爆裂声；

（3）变压器着火。

554. 预防变压器事故的运行要求是什么？

（1）通过长电缆（或气体绝缘电缆）与 GIS 设备相连的变压器，为避免因特高频操作过电压（VFTO）造成高压绕组首端匝间绝缘损坏事故，除要求制造厂采取相关措施外（如加大变压器入口等值电容等），运行中还应采用"带电冷备用"的运行方式（即断路器分闸后，其母线侧隔离开关保持合闸状态运行），以减少投切空载母线产生 VFTO 的概率。

（2）定期对套管进行清扫，防止污秽闪络和大雨时闪络，在严重污秽地区运行的变压器，可考虑在瓷套上加装硅橡胶辅助伞裙套（也称增爬裙）或采用涂防污闪涂料等措施，加装增爬裙时应注意固体绝缘界面的粘结质量，并应利用停电机会检查其劣化情况，出现问题及时处理。

（3）为防止因接触不良导致引线过热或缺油引起的绝缘事故发生，应采用红外测温技术检查运行中套管引出线联板的发热情况，以及油位和油箱温度分布等。

（4）为防止运行在中性点有效接地系统中的中性点不接地变压器，在投运、停运或事故跳闸过程中，出现中性点位移过电压，在变压器中性点处必须装设可靠的过电压间隙保护。

（5）变压器故障跳闸后，应及时切除油泵，避免故障产生的游离碳、金属微粒等异物进入变压器的非故障部件。

（6）当气体继电器发出轻瓦斯动作信号时，应立即检查气体继电器，及时取气样检验，以判明气体成分，同时取油样进行色谱分析，查明原因并及时排除。

（7）运行中变压器在切换潜油泵时应逐台进行，每次间隔时间不少于 3min。

555. 变压器运行时为什么会产生"嗡嗡"声？变压器发出异常声音的原因有哪些？

变压器合闸后就有"嗡嗡"的响声，这是由铁芯中交变的磁通在铁芯硅钢片间产生一种力的振动的结果。一般说，这种"嗡嗡"声的大小与加在变压器上的电压和电流成正比。正常运行中，变压器铁芯声音应是均匀的，但在过电压（如铁磁共振）和过电流（如过负荷、大动力负荷启动、穿越性短路等）情况下可能会产生比原来"嗡嗡"声大但无杂音的声音，但也可能随着负荷的急剧变化，呈现"割割割、割割割"突出的间隙响声，此声音的发生与变压器指示仪表（电流表、电压表）的指示同时动作，容易辨别。其他异常声音，则包括：

（1）个别零件松动，造成非常惊人的"锤击"和"刮大风"之声，如"叮叮当当"和"呼呼"之声，但指示仪表均正常，且油色、油位、油温也正常。

（2）变压器外壳与其他物体撞击引起的，如因变压器内部铁芯的振动引起其他部件振动，使接触部位相互撞击；变压器上装控制线的软管与外壳或散热器撞击，呈"沙沙沙"声，这种声音有连续时间较长但存有间隙的特点，此时变压器各种部件不会呈现异常现象。这时可寻找声源，在最响的一侧用手或木棒按住再听声音有何变化，以判别之。

（3）外界气候影响造成的放电声，如大雾天、雪天造成套管处电晕放电或辉光放电，呈"嘶嘶"、"嗤嗤"声，夜间可见蓝色小火花。

（4）铁芯故障引起，如铁芯接地线断线会产生如放电的霹裂声，"铁芯着火"将造成不正常鸣声。

（5）匝间短路引起短路处局部严重发热，使油局部沸腾会发出"咕噜咕噜"像水开了的声音，这种声音需特别注意。

（6）分接开关故障引起，如因分接开关接触不良，局部发热也会引起像绕组匝间短路所引起的那种声音。

（7）空载合闸时由励磁涌流引起，这时的异常声音只是一瞬间。

引起变压器运行异音的原因很多，而且复杂，因此需要在实践中不断地积累经验来判断引起异音的原因。

556. 怎样判断变压器的油温是否正常？

变压器运行时铁芯和绕组中的损耗将转化为热量，引起各部位发热，使温度升高，将热量向周围以辐射、传导等方式扩散，当发热与散热达到平衡时，各部分的温度便趋于稳定。因此巡视检查变压器时，应记录环境温度、上层油温、负荷及油面高度，并与以前的数值对照，进行分析、以判断变压器是否运行正常。如发现在同样条件下油温比平时高出 10℃ 以上或负荷不变但温度不断上升，而冷却器又运行正常、温度表无误差及失灵时，则可认为变压器内部出现异常现象。

557. 怎样判断变压器的油面是否正常？为什么会出现假油面？

变压器的油面正常变化（排除渗漏油）决定于变压器的油温变化，因为油温的变化直接影响变压器油的体积，使油面上升或下降。影响变压器油温的因素有负荷的变化、环境温度和冷却器装置的运行状况等。如果油温的变化是正常的，而油标管内油位不变化或变化异常，则说明油面是假的。

运行中出现假油面的原因可能有：油标管堵塞、呼吸器堵塞、防爆管通气孔堵塞等。此时处理时，应先将气体继电器的跳闸出口解除。

558. 影响变压器油位和油温的因素有哪些？缺油对变压器有何影响？

变压器的油位在正常情况下随着油温的变化而变化，因为油温的变化直接影响变压器油的体积，使油位上升或下降，而影响油温变化的因素包括负荷的变化、环境温度的变化、内部故障及冷却装置的运行状况等。

造成变压器缺油的原因包括：变压器长期渗油或大量漏油；在修试变压

时，放油后没有及时补油；油枕的容量小，不能满足运行要求；气温过低、油枕的储油量不足等都会使变压器缺油。

变压器油位过低会使轻瓦斯动作，而严重缺油时，铁芯暴露在空气中容易受潮，并可能造成导线过热，而发生绝缘击穿的事故。

559. 变压器哪些部位易造成漏油？

（1）套管升高座电流互感器小绝缘子引出线的桩头处，所有套管引线桩头、法兰处；

（2）气体继电器及连接管道处；

（3）潜油泵接线盒、观察窗、连接法兰、连接螺丝紧固件、胶垫；

（4）冷却器散热管；

（5）全部连接通路碟阀；

（6）集中净油器或冷却器净油器油通路连接处；

（7）全部放气塞处；

（8）全部密封部位胶垫处；

（9）部分焊缝不良处。

560. 变压器运行中可能发生高温过热的部位有哪些？原因是什么？

（1）铁芯局部过热。铁芯是由绝缘的硅钢片叠成的，由于外力损伤或绝缘老化使钢片间的绝缘损坏，涡流造成局部过热；另外，铁芯穿心螺杆绝缘损坏会造成短路，短路电流也会使铁芯局部过热。

（2）线圈过热。当相邻几个线圈匝间的绝缘损坏，将造成一个闭合的短路环路，同时，使一相的绕组匝数减少，此时在短路环路内的交变磁通会感应出短路电流并产生高温，使线圈过热。匝间短路在变压器故障中所占比重较大。引起匝间短路的原因很多，如：线圈导线有毛刺或制造过程绝缘机械损伤；绝缘老化或油中杂物堵塞油道产生高温损坏绝缘；穿越性短路故障；线匝轴向、辐向位移磨损绝缘等。较严重的匝间短路将导致发热严重，使油温急剧上升，油质变坏，因此容易被发现。而轻微的匝间短路则较难发现，需通过测量直流电阻或变比试验来判断。

（3）分接开关过热。当分接开关接触不良，接触电阻过大时，易造成局部过热，因此分接开关过热时一般油闪点迅速下降。调节分头或变压器过负荷运行时应特别注意分接头开关局部过热问题。分接开关接触不良的原因有：触点压力不够；动静触点间有油泥膜；接触面有烧伤；定位指示与开关接触位置不对应；DW 型鼓形分接开关几个接触环与接触柱不同时接触等。

分接开关接触不良最容易在大修或切换分接头后发生，同时穿越性故障后也可能烧伤接触面。

一般分接开关过热可以通过油化验来判断，如变压器能停电，也可由三相分接头直流电阻来判断。

除上述集中局部过热情况外，还有接头发热和因压环螺钉绝缘损坏或压环触碰铁芯造成环漏磁使铁件涡流增大等都会使温度升高。运行中判断具体过热部位是很困难的，必要时需吊芯检查。

561. 三绕组变压器停一侧，其他侧能否继续运行，应注意什么？

三绕组变压器任何一侧停止运行，其他两侧均可继续运行，但此时应注意：

（1）高压侧停止运行，中性点接地隔离开关必须投入；

（2）应根据运行方式考虑继电保护的运行方式和整定值；

（3）若低压侧为三角形接线，一侧停运后应投入避雷器。

此外还应注意容量比，并在运行中监视负荷情况。

562. 变压器内部故障时会发生哪些异常声响？

（1）当变压器内部接触不良、放电打火，变压器将产生"吱吱"声或"噼啪"的放电声；

（2）变压器内部个别零件松动时，将使变压器内部有"叮当"声响；

（3）发生铁磁谐振时，将使变压器内部产生"嗡嗡"声和尖锐的"哼哼"声。

563. 如何防止变压器投入运行时的事故发生？

变压器投入运行前必须多次排除套管升高座、油管道中的死区、冷却器顶部等处的残存气体，强油循环变压器在投运前，要启动全部冷却设备使油循环，并在停泵排除残留气体后方可带电运行。

变压器油纸电容套管安装或更新后，110~220kV 套管应静放 24h；500kV（330kV）套管应静放 36h 后方可带电运行。在此过程中，如变压器器身暴露，则变压器的静放时间为 110kV 变压器 24h，220kV 变压器 48h，500kV（330kV）变压器 72h。

对更换或检修后的各类冷却器，不得在变压器带电情况下将新装和检修过的冷却器直接投入，以防安装和检修过程中在冷却器或油管路中残存的空气进入变压器。

564. 突然短路对变压器的危害有哪些？

当变压器的一次侧加额定电压，二次侧出口突然发生短路时，短路电流很大，其最大值可达额定电流幅值的 20~30 倍（小容量变压器倍数小，大容量变压器倍数大）。一般短路电流的大小与一次侧的额定电流成正比，与漏阻抗的标幺值成反比，且最大值与短路电流的相位角有关。

突然短路对变压器的危害：

（1）使线圈受到强大的电磁力的作用；

（2）使线圈严重过热，甚至可能烧毁。

由于自耦变压器一、二次绕组有电的联系，与同容量的双绕组变压器相比，其漏阻抗的标幺值 k 是双绕组变压器的 $1-1/k$ 倍。因此自耦变压器的漏阻抗相对较小，短路时的短路电流就更大。

565. 变压器出现哪些情况时应立即停电处理？

（1）内部音响很大，很不均匀，有爆裂声；

（2）在正常负荷和冷却条件下，变压器温度不正常且不断上升；

（3）油枕或防爆管喷油；

（4）漏油致使油面下降，低于油位指示计的指示限度；

（5）油色变化过大，油内出现碳质等；

（6）套管有严重的破损和放电现象；

（7）其他现场规程规定者。

566. 变压器故障跳闸的处理原则是什么？

（1）检查相关设备有无过负荷问题。

（2）若主保护（瓦斯、差动等）动作，未查明原因或消除故障前不得送电。

（3）若是重瓦斯动作跳闸，为查明原因应重点考虑：是否呼吸不畅或排气未尽、保护及直流等二次回路是否正常、变压器外观有无明显反映故障性质的异常现象、气体继电器中积聚气体是否可燃，并根据气体继电器中气体和油中溶解气体的色谱分析结果，必要的电气试验结果和变压器其他保护装置动作情况综合判断，在未查明原因消除故障前不得将变压器投入运行。

（4）若只有过流保护（或低压保护）动作，检查主变压器无问题后可以送电。

（5）当确知主变压器后备保护动作属人员误碰跳闸时，可不请示所属调度试送主变压器，然后汇报调度。

（6）装有重合闸的变压器，跳闸后重合不成功，应检查设备后再考虑送电。

（7）有备用变压器或备用电源自动投入的变电所，当运行变压器跳闸时应先启用备用变压器或备用电源，然后再检查跳闸的变压器。

（8）如因线路故障，保护越级动作引起变压器跳闸，则线路断路器断开后，可立即恢复变压器运行。

567. 变压器因保护动作跳闸时如何处理？

运行中的变压器因保护动作跳闸时，应按规定程序自动（无条件时手动）投入备用变压器，无备用变压器时汇报调度转移负荷，待恢复供电后再检查主变压器故障跳闸原因；如负荷无法转移，则应立即对变压器进行检查。然后根据保护的不同动作情况而采取不同的处理办法。

（1）主保护动作，如气体（重瓦斯）保护和差动保护（无差动保护时是速断保护)同时动作,可判断为变压器内部故障。如仅是其中的一项保护动作,则既可能是变压器内部故障,也可能是误动(二次回路或气体继电器触点短路等原因)。此时,为避免使事故扩大,宜先停潜油泵,然后检查主变压器有否喷油,并相应检查气体继电器是否集气,差动保护范围内一次设备和二次回路有无异常,同时做油色谱分析;色谱分析有疑问时应测量变压器绝缘及绕组直流电阻,必要时吊罩检查。若经检查判明确系变压器外部故障引起,则变压器可不经内部检查,在消除外部原因后投入运行。对装有电流速断保护的变压器,保护动作跳闸时,参照差动保护动作处理。

(2)后备保护动作,如过电流保护动作时,应根据各保护信号、设备状况等综合分析判断后处理;如系下一级线路设备故障,因其断路器拒动而越级或下一级母线设备故障使主变压器该侧过流动作跳闸,可按(1)中的外部故障处理;如过流保护动作,同时变压器气体保护也有信号,则参照差动、气体(重瓦斯)保护同时动作处理,未查出异常并未消除故障时,不得送电。

(3)气体(轻瓦斯)保护发信号,检查气体继电器内有无气体,若有,用取气装置抽取部分气体,检查气体颜色、气味、可燃性,以判断是变压器内部故障还是油中溶解空气析出,并应取油样做气相色谱试验,以进土步判断故障性质;若无气体,则应检查二次回路。

568. 运行中变压器着火如何处理?

运行中的变压器如发生着火,应先拉开各侧断路器及隔离开关、切断该变压器的冷却装置及有载调压装置电源,停用冷却装置,并采取灭火和控制火势蔓延的措施,如迅速组织所内人员用干粉灭火器、泡沫灭火器和沙子灭火,当变压器油溢在顶盖上部而着火时,应立即打开变压器下部放油截门放油,使油面低于着火面以下(如系变压器内部严重故障或着火,为防止主变压器爆炸,此时应严禁放油)。必要时,报告消防部门帮助灭火。如是无人值班变电所,则应迅速启动电气自动灭火装置进行灭火。

第七章　雷电与防雷保护

第一节　雷电基本知识

569. 雷云是如何形成的?

雷电放电是由带电荷的雷云引起的。雷云带电原因的解释很多,但还没有获得比较满意的一致认识。一般认为雷云是在有利的大气和大地条件下,由强大的潮湿的热气流不断上升进入稀薄的大气层冷凝的结果。强烈的上升气流穿过云层,水滴被撞分裂带电。轻微的水沫带负电,被风吹得较高,形成大块的带负电的雷云;大滴水珠带正电,凝聚成雨下降,或悬浮在云中,形成一些局部带正电的区域。实测表明,在 5~10km 的高度主要是正电荷的云层,在 1~5km 的高度主要是负电荷的云层,但在云层的底部也有一块不大区域的正电荷聚集。雷云中的电荷分布很不均匀,往往形成多个电荷密集中心。每个电荷中心的电荷约为 0.1~10C,而一大块雷云同极性的总电荷则可达数百库仑。这样,在带有大量不同极性或不同数量电荷的雷云之间,或雷云和大地之间就形成了强大的电场。随着雷云的发展和运动,一旦空间电场强度超过大气游离放电的临界电场强度(大气中的电场强度约为 30kV/cm,有水滴存在时约为 10kV/cm)时,就会发生云间或对地的火花放电;放出几十乃至几百千安的电流;产生强烈的光和热(放电通道温度高达 15000~20000℃),使空气急剧膨胀震动,发生霹雳轰鸣。这就是闪电伴随雷鸣叫做雷电的原故。

570. 试述关于乌云起电的三种理论?

(1) 水滴破裂效应:云中的水滴受强烈气流的摩擦产生电荷,而且为小的水滴带负电,小水滴容易被气流带走形成带负电的云;较大的水滴留下来形成带正电的云。

(2) 吸收电荷效应:由于宇宙射线的作用,大气中存在着两种离子,由于空间存在自上而下的电场,该电场使得云层上部聚集负电荷,下部聚集正电荷,在气流作用下云层分离从而带电。

(3) 水滴冰冻效应:雷云中正电荷处于冰晶组成的云区内,而负电荷处于冰

174

滴区内。因此，有人认为，云所以带电是因为水在结冰时会产生电荷的缘故。如果冰晶区的上升气流把冰粒上的水带走的话，就会导致电荷的分离而带电了。

571. 雷云的形成必须具备哪些条件？

（1）空气中有足够的水蒸气；

（2）有使潮湿的空气能够上升并凝结为水珠的气象或地形条件；

（3）具有气流强烈持久地上升的条件。

572. 雷云一般分为哪几种？

雷电过电压是由雷云放电产生的，是一种自然现象，而闪电和雷鸣是相伴出现的，因而常称之为雷电。雷云通常分为热雷云和锋面雷云两种。垂直上升的湿热气流升至 2~5km 高空时，湿热气流中的水分逐渐凝结成浮悬的小水滴，小水滴越聚越多形成大面积的乌黑色积云。若此类积云由于某种原因而带电荷则称为热雷云。此外，水平移动的气流因温度不同，当冷、热气团相遇时，冷气团的容度较大，推举热气团上升。在它们的交界面上，热气团中的水分由于突然受冷凝结成小水滴即冰晶而形成翻腾的积云，此类积云如带电荷称为锋面雷云。通常，锋面雷云的范围比热雷云大很多，流动速度可达 100~200km/h。所以其造成的雷电危害也较大。

573. 云间放电与云地的放电比例如何？

大多数雷电放电发生在雷云之间，它对地面没有什么直接影响。雷暴日数越多，云间放电的比重越大。云间放电与云地放电之比，在温带约为 1.5~3.0，在热带约为 3~6。

574. 什么叫做雷击的选择性？哪些地方最容易遭受雷击？

雷云的形成与气象条件及地形有关，当雷云形成之后，雷云对大地哪一点放电，虽然因素复杂多变，但客观上仍存在一定的规律。

通常雷击点选择在地面电场强度最大的地方，也就是在地面电荷最集中的地方，从那里升起迎面先导。地面上导电良好和地形特别突出的地方，比附近其他地方密集了更多的电荷，那里的电场强度也就越大，成为遭受雷击的目标。在地面上特别突出的地方，离雷云最近，其尖端电场强度最大。例如旷野中孤立的大树、高塔或单独的房屋、小丘顶部、房屋群中最高的建筑物的尖顶、屋脊、烟囱、避雷针、避雷线等，都是最容易遭受雷击的地方。在地面电阻率发生突然变化的地方，局部特别潮湿的地方或地形突变交界边缘之处，例如河边、湖边、沼泽地、山谷的风口等地带，也都是最容易遭受雷击的地方。

凡具有一定的地形、地貌、地质等特征且容易遭受雷击的地方称为易击点或易击段。这些情况，通常就叫做雷击的选择性。

575. 遭受雷击是"报应"吗？

雷击是雷电放电的自然现象，完全不是宗教中讲的所谓"报应"。如果是，怎么解释佛教神圣的布达拉宫在公元八世纪遭受雷击起火，使一千多座房屋毁于雷击？欧洲中世纪，雷电被说成是"神的震怒"，认为只有祈祷或敲教堂里的钟才能避免雷击，而且有不少统治者把成百吨的炸药贮放在教堂里，祈求上帝的保护。威尼斯城的一个教堂1767年遭雷击，教堂里的几百吨炸药被引爆，使整个城市的大部分被毁，3000多人被炸死。布瑞坦尼城一夜中就有24座教堂受雷击。1784年曾有一个统计，33年内就有386个教堂的尖顶遭雷击，103名司钟员遭雷击丧生。直到富兰克林发明的避雷针被普遍采用，这种雷击才得到了有效的遏制。显然，雷电根本不是什么"报应"。要说"报"，只能说是对雷电没有科学认识的"报"，是心存侥幸对雷电不进行科学防御的"报"。

576. 怎样大致判断雷电离你有多远？

由于闪电和雷声是同时发生的，闪电（光）的传播速度是每秒$30×10^4$km，而雷声的速度是每秒340m，所以看到闪电到听到雷声的时间间隔乘以340m就是雷电离你的大概距离。

577. 雷电流的波形和极性是怎样的？

雷电流是单极性的脉冲波；75%～90%的雷电流是负极性的。

578. 什么是雷电流的幅值、波头、波长和陡度？

雷电流的幅值是指脉冲电流所达到的最高值；波头是指电流上升到幅值的时间；波长（波尾）是指脉冲电流的持续时间。幅值和波头又决定了雷电流随时间上升的变化率称为雷电流的陡度。雷电流陡度对过电压有直接影响。

579. 雷电流幅值的概率分布是怎样的？

根据我国大部分地区多年实测得到的1205个数据统计，雷电流幅值大于等于40kA的雷电流占45%，大于等于80kA的雷电流占17%，大于等于108kA的雷电流占10%；我国实测最大雷电流330kA只占0.1%。上述统计数据可用雷电流幅值的累积概率曲线来表示。

580. 雷电流的波头和波长是怎样确定的？

各国测得的雷电流波形基本一致，波头长度大多在1～5μs，平均约为2～2.5μs。我国在防雷保护设计中建议采用2.6μs。波长在20～100μs，平均约为50μs，大于50μs的仅占18%～30%。在防雷保护计算中，雷电流的波形可采用2.6/50μs。

581. 雷电流的陡度是怎样确定的？

由于雷电流的波头长度变化范围不大，所以雷电流的陡度和幅值必然密切相关。我国采用 $2.6\mu s$ 的固定波头长度，即认为雷电流的平均陡度和幅值线性相关：$\bar{a} = \dfrac{I}{2.6} kA/\mu s$，即幅值较大的雷电流同时也具有较大的陡度。

582. 雷电放电的重复次数和总持续时间？

一次雷电放电常包含多次重复冲击放电。根据约 6000 个实测记录统计，55%的落雷包含两次以上的冲击，3~5 次冲击占 25%，10 次冲击以上占 4%；平均重复 3 次，最高记录可达 42 次。一次雷电放电的总持续时间（包含多次重复冲击放电时间），据统计，有 50%小于 0.2s，大于 0.62s 只占 5%。

583. 什么是雷暴日？

雷暴日表征不同地区雷电活动的频繁程度，是指某地区一年中有雷电放电的天数，一天中只要听到一次以上的雷声就算一个雷暴日。根据雷电活动的频度和雷害的严重程度，我国把年平均雷暴日数 $T \geq 90$ 的地区叫做强雷区，$T \geq 40$ 的地区为多雷区，$15 \leq T \leq 40$ 的地区为中雷区，$T \leq 15$ 的地区为少雷区。

584. 雷电的种类有哪些？

雷电主要有四种：直击雷、感应雷、雷电波侵入、球形雷。

585. 什么是直击雷？

雷云较低时，其周围又没有异性电荷的云层，而地面上的突出物（树木或建筑物）被感应出异性电荷，当电场强度达到一定值时，雷云就会通过这些物体与大地之间放电，这就是雷击。这种直接击在建筑物或其他物体上的雷电叫直击雷。由于受直接雷击，被击的建筑物、电气设备或其他物体会产生很高的电位，而引起过电压，这时流过的雷电流很大，可达几十千安甚至几百千安，这就极易使电气设备或建筑物损坏，甚至引起火灾或爆炸事故。当雷击于架空输电线时，也会产生很高的电压（可达几千千伏），不仅会常常引起线路的闪络放电，造成线路发生短路事故，而且这种过电压还会以波动的形式迅速向变电所、发电厂或其他建筑物内传播，使沿线安装的电气设备绝缘受到严重威胁，往往引起绝缘击穿起火等严重后果。

586. 什么是感应雷？

感应雷又称雷电感应，它是由于雷电流的强大电场和磁场变化产生的静电感应和电磁感应引起的。当建筑物上空有雷云时，在建筑物上便会感应出与雷云所带电荷相反的电荷，在雷云放电后，云与大地之间的电场消失了，但聚集在屋顶上的电荷不能立即释放，只能较慢地向大地中流散，这时屋顶对地面便有相当高的电位，便会造成对建筑物内金属设备放电，引起危险品爆炸或燃烧。

587. 什么是雷电波侵入？

如输电线路遭受直接雷击或发生感应雷，雷电波就会沿着输电线侵入变配电所，称为雷电波侵入，如防范不力，轻者损坏电气设备，重者可导致火灾、爆炸及人身伤亡事故。此类事故在雷电事故中占相当大的比例，应引起足够重视。

588. 什么是球形雷？

球形雷通常认为是一个炽热的等离子体，温度极高，红色、橙色的球形发光体，直径在 10~20cm 以上。球雷常沿着地面滚动或在空气中飘动，可从烟囱、门窗或其他缝隙进入建筑物内部，有时也自行消失，或伤害人身和破坏物体。防球形雷的办法是关上门窗，或至少不形成穿堂风，以免球形雷随风进入屋内。

589. 雷电的危害有哪些？

（1）电效应

巨大的雷电流流经防雷装置时会造成防雷装置的电位升高，这样的高电位作用在电气线路、电气设备或金属管道上，它们之间产生放电，这种现象叫反击。它可能引起电气设备绝缘被破坏，造成高压窜入低压系统，可能直接导致接触电压和跨步电压造成事故。

由于雷电流的迅速变化，在它周围空间里会产生强大而且变化的磁场，处于磁场中的导体会感应出很高的电动势，此电动势可使闭合回路的金属导体产生很大的感应电流，引起发热和其他危害。

当雷电流入地时，在地面上可引起跨步电压，造成人身伤亡事故。

（2）热效应

巨大的雷电流通过雷击点，在极短的时间内转换为大量的热量。雷击点的发热量约为 500~2000J，造成易爆物品燃烧或造成金属熔化、飞溅而引起火灾或爆炸事故。

（3）机械效应

当被击物遭受巨大的雷电流通过时，由于雷电流的温度很高，一般在 6000~20000℃，甚至高达数万摄氏度，被击物缝隙中的气体剧烈膨胀，缝隙中的水分也急剧蒸发为大量气体，因而在被击物体内部出现强大的机械压力，致使被击物体遭受严重破坏或发生爆炸。

（4）静电感应

当金属物处于雷云和大地电场中时，金属物上会感应出大量的电荷，雷云放电后，云与大地间的电场虽然消失，但金属物上所感应聚积的电荷却来不及立即逸散，因而产生很高的对地电压。这种对地电压，称为静电感应电压。静电感应电压往往高达几万伏，可以击穿数十厘米的空气间隙，发生火花放电，因此，对于存放可燃性物品及易燃、易爆物品的仓库是很危险的。

（5）电磁感应

电磁感应是由于雷击时，巨大的雷电流在周围空间产生变化迅速的磁场，使处于在变化磁场中的金属导体感应出很大的电动势。若导体闭合，金属物上仅产生感应电流，若导体有缺口或回路上某处接触电阻较大，由于感应电动势很大，所以在缺口处会产生火花放电或在接触电阻大的部位产生局部过热，从而引燃周围可燃物。

（6）雷电波侵入

雷电在架空线路、金属管道上会产生冲击电压，使雷电波沿线路或管道迅速传播。若侵入建筑物内，可造成配电装置和电气线路绝缘层击穿，产生短路，或使建筑物内易燃、易爆物品燃烧和爆炸。

（7）雷电对人的危害

雷击电流迅速通过人体，可立即使呼吸中枢麻痹，心室纤颤或心跳骤停，以致使脑组织及一些主要器官受到严重损害，出现休克或突然死亡，雷击时产生的电火花，还可使人遭到不同程度的烧伤。

（8）防雷装置上的高电压对建筑物的反击作用

当防雷装置受到雷击时，在接闪器、引下线和接地体上都具有很高的电压。如果防雷装置与建筑物内外的电气设备或其他金属管道的相隔距离很近，它们之间就会产生放电，这种现象称为反击。反击可能使电气设备绝缘破坏，金属管道烧穿，甚至造成易燃、易爆物品着火和爆炸。

（9）浪涌

最常见的电子设备危害不是由于直接雷击引起的，而是由于雷击发生时在电源和通信线路中感应的电流浪涌引起的。一方面由于电子设备内部结构高度集成化（VLSI 芯片），从而造成设备耐压、耐过电流的水平下降，对雷电（包括感应雷及操作过电压浪涌）的承受能力下降；另一方面由于信号来源路径增多，系统较以前更容易遭受雷电波侵入。浪涌电压可以从电源线或信号线等途径窜入电脑设备。

第二节　雷电安全防护

590. 在一类防雷中为什么安装的独立避雷针（包括其防雷接地装置）至少与被保护的建筑物之间距离≥3m？

为了防止独立针遭直击雷击时对被保护物的反击。

591. 什么叫均压环？在建筑防雷设计时，对均压环的设计有什么要求？

均压环是高层建筑物为防侧击雷而设计的环绕建筑物周边的水平避雷带。在建筑设计中当高度超过滚球半径时（一类 30m，二类 45m，三类 60m），每隔 6m

设一均压环。在设计上均压环可利用圈梁内两条主筋焊接成闭合圈，此闭合圈必须与所有的引下线连接。要求每隔 6m 设一均压环，其目的是便于将 6m 高度内上下两层的金属门、窗与均压环连接。

592. 在各类防雷中对引下线和天面网格有什么要求？

引下线和天面网格通常用镀锌圆钢不小于 $\phi 8$。

一类、二类、三类对应的引下线间距不大于 12m、18m、25m；

一类、二类、三类对应的天面网格 5m×5m(4m×6m)、10m×10m(8m×12m)、20m×20m(16m×24m)。

593. 在高土壤电阻率地区，降低防直击雷接地装置的接地电阻宜采用什么方法？

在电阻系数较高的土壤（如岩石、砂质及长期冰冻的土壤）中，要满足规定的接地电阻是有困难的，为降低接地电阻可采取下列措施：

（1）采用电阻系数较低的黏土、黑土及沙质黏土代替原有电阻系数较高的土壤，一般换掉接地体上部 1/3 长度，周围 0.5m 以内的土壤。

（2）对含砂土壤可增加接地体的埋设深度。深埋还可以不考虑土壤冻结和干枯所增加电阻系数的影响。

（3）对土壤进行人工处理，一般采取在土壤中适当加入食盐。根据实验结果，用食盐处理土壤后，沙质黏土的电阻减小 1/3~1/2，沙土的电阻减小 3/5~3/4，沙的电阻可减小 7/9~7/8；对于多岩土壤，用 1%食盐溶液浸渍后，其导电率可增加 70%，花岗岩的导电率可增加 1200 倍。

但土壤经人工处理后，会降低接地体的热稳定性、加速接地体的腐蚀、减少接地体的使用年限。因此，凡可以用自然方法达到接地电阻时，一般不采用人工处理的方法。

（4）对于冻结的土壤在进行人工处理后，还达不到要求时，最好把接地体埋在建筑物的下面，或在冬天采用填泥炭的方法。

（5）在接地体周围使用化学降阻剂；可降低土壤电阻系数。

594. 什么叫雷电的反击现象？如何消除反击现象？

雷电的反击现象通常指遭受直击雷的金属体（包括接闪器、接地引下线和接地体），在接闪瞬间与大地间存在着很高时，树木上的高电压与它附近的房屋、金属物品之间也会发生反击。要消除反击现象，通常采取两种措施：一是作等电位连接，用金属导体将两个金属导体连接起来，使其接闪时电位相等；二是两者之间保持一定的距离。

595. 石油化工企业电气设计中的防雷措施？

工艺装置内建筑物、构筑物的防雷分类及防雷措施，应按现行国家标准《建筑物防雷设计规范》的有关规定执行。工艺装置内露天布置的塔、容器等，当顶板厚度等于或大于 4mm 时，可不设避雷针保护，但必须设防雷接地。

装有可燃气体、液化烃、可燃液体的钢罐，必须设防雷接地，并应符合下列规定：

（1）避雷针、线的保护范围，应包括整个储罐；

（2）装有阻火器的甲$_B$、乙类可燃液体地上固定顶罐，当顶板厚度等于或大于 4mm 时，可不设避雷针、线；当顶板厚度小于 4mm 时，应装设避雷针、线；

（3）丙类液体储罐，可不设避雷针、线，但必须设防感应雷接地；

（4）浮顶罐（含内浮顶罐）可不设避雷针、线，但应将浮顶与罐体用两根截面不小于 25mm^2 软铜线作电气连接；

（5）压力储罐不设避雷针、线，但应作接地。

可燃液体储罐的温度、液位等测量装置，应采用铠装电缆或钢管配线，电缆外皮或配线钢管与罐体应作电气连接。防雷接地装置的电阻要求，应按现行国家标准《石油库设计规范》《建筑物防雷设计规范》的有关规定执行。

596. 金属油罐在防直击雷方面有什么要求？

（1）贮存易燃、可燃物品的油罐，其金属壁厚度小于 4mm 时，应设防直击雷设施（如安装避雷针）。

（2）贮存易燃、可燃物品的油罐，其金属壁厚度≥4mm 时，可不装防直击雷设施，但在多雷区也可考虑装设防直击雷设施。

（3）固定顶金属油罐的呼吸阀、安全阀必须装设阻火器。

（4）所有金属油罐必须作环型防雷接地，接地点不小于两处，其间弧形距离不大于 30m，接地体距罐壁的距离应大于 3m。

（5）罐体装有避雷针或罐体作接闪器时，接地冲击电阻不大于 10Ω。

（6）浮顶金属油罐可不装设防直击雷设备，但必须用两根截面不小于 25mm^2 的软铜绞线将浮船与罐体作电气连接。其连接点不应小于两处，连接点沿油罐周长的间距不应大于 30m。浮顶油罐的密封结构，宜采用耐油导静电材料制品。

597. 非金属油罐防直击雷方面有什么要求？

（1）贮存易燃、可燃油器的非金属油罐应装设独立避雷针（网）或半导体消雷器等防直击雷设备。

（2）独立避雷针与被保护物的水平距离不应小于 3m，并应有独立的接地电阻，其冲击接地电阻不得小于 10Ω。

（3）避雷网应用直径不小于 8mm 的圆钢或截面不小于 24mm×4mm 的扁钢制成，网格不宜大于 6m×6m；避雷网引下线不得少于 2 根，并沿四周均匀或对称布置，其间距不得大于 18m，接地点不得少于 2 处。

（4）非金属油罐必须装设阻火器和呼吸阀。油罐的阻火器、呼吸阀、量油孔、人孔、透光孔、法兰等金属附件必须严密并作接地。它们必须在防直击雷装置的保护范围内。

598. 人工洞石油库防直击雷方面有什么要求?

（1）人工洞石油库油罐的金属呼吸管和金属通风管的露出洞外部分，应装设独立的避雷针，其保护范围应高出管口 2m，独立避雷针距管口的水平距离不得小于 3m。

（2）人工洞石油库油罐的金属呼吸管和金属通风管露出外部分，应装设独立的避雷针，其保护范围应高出管口 2m，独立避雷针距管口的水平距离不得小于 3m。

（3）进入洞内的金属管路，从洞口算起，当其洞外埋地长度超过 50m 时，可不设接地装置；当其洞外部分不埋地或埋地长度不足 50m 时，应在洞外作两处接地，接地点的间距不得大于 100m，冲击接地电阻不得大于 20Ω。

（4）动力、照明和通讯线路应采用铠装电缆埋地引入洞内，若由架空线转换为埋地电缆引入时，由进入点至转换处的距离不得小于 50m，架空线与电缆的连接处应装设避雷器。避雷器、电缆外皮和绝缘子铁脚应作电气连接并接地，其冲击接地电阻不应大于 10Ω。

599. 汽车槽车和铁路槽车防雷方面有什么要求?

（1）汽车槽车和铁路槽车在装运易燃、可燃油器时宜装阻火器。

（2）铁路装卸油品设备(包括钢轨、管路、鹤管、栈桥等)应作电气连接并接地，冲击接地电阻应不大于 10Ω。

600. 金属油船和油驳防雷方面有什么要求?

（1）金属油船和油驳的金属桅杆或其他凸出物可作接闪器。如船体的结构是木质的或其他绝缘材料的，则必须把桅杆或其他凸出的金属物与水线以下的铜板连接。

（2）无线电天线应装避雷器。

（3）雷暴时应中止装卸油品，并关闭贮器开口。

601. 管路防雷方面有什么要求?

（1）输油管路可用其自身作接闪器，其法兰、阀门的连接处，应设金属跨接线。当法兰用 5 根以上螺栓连接时，法兰可不用金属线跨接，但必须构成电气通路。

（2）管路系统的所有金属件，包括护套的金属包覆层必须接地。管路两端和每隔 200~300m 处，以及分支处、拐弯处均应有一处接地，接地点宜设在管墩处，其冲击接地电阻不得大于 10Ω。

（3）可燃性气体放空管路必须装设避雷针，避雷针的保护范围应高管口不小于2m，避雷针距管口的水平距离不得小于3m。

602. 阴极保护装置通常采用什么材料？为什么？

阴极保护装置通常采和镁合金或锌合金。因为镁合金或锌合金是比铁活跃的金属元素，当经过特殊加工的镁合金或锌合金块与被保护的金属（铁）储罐连接后，镁合金或锌合金的负离子，通过连接导体不断移向埋在地下的金属储罐，使金属储罐得到一定量镁合金或锌合金的负离子，成为阴极，而镁合金或锌合金不断失去负离子，显示阳极的特性。就是因为这些比较活跃的镁或锌的负离子，连续不断地移向金属储罐，从而补偿了储罐的腐蚀，而镁合金或锌合金经过多年使用后，使自己失去了防腐能力，牺牲了自己，所以这种装置又叫牺牲镁（锌）阳极，保护阴极（罐体）的一种装置。

603. 雷电防护措施包括哪些部分？

主要包括：直击雷防护、侧击雷防护、感应雷防护三大部分，并采用接闪、分流、屏蔽、均压、等电位、接地等技术措施。

604. 直击雷防护目的是什么？按现代防雷技术要求，直击雷防护采用哪些措施？

直击雷防护是保护建筑物本身不受雷电损害，以及减弱雷击时巨大的雷电流沿着建筑物泄入大地时对建筑物内部空间产生的各种影响。直击雷防护主要采用独立针［矮小建（构）筑物］。建筑物防直击雷措施应采用避雷针、带、网、引下线、均压环、等电位、接地体。

605. 感应雷防护的目的是什么？应采取哪些防护措施？

感应雷的防护目的是对雷云发生自闪、云际闪、云地闪时，在进入建筑物的各类金属管、线上所产生雷电脉冲起限制作用，从而保护建筑物内人员及各种电气设备的安全。采取的措施应根据各种设备的具体情况，除要有良好的接地和布线系统，安全距离外，还要按供电线路（电源线、信号线、通信线、馈线）的情况安装相应避雷器以及采取屏蔽措施。

606. 在防雷区之间的交界处应如何做等电位处理？

在防雷区LPZOA、LPZOB、LPZO1交界处的等电位连接，所有进入该建筑物的外来导电物都应做等电位连接。当外来导电物和电力线、通讯线在不同地点进入该建筑物时，则需要设若干等电位连接带，它们应就近接到环形接地体上，也应与钢筋和金属立面相连。如没有安装环形接地体，这些等电位连接带应连至各自的接地体，并用一内部的环形导体（或用一副环形导体）将其相互连接起来。对从地面以上进入的导电物，等电位连接带应连接到设于墙内侧或墙外的水平环形导体上，当有引下线和钢筋时，该水平环形导体要连到引下线和钢筋上。当外来导电物以从电力线、通讯线在地面进入建筑物时，建议在同一位置做等电位连接，这对几乎无屏蔽的建筑物是特别重要的。设在进入建筑物哪一点上的等电位连接带，应就近连到接地体，当有钢筋时连到钢筋上。

上述原则也适用于各后续防雷区交界处的等电位连接。进入防雷区交界处的所有导电物以及电力线、通信线均在交界处做等电位连接。应采用一局部等电位连接带做等电位连接，各种屏蔽结构或其他局部金属物（如设备外壳）也连到该局部等电位连接带做等电位连接。

607. 氧化锌避雷器的工作原理是什么？

氧化锌 ZnO 避雷器是 20 世纪 70 年代发展起来的一种新型避雷器，它主要由氧化锌压敏电阻构成。每一块压敏电阻从制成时就有它的一定开关电压（叫压敏电压），在正常的工作电压下（即小于压敏电压）压敏电阻值很大，相当于绝缘状态，但在冲击电压作用下（大于压敏电压），压敏电阻呈低值被击穿，相当于短路状态。然而压敏电阻被击穿状态，是可以恢复的；当高于压敏电压的电压撤销后，它又恢复了高阻状态。因此，在电力线上如安装氧化锌避雷器后，当雷击时，雷电波的高电压使压敏电阻击穿，雷电流通过压敏电阻流入大地，使电源线上的电压控制在安全范围内，从而保护了电器设备的安全。

608. 何谓防雷区？如何将需要保护的空间划分为不同的防雷区（LPZ）？各防雷区的特征是什么？

防雷区（LPZ）是闪电电磁环境需要限定和控制的那些区。根据各部分空间不同的雷电电磁脉冲的严重程度和各区交界处的等电位连接点的位置，将需保护的空间划分为不同的 OA、OB、O1、O2 防雷区。各防雷区的特征是：

LPZOA 区：本区内的各物体都可能遭到直接雷击，因此各物体都可能导走全部雷电流。本区内的电磁场没有衰减、。

LPZOB 区：本区内的各物体不可能遭到直接雷击，但本区内电磁场没有衰减。

LPZO1 区：本区内的各物体不可能遭到直接雷击，流经各导体的电流，比 LPZOB 区进一步减小，本区内的电磁场也可能衰减，这取决于屏蔽措施。

LPZO2 区（后续防雷区）：处于直击雷防护之下，承受比 LPZO1 衰减更多的脉冲磁场作用。在电缆从一个防雷区通到另一个防雷区处，必须在每一交界处进行等电位连接。LPZO2 是在这种方式下构成的，使雷电流不能导入此空间，也不能从此空间穿过。

609. 避雷器的种类主要有哪些？

避雷器的种类基本上分三大类型：一是电源避雷器（安装时主要是并联方式，也串联方式），按电压的不同分 220V 的单相电源避雷器和 380V 的三相电源避雷器。二是信号型避雷器，多数用于计算机网络、通信系统上，安装的方式是串联。三是天馈线避雷器，它适用于有发射机天线系统和接收无线电信号设备系统，连接方式也是串联。

610. 明敷防雷引下线近地端为什么要加以保护？

明敷防雷引下线地上 1.7m 至地下 0.3m 的一段加保护措施的目的有两个：(1)在易受机械损坏的地方，加保护管后可防止防雷引下线受机械外力而损坏；(2)在人们能接近的地方，加绝缘保护(套硬塑料管或包缠绝缘材料)，一旦雷击时，可减小接触电压。

在工矿企业，防雷引下线设在人们不易接近的地方。为防止防雷引下线受到机械外力，可用角钢或钢管加以保护。当用钢管保护时，钢管两端，应把钢管管口和防雷引下线焊成一体，如不焊接，则雷击时，钢管感应电抗大，不利把雷引到地下；钢管的上口应封口．防止管内积水。

在住宅区，防雷引下线应用硬塑料管保护，塑料管的上口亦应封口。保护管或保护角钢应用铁卡子固定在墙上。铁卡子离地面或离保护管上口的距离为300mm，铁卡子一般用 25mm×4mm 锌扁钢加工。

611. 防雷引下线设置断接卡子的目的是什么？

设置断接卡的目的是便于测量引下线的接地电阻，供检查用。设置断接卡是对有多根引下线的场合。当建筑物(例烟囱)只有一组接地极时，不应该设置断接卡；当建筑物(例厂房)有两组及以上的引下线，每根引下线下有一组接地极时，设置断接卡可分别测量每组接地极的接地电阻。

未强调"必须"，而用"宜"在各引下线距地面的 1.5~1.8m 处设置断接卡，这里"宜"有双重含义：

(1) 并非有多根引下线时，都必须设置断接卡。例如，利用建筑物柱头内主钢筋作为防雷引下线，并利用混凝土桩内钢筋作为接地极时，不应该设置断接卡。为了测量接地极电阻，在混凝土桩打入地下后，测量每根桩的接地电阻，然后把所有桩用圆钢(直径最小为 10mm，通常用 16mm)或扁钢(最小截面为 25mm×4mm，通常用 40mm×4mm)连成一体，再测量总接地电阻。为了在建筑物投入使用后，检查接地电阻，可在建筑物近地端引出检测点，即从引下线主钢筋上焊出接地线至检测点，此检测点可为钢板并外露。

(2) 断接卡并非一定要设置在 1.5~1.8m 处。一般在公共场合，如住宅区，防雷引下线明敷时，应把断接卡设置在 1.5~1.8m 处；暗敷时，为不影响建筑物的外观，断接卡可设在近地端的墙内(一般为距地 300~400mm)。当防雷引下线既未设置断接卡、又未设置检测点时，若检查接地电阻，可用导线把建筑物顶上的避雷带或避雷针引至地面进行测量，测量结果需减去导线的电阻。

612. 利用建筑物钢筋混凝土中的结构钢筋作防雷网时，为什么要将电气部分的接地和防雷接地连成一体（即采取共同接地方式）？

当防雷装置受到雷击时，在接闪器、引下线和接地极上都会产生很高的电位。如果建筑物内的电气设备、电线和其他金属管线与防雷装置的距离不够时，它们之间就会产生放电。这种现象称之为反击，其结果可能引起电气设备绝缘破坏，金属管道烧穿，从而引起火灾、爆炸及电击等事故。

为了防止发生反击，建筑物的防雷装置须与建筑物内外的电气设备及其他接地导体之间保持一定的距离，但在工程中往往存在许多困难而无法做到。当利用钢筋混凝土建筑物的结构钢筋作暗装防雷网和引下线时，更难做到。如电气配管就无法与结构钢筋分开到足够的绝缘距离。

当把电气部分的接地和防雷接地连成一体后，就使建筑物内的钢筋间构成一个法拉第笼，在此笼内的电气设备和导体都与笼相连接，就不会受到反击。

613. 周围无高层建筑，低压架空线引入建筑物时，为什么要将进户杆的瓷瓶铁横担接地？

发生雷击时，雷电波往往会沿架空电线进入室内。为了防止雷电波进入室内，将固定瓷瓶的铁横担接地，就使横担与导线之间形成一个放电保护间隙，其放电电压约40kV。当雷电波沿架空电线侵入时，瓷瓶上发生沿面放电，将雷电波导流入地，大大降低架空电线上的电位，将高电位限制在安全范围以内。为此，《10kV及以下架空配电线路设计技术规程》（DL/T 5220—2005）12.0.7 作了如下规定：为防止雷电波沿 1kV 以下配电线路侵入建筑物，接户线上的绝缘子铁脚宜接地，其接地电阻不宜大于 30Ω。

614. 装有避雷带的屋顶上，安装风机等电气装置后，如何进行防雷措施？

建筑物屋顶上装有风机、热泵、航空灯等电气装置时，把设备外壳与避雷带连成一体这是通常的做法，但往往忽视了重要的一点，即这些电气装置的电源线未加防护不能直接与配电装置相连接。

《电气装置安装工程　接地装置施工及验收规范》（GB 50169—2016）。

如果与避雷装置连成一体的电气设备的电源线，未加防护直接与低压配电装置相连接，当遭到雷击时，雷击引起的高电位就会通过电源线传到其他低压配电装置上。

与屋顶避雷装置已连成一体的电气装置的外壳，如再与屋内的接地线相连是更严重的错误。因为屋顶遭到雷击时，雷电流就会从避雷带→屋顶电气装置外壳→屋内电气装置外壳，使屋内电气装置外壳出现高电位，这是极其危险的。因此屋顶电气装置的外壳已与避雷装置连成一体后，不允许再与屋内接地线相连。

615. 装有避雷带的水塔顶上有一只航空灯，该航空灯的电源线敷设时要注意什么问题？

装有避雷带的水塔，落雷时，雷电流除了沿着避雷引下线入地外，还有可能沿着航空灯的电源线进入室内。因此未加防护的航空灯电源线不能直接进入室内，而应采用带金属护层的电缆或穿入金属管的导线，且金属护层或金属管必须接地，埋入土壤中的长度应在 10m 以上，方可再与电源或低压配电装置相连接。

当航空灯采用光导纤维传送光时，则不必采取上述措施。例如，上海东方明珠电视塔的航空灯，强光从下面通过不导电只导光的光导纤维传送到高空，向天空发出强光信号，对这种光导纤维就不必采取避雷措施了。

616. 多层建筑的防雷装置如何施工？

沿屋脊、屋檐及屋面两侧的斜边上装避雷带；若屋面为平顶，则沿屋面四周或女儿墙上架设避雷带，避雷带距外墙边的距离宜小于或等于避雷带支起的高度。

为避免接闪部分的振动力，可将避雷带支起 10~20cm，支点间距不应大于 1.5m，一般取 1m。若屋顶有水箱，因水箱高出屋顶，因此在水箱顶部四周亦应安装避雷带。采用避雷带防雷时，屋面上任何一点距避雷带的距离不应大于 10m。如果屋面宽度超过 20m 时，可增加避雷带，用避雷带组成 20m×20m 的网格。

避雷带一般用 25mm×4mm 镀锌扁钢做成，女儿墙上的避雷带也可用装饰金属栏杆。避雷带至少有两根引下线和防雷接地极相连，引下线应对称设置。引下线之间距离对于一般建筑不大于 24m。引下线可明敷亦可暗敷，明敷一般用 25mm×4mm 镀锌扁钢，明敷引下线与建筑物墙面间隙一般不小于 15mm。明敷引下线是在建筑物外墙土建施工完后进行的。当引下线与支架焊接连接时，在引下线与墙之间应衬垫铁皮，避免焊接飞溅沾污墙面。焊接完后再拿走铁皮。暗敷引下线则利用柱头主钢筋，这在土建施工时完成。

接地极通常每组用两根，相距 5m，两者用扁钢相连。接地极可用 50mm×5mm 角钢或 ϕ40 钢管（厚 3.5mm）长 2500mm 制成，埋深不宜小于 0.6m。有多根引下线时，在引下线距地面 1.5~1.8m 处，宜设置断接卡，断接卡以下的明敷引下线应用绝缘管（如 PVC 塑料管）加以保护。

617. "避雷针"是怎样避雷的？听说避雷针下也有遭雷击的，是吗？

（1）有人说避雷针是靠尖端放电而消除雷电的，这是误解。避雷针实际是通过接内器将可达数万安培的雷电流引来，通过引下线送到接地体，向大地泄放。是通过自身引雷入地使被保护物免遭雷击的。这里的关键是给雷电有一个可靠而畅通的进入大地的泄放通道。

（2）是的，避雷针下也有可能遭受雷击。因为避雷针是直击雷防护装置，它防不了直击雷以外其他形式的雷击。

618. 在避雷针保护范围内的被保护物体是否绝对安全？

避雷针保护范围的计算方法是根据雷电冲击小电流下的模拟试验研究确定的，并以多年运行经验做了校验。保护范围是按保护概率 99.9%（即屏蔽失效率或绕击 0.1%）确定的。也就是说，保护范围不是绝对保险的，而是相对于某一保护概率而言。

619. 避雷针越高保护范围越大吗？

在一定范围内，随着避雷针的增高，其保护范围也扩大，但在达到一定高度以后，其保护范围就不再随着高度的增加而扩大了，对于第三类防雷建筑物的要求而言，当避雷针相对于被保护物高于 60m 以后，再增高，保护的范围就不会再扩大了。对于一类、二类防雷要求而言，其有效高度更小（一类 30m，二类 45m），所以盲目增高避雷针高度，既浪费又无实际效果（以造型来美化建筑装饰，另当别论）。

620. 防雷装置必须每年检测吗？

《防雷减灾管理办法》第十九条明确规定，投入使用后的防雷装置实行定期检测制度，防雷装置应当每年检测一次，对爆炸和火灾危险环境场所每半年检测一次。

621. 防雷装置应由谁来检测？可以自检吗？

防雷装置应由具备防雷专业检测资质的机构检测，自检没有法律效力。对于有关专业部门所属的一些有自检能力和要求的大中型企事业单位，须向当地气象主管机构申请，接受审查，经省气象局防雷装置检测资质评审委员会评审合格，取得防雷装置检测的资质，并接受省防雷减灾局的资质、资格管理，接受市级气象主管机构的监督管理和检测质量抽查，在这个前提下，可以在本单位范围内开展合法的防雷装置年度检测工作。

622. 什么是地电位反击？

直击雷防护装置（避雷针）在引导强大的雷电流流入大地时，在它的引下线、接地体以及与它们相连接的金属导体上产生非常高的瞬时电压，对周围与他们靠得近而又没与它们连接的金属物体、设备、线路、人体之间产生巨大的电位差，这个电位差引起的电击就是地电位反击。这种反击不仅足以损坏电气装置，也可能造成人身伤害或火灾爆炸事故。

623. 怎样防御地电位反击？

最有效的办法是做等电位连接。将房屋的钢筋、门窗的金属部分、金属管道、设备的金属外壳和所有平时不带电的金属物体，通通可靠地就近接到同一接地装置上，使它们成为等电位体。雷电流来时，即使有高电压，大家都高，互相之间没有电位差，就像鸟站在高压线上一样，不会触电。

624. 旅途中雷电发生时，为什么不能下车？

坐汽车时，遇到雷电时，最好的办法就是安安稳稳地坐在汽车里，无论如何不要在雷电发生时下车。因为汽车的橡皮轮胎是绝缘的。万一遭受雷击，车厢上虽然会带有极高的高电压，但这时车厢里的人与车厢的电位相等，没有电压差，所以不会发生电击。但这时车厢与大地的电压差却是巨大的，如果乘车人贸然下车，那就是极其危险的了。

625. 雷电发生时，离避雷针越近越好吗？

不对。雷电发生时，雷电电压可高达几十万伏，电流可大达数万安培，如果离直击雷防护装置过近，完全能因空气被雷电击穿，而发生雷电侧击或跨步电压伤人事故。所以雷暴当空时，在外面不要靠近装有避雷针的杆、塔，离它 3~5m 则是相对安全的，在楼顶应赶快离开装有避雷带的女儿墙，下到室内。微电子设备也不要安置在避雷引下线附近。

626. 为什么避雷针要高于被保护物体？

虽然避雷针的高度比较高，但在雷云与大地之间这个高达几公里、方圆几十公里的大电场内的影响却很有限。雷云在高空随机漂移，先导放电的开始阶段随机地向任意方向发展，不受地面物体的影响。当先导放电向地面发展到某一高度 H 以后，才会在一定范围内受到避雷针的影响，对避雷针放电。

H 称为定向高度，与避雷针的高度 h 有关。根据模拟试验，当 $h \leq 30m$ 时，$H \approx 20h$；当 $h > 30m$ 时，$H \approx 600m$。

627. 建筑物安装防雷装置后是否就万无一失了？

不是。从经济观点出发，要达到万无一失将十分浪费，因此《建筑物防雷设计规范》及其他设计规范和标准都指出"减少"雷击，以表示不是万无一失。按照国家和国际标准进行设计的防雷装置的防雷安全度并不是100%。

628. AR 限流避雷针的针体结构是怎样的？

AR 限流避雷针分为金属接闪部分、导电硅橡胶高分子材料组成的限流部分和基座。

629. AR 限流避雷针导电硅橡胶高分子材料组成的限流部分为什么做成伞盘形状？

在考虑 AR 限流避雷针的效果时，重要的问题是沿电阻体表面的闪络，如果一旦发生闪络，就不能期望得到限流电阻的限流效果。因此，必须要有耐闪络性高的形状，同时应有适当的电阻值。AR 限流避雷针的伞盘形状主要是利用屏障的原理，增大爬电距离，防止闪络，使 AR 限流避雷针能很好地限流。

630. AR 限流避雷针的特点是什么？

(1)阻止高层建筑雷电上行先导的产生；(2)具有普通避雷针的引雷作用并将雷电流导入大地的特点；(3)限制急剧上升的雷击电流，有效的降低雷电流幅值和陡度，减少雷电感应引起的二次效应；(4)雷电通流能力强；(5)具有自身恢复功能，寿命长；(6)可配备雷电计数器；(7)抗风能力强，可抗 45m/s 的风力；(8)安装方便，免维护。

631. 与普通避雷针相比，使用 AR 限流避雷针是否可放宽接地电阻？

直击雷过电压主要决定于雷电流陡度和雷电流通道的阻抗，它的大小可按下式来计算：$U=IR+L$(式中，I—雷电流幅值，kA；R—接地电阻 Ω；L—雷电流通道的电感)。由于普通避雷针不具备限流功能，一旦落雷会产生很高的电位，造成强烈的二次效应，如果再放宽接地电阻的阻值，电位将会更高，造成的二次效应将会更加强烈，所以对于普通避雷针来说，放宽接地电阻值，只会抬高雷击后的电位；而使用 AR 限流避雷针，可以适当地放宽接地电阻值至 30Ω，由于 AR 限流避雷针能够限制雷电流幅值 I 和使陡度衰减，不会抬高电位，雷击的二次效应不会有明显危害。

632. AR 限流避雷针的限流比例和陡度衰减率是多少？

普通避雷针与 AR 限流避雷针的通过雷电流的比值在 3100 倍以上。雷电流流过 AR 限流避雷针与流过普通避雷针时产生的陡度衰减倍率≥25 倍。

633. 配电变压器的防雷接线方式有什么优缺点？

通常配电变压器的防雷接线方式为采用阀型避雷器保护，避雷器的安装地点尽量靠近被保护的变压器，避雷器接地线、变压器低压侧中性点和变压器外壳连在一起共同接地。

优点：高压侧在雷电波作用下，避雷器动作后，加在变压器高压绕组和油箱之间的电压仅仅是避雷器的残压，而不包括接地电阻的电压降，因而减轻了高压绕组主绝缘的负担。

缺点：高压侧在雷电波作用下，避雷器动作后，雷电流通过接地电阻的压降将通过低压绕组的中性点传递到低压绕组和低压线路上。由此产生两个后果：(1)传递到低压绕组上雷电波，通过电磁感应又可能反应到高压绕组上产生很高的反变换过电压，将高压绕组的绝缘击穿。(2)传递到低压侧线路上的雷电波，可能威胁人身安全，低压电气设备。

634. 什么叫做配电变压器的正变换过电压(正变换过程)？

雷电波沿低压线路侵入配电变压器的低压侧时，由于低压线路侵入配电变压器的低压侧时，由于低压绕组中性点接地，低压绕组上有很大的雷电流，通过电磁感应，将会在高压绕组上感应出很高的过电压，称为正变换过电压(正变换过程)。

正变换过电压峰值与下列因素有关:

(1)变压器的连接组别。配电变压器的连接组别有三种形式:Y/Y0-12、Δ/Y0-11 和 Y/Z0-11,Y/Y0-12 的正变换过电压幅值最高,Δ/Y0-11 的较小,Y/Z0-11 的最小。

(2)高压绕组对低压绕组的变比。变比越大,正变换过电压峰值最高。

(3)变压器的额定容量。容量越大,过电压峰值越低。

(4)低压线路的雷击接地点与变压器之间的距离。距离越大,过电压峰值越低。

635. 什么叫做配电变压器的逆变换过电压(逆变换过程)?

当雷电波沿高压线路侵入配电变压器高压侧时,避雷器首先动作,以限制雷电压峰值。避雷器动作后,雷电流通过避雷器流到接地电阻上。设接地电阻为 R,雷电流为 I,则接地电阻上的电压降为 IR;假设 $I=5kA$,$R=5\Omega$ 时,则 $IR=25kV$,这个电压通过低压绕组的中性点,传递到低压绕组和低压线路上。由于低压线路和设备的绝缘水平比较低,在这个雷电压作用下可能发生对地绝缘击穿,引起低压线路短路接地,或者即使不发生对地绝缘击穿,但此时低压侧线路也相当于经导线波阻抗接地,结果使这个雷电压 IR 全部或大部分加在低压绕组上。低压绕组受到这个电压后,通过低压绕组与高压绕组之间的电磁感应,在高压绕组上产生很高的过电压,称高压线圈上的这种过电压为反变换过电压(逆变换过程)。其峰值与下列因素有关:

(1)变压器的连接组别。Y/Y0-12 连接组的逆变换过电压峰值最高,Δ/Y0-11 的较小,Y/Z0-11 的最小。

(2)变压器的接地电阻。接地电阻越大,逆变换过电压峰值越高。

(3)高压绕组对低压绕组的变比。变比越大,过电压峰值越高。

(4)变压器的额定容量。额定容量越大,过电压峰值越低。

(5)低压线路的对地击穿点与变压器之间的距离。距离越大,过电压峰值越低。

636. 对于 3~10kV 的 Y/Y0 配电变压器,为什么要在低压侧出线上加避雷器保护?

运行中的 Y/Y0 配电变压器,在高压侧安装了阀型避雷器或氧化锌避雷器保护,当高压侧遭受雷击时,阀型避雷器或氧化锌避雷器放电,很大的雷电流通过接地装置,在接地装置上产生电压降。由于 Y/Y0 配电变压器低压侧中性点接地,接地装置上产生的电压降经低压侧中性点作用在低压绕组上,将使变压器中性点绝缘或绕组的层、匝间绝缘击穿损坏,因此,在多雷区对于 Y/Y0 配电变压器，应在低压侧加装氧化锌避雷器。

另外，为了防止低压侧落雷时，造成配电变压器低压绕组绝缘击穿事故，也需要装设避雷器保护。

637. 配电变压器的接地有什么特殊的要求？为什么？

通常规定容量超过 100kV·A 的配电变压器的接地电阻不宜超过 4Ω，100kV·A 及以下的不可超过 10Ω。接地电阻值主要是按工作接地和保护接地的需要确定的。以保证设备的正常运行和在故障情况下人身的安全。当然配电变压器的接地电阻值越小越好。

运行经验证明，接地电阻值小的配电变压器雷击事故率的接地电阻值大的配电变压器要低得多。保护配电变压器的避雷器的接地线应与配电变压器的外壳相连，即高、低压侧避雷器接地端及外壳三点共同接地。虽然三点共同接地使变压器外壳和低压绕组的电位升高，但"水涨船高"，实际上高、低压绕组所承受的过电压以及高、低压绕组之间的电位差减小到只有避雷器的残压。这样就减少了高、低压绕组之间；高压绕组与外壳(铁芯)之间以及外壳与低压绕组之间发生绝缘击穿的危险。

638. 什么是浪涌保护器(SPD)

通过抑制瞬态过电压以及旁路浪涌电流来保护设备的装置。

639. 电涌保护器的种类主要有哪些？

（1）电源电涌保护器：安装时主要是并联方式也有串联方式，按电压的不同分 220V 的单相电源电涌保护器和 380V 的三相电源电涌保护器；

（2）信号电涌保护器：多数用于计算机的网通信系统上安装的方式是串联；

（3）天馈电涌保护器：它适用发射机系统和接收无线电信号设备系统连接方式为串联。

640. 简述管型避雷器的构造和工作原理。

（1）管型避雷器的构造

管型避雷器由产气管、内部间隙和外部间隙三部分组成。产气管可用纤维性材料、有机玻璃或塑料制成。内部间隙 S_1 装在产气管的内部，一个电极为棒型，另一个电极为环形。外部间隙 S_2 装在管型避雷器与带电的线路之间。正常情况下它将管型避雷器与带电线路绝缘起来。

（2）管型避雷器工作原理

当线路上遭受雷击时，大气过电压使管型避雷器的外部间隙和内部间隙击穿，雷电流通入大地。此时，工频续流在管子内部间隙处发生强烈的电弧，使管子内壁的材料燃烧，产生大量灭弧气体。由于管子容积很小，这些气体的压力很大，因而从管口喷出，强烈吹弧，在电流经过零值时，电弧熄灭。这时，外部间隙 S_2 的空气恢复了绝缘，使管型避雷器与系统隔离，恢复系统的正常运行。

641. 选用管型避雷器注意哪些事项？

由于管型避雷器放电时是依靠系统短路电流在管内产生气体来消弧的，那么，如果系统短路电流很大，产生的气体就多，压力很大，这样就有可能使管型避雷器的管子爆炸；如系统短路电流很小，产生的气体就较少，这样将不能达到消弧的目的，并可能使管型避雷器因长期通过短路电流而烧毁。因此，为了保证管型避雷器可靠地工作，在选择管型避雷器时，其开断续流的上限，应大于管型避雷器安装处短路电流最大有效值(考虑非周期分量)；开断续流的下限，应小于管型避雷器安装处短路电流的可能最小值(不考虑非周期分量)。

642. 消谐器的工作原理和使用注意事项是什么？

RXQ 型消谐器主要用于阻尼中性点不接地系统电压互感器的铁磁谐振，限制一相接地短路电流及弧光接地事故时流过电压互感器的短路电流，保护电压互感器免于损坏，保证电网正常运行的保护设备。

在一个系统中，并接有多组电压互感器，对应在每组互感器的高压绕组中性点装一只消谐器，才能有效地限制弧光接地过电压和消除铁磁谐振。

消谐器由碳化硅非线性电阻片与线性电阻片串联而成，具有体积小、重量轻等优点。

消谐器分为 RXQ-35 型和 RXQ-6-10 型两种，前者适用于 35kV 中性点不接地系统，后者适用于 6~10kV 中性点不接地系统。由于电压互感器引出线套管与消谐器的绝缘配合问题，RXQ-35 型消谐器仅适用于 JDJ-35、JDJJ-35、JDJ2-35 型三种类型的电压互感器。

RXQ-35 型消谐器用于户内和户外，海拔高度不超过 2000m 的场所。RXQ-6-10 型消谐器只用于户内，海拔高度不超过 1500m 的场所。

消谐器的上端与电压互感器高压绕组中性点连接，下端与接地网连接，不得倒置。消谐器的上端与周围接地体空气距离不小于 30cm，其底部与地面应保持一定的距离，以保证良好通风。

在日常运行中，由于谐振、单相接地或负载不对称以及其他原因等，造成三相电压不对称，这时消谐器上有一定的电压，应按带电设备考虑，运行人员切勿直接接触消谐器。

643. 对于运行中可能经常断开的 35~110kV 隔离开关或断路器，在防雷上有何要求？为什么？

为了防止线路上遭受雷击后，侵入波在隔离开关或断路器断开处产生全反射，由此引起过电压，使断开处的设备发生闪络，威胁设备运行安全，应在变电所进线段经常断开隔离开关或断路器的线路侧以及架空地线的始端对应的导线处各加装一组管型避雷器 GB1 和 GB2。

对管型避雷器 GB2 外间隙距离的整定要求如下：

（1）在断路器或隔离开关断开运行时，管型避雷器应能可靠动作。

（2）在断路器或隔离开关闭合运行时，管型避雷器 GB2 不应动作，使 GB2 处于变电所母线阀型避雷器的保护范围之内。若 GB2 在断路器或隔离开关闭合时动作，将引起进行波的截断。这样，主变压器除原侵入绕组中的振荡波尚未衰减外，又叠加一个波头很陡的截断波，造成很大的电位梯度，可能将匝间绝缘击穿。因此，在变电所内及其附近应尽量避免发生波的截断。

（3）如 GB2 的整定有困难，或无适宜参数的管型避雷器时，可用阀型避雷器或保护间隙代替。

644. 在什么情况下变压器的中性点要装设避雷器？110kV 系统中主变器中性点的避雷器应怎样选择？

在中性点直接接地的电网中，对于中性点不接地的变压器，应在其中性点装设避雷器。因为，当线路遭雷击后，三相同时有侵入波时，由于雷电波的反射，其中性点的最大对地电压可达变压器首端电压的二倍。为了保护变压器中性点的对地绝缘必须装设阀型避雷器。

110kV 系统中主变压器中性点避雷器的选择，应根据下列情况确定：

① 一次断路器三相同期性能良好（非同期时间不超过 10ms 时）选用 FZ-60 的阀型避雷器；

② 当主变压器中性点为分级绝缘时，可采用灭弧电压 70kV 的非标准组合避雷器或专用磁吹避雷器；

③ 主变压器中性点为全绝缘时，在变压器中性点装设一个 FZ-110J 的阀型避雷器。

645. 110kV 及以上电压阀型避雷器上部为什么安装均压环？

110KV 及以上电压阀型避雷器是由放电间隙、阀片电阻及并联电阻等元件组成。由于每一节阀型避雷器的对地分布电容不一样，因此，工频电压分布不均匀。在有并联电阻的避雷器中，当其中一个元件的电压分布增大时，其并联电阻中的电流增大很多，会使电阻烧坏。并且，由于电压分布不均匀，使有些间隙上所承受的电压较高，不能灭弧，形成这部分间隙被短路。所以，在 110kV 及以上电压阀型避雷器上部应加装均压环，用来均匀避雷器的电压分布和改善放电特性。

646. 什么叫避雷器的残压？怎样使避雷器的残压小于设备的冲击试验耐压？

所谓避雷器的残压，就是指当雷电波将阀型避雷器击穿后，雷电流通过阀型避雷器，在避雷器两端所产生的电压降。残压大小同流过避雷器的雷电流幅值有关，二者之间的关系曲线叫做避雷器的伏安特性。为了使避雷器对变压器能起到保护作用，避雷器的残压应小于变压器的冲击试验耐压值。根据运行经验，流过阀型避雷器的雷电流幅值一般为5kA。

变电所中的阀型避雷器通常是联在变电所的母线上，或直接装在被保护设备的近旁。当受到雷击时，被保护设备上所承受的过电压也就是避雷器的击穿电压和残压。实际上被保护设备与避雷器之间都有一定的电气连线距离。在过电压波的作用下，由于避雷器至被保护设备连接线间的波过程，作用在被保护设备上的过电压会超过击穿电压和残压(一般避雷器的冲击放电电压约等于其雷电流幅值为5kA情况下的残压)，连接线的距离愈长，超过的电压也愈高。因此避雷器与被保护设备之间的距离不能太远，具体距离应通过理论计算确定。

647. 变、配电所避雷针的装设位置应注意哪几个问题?

(1) 独立避雷针及其接地装置不应设在人员经常出入的地方。它与道路出入口等的距离不宜小于3m，否则应采取均压措施。

(2) 34kV及以下变、配电所的避雷针不宜装在变压器的门型构架、配电装置构架或房顶上。

(3) 110kV及以上的配电装置，一般可将避雷针装在配电装置的构架或房顶上，但不能装在主变压器门型构架上。这是因为主变压器的绝缘较弱而重要性又高于一般设备。为避免与主变压器间发生反击事故，还要求任何构架避雷针的接地引下线入地点到主变压器接地线的入地点，沿接地体的地中距离不小于15m。而且，在土壤电阻率大于$1000\Omega \cdot m$的地区，只能装设独立避雷针。

(4) 严禁在装有避雷针的构架上架设通讯线、广播线、低压线、无线电及电视天线等，以保证人身和弱电设备的安全。

(5) 利用独立避雷针构架装设照明灯时，照明灯的导线应采用铠装或铅皮电缆，并直接埋入地中不少于10m以后，将其金属外皮与接地装置相连接。

648. 3~10kV架空线路的过电压保护，一般应采用哪些措施?

① 在整个架空线路系统中，对于绝缘比较薄弱的杆塔，如木杆线路中的个别金属杆塔、交叉跨越及带有弱绝缘换位杆塔等，应装设管型避雷器或保护间隙。

② 同级电压线路的相互交叉或与较低电压线路、通信线路交叉时，交叉档两端的铁塔均应接地。

③ 架空线路上的柱上断路器和负荷开关，应装设阀型避雷器保护。

④ 对于经常断路运行而又带电的柱上断路器，应在带电侧装设阀型避雷器保护。

649. 对配电变压器的过电压保护有哪些要求？

①为防止避雷器正常运行中或雷击时发生故障，应使避雷器处于跌开式熔断器保护范围之内，即安装在高压熔断器的内侧。

② 避雷器的防雷接地引下线、变压器的金属外壳和变压器低压侧中性点应连接在一起，然后再与接地装置相连接，其工频接地电阻不应大于 4Ω。这样做的目的是保证当高压侧因雷击避雷器放电时，变压器绝缘上所承受的电压接近于阀型避雷器的残压，从而达到绝缘配合。

③ 避雷器的接地端到变压器外壳的连接线越短越好，由于接地连接线的电感，当有雷电流通过时，接地连接线的电感压降与避雷器的残压迭加，共同作用在变压器的绝缘上，而接地连接线的电感与其长度成正比，所以连接线不能太长。

④ 在变压器低压出线处，为了防止低压侧线落雷和正反变换冲击电压，应安装一组低压避雷器或击穿保险器。低压避雷器可采用环氧树脂密封的压敏电阻 MY-400 避雷器，也可采用 FS-0.25 型低压阀型避雷器。

650. 低压架空线路的过电压保护，可采取哪些保护措施？

(1)在多雷地区，当变压器采用 Y、yno 或 Y、y 接线时，宜在低压侧装设一组阀型避雷器或保护间隙。当变压器低压侧中性点不接地时，应在其中性点装设击穿保险器。

(2)对于重要用户，宜在低压线路进入室内前 50m 处安装一组低压避雷器，进入室内后再装一组低压避雷器。

(3)对于一般用户，可在低压进线第一支持物处装设一组低压避雷器或击穿保险器，也可将接户线的绝缘子铁脚接地。绝缘子铁脚接地的工频接地电阻不应超过 30Ω。运行经验表明，接户线绝缘子铁脚接地后，当低压线遭到雷击时，雷电流将通过接地线引入大地，从而能够避免低压电气设备遭受雷击及人身事故。

(4)对于易受雷击的地段，直接与架空线路相连接的电动机或电度表，宜加装低压避雷器或保护间隙保护。

651. 什么叫感应过电压？它有哪些危害？

在送电线路或电气设备上除了直击雷过电压外，还会出现感应过电压，即当线路或设备附近发生雷云放电时，虽然雷电流没有直接击中线路或设备，但在线路导线上会感应出大量的和雷云极性相反的束缚电荷，这种束缚电荷可抵偿雷云电荷所产生的电场在导线上所引起电位升高，因而使导线的电位仍维持原来的情况，对线路的运行并无任何影响。但当雷云对大地上其他目标(如附近的山地或高大树木等)放电以后，雷云中所带电荷迅速消失，导线上的感应电荷就会失去雷云电荷的束缚而成为自由电荷，并以光速向导线两端急速涌去，从而出现很高的过电压，这种过电压称为感应过电压。这种感应过电压的幅值的大小和雷云放电时雷电流的幅值、线路导线对地的平均高度以及线路距直击雷地点的距离等有关。其幅值有时可达 500～600kV，足以使 60～80cm 的空气间隙发生放电。所以感应过电压对 60kV 以下的送电线路还是有很大危害的，应引起足够的注意。

652. 为什么弧光接地过电压的实测值往往低于理论计算值?

弧光接地过电压实测时的情况不同于理论计算时假设的最严重的情况，其原因是：

(1)电弧不一定在故障相位达到最大值时重燃；

(2)电弧不一定在高频电流通过零点时就能熄灭，电容电流越大，即电力网总长度越大；

(3)电弧本身也有一定的电压降；

(4)在电容电流很大时，电弧就比较稳定，不至于时燃时灭。

由于上述情况，实测值往往低于理论计算值。

653. 阀型避雷器的安装注意事项有哪些?

(1)阀型避雷器的安装，应便于巡视检查，应垂直安装不得倾斜，引线要连接牢固，避雷器上接线端子不得受力。

(2)阀型避雷器的瓷套应无裂纹，密封良好，经预防性试验合格。

(3)阀型避雷器安装位置距被保护设备的距离应尽量靠近。避雷器与 3～10kV 变压器的最大电气距离，雷雨季经常运行的单路进线不大于 15m，双路进线不大于 23m，三路进线不大于 27m，若大于上述距离时应在母线上增设阀型避雷器。

(4)阀型避雷器为防止其正常运行或雷击后发生故障，影响电力系统正常运行，其安装位置可以处于跌开式熔断器保护范围之内。

(5)阀型避雷器的引线截面不应小于：铜线 16mm²，铝线 25mm²。

(6)阀型避雷器接地引下线与被保护设备的金属外壳应可靠地与接地网连接。线路上单组阀型避雷器，其接地装置的接地电阻不大子 5Ω。

654. 管型避雷器的安装应符合哪些要求?

(1)避雷器的外壳不应有裂纹和机械损伤，绝缘漆不应剥落，管口不应有堵塞等现象；

(2)应避免各相避雷器排出的电游离气体相交而造成弧光短路；

(3)为防止管型避雷器的内腔积水、宜将其垂直或倾斜安装，开口端向下并与水平线的夹角不应小于 15°。在污秽地区应增大倾斜角度；

(4)10kV 及以下的管型避雷器，为防止雨水造成短路，外间隙电极不应垂直装置；

(5)外间隙电极不应与线路导线垂直安装，不应利用导线本身作为另一放电极，间隙电极应镀锌；

(6) 为避免避雷器的排气孔被杂物堵塞，应用纱布将其小孔包盖；

(7) 安装要牢固，并保证外间隙的距离在运行中稳定不变。

655. 放电间隙的安装应符合哪些要求？

(1) 在装有自动重合闸装置的架空电力线路上，允许装设放电间隙；

(2) 主、辅放电间隙，均应水平安装；

(3) 主间隙应采用直径不小于 8mm 的镀锌圆钢；

(4) 放电间隙的距离，应符合有关要求；

(5) 间隙应安装牢固，并保证间隙距离在运行中稳定不变；

(6) 同一地点的三相的间隙可共用一个辅助间隙。

656. 对运行中的防雷设备巡视检查的内容有哪些？

(1) 避雷针及避雷线

检查避雷针、避雷线以及它们的接地引下线有无锈蚀；

导电部分的电气连接处，如焊接点、螺栓接头等连接是否紧密牢固；检查过程中可用小锤轻敲检查，发现有接触不良或脱焊的接点，应立即修复。

(2) 阀型避雷器

① 瓷套是否完整；

② 导线和接地引下线有无烧伤痕迹和断股现象；

③ 水泥接缝及涂刷的油漆是否完好；

④ 10kV 避雷器上帽引线处密封是否严密，有无进水现象；

⑤ 瓷套表面有无破损袭纹、闪络痕迹及严重污秽；

⑥ 动作记录器指示数有无改变(判断避雷器是否动作)。

(3) 管型避雷器

① 外壳有无裂纹、机械损伤、绝缘漆剥落等现象；

② 安装位置是否正确，开口端是否向下；

③ 外间隙的电极距离有无变动，是否符合要求；

④ 排气孔有无被杂物堵塞现象。

657. 当发现运行中的避雷器瓷套管有裂纹应如何处理？

变、配电所值班人员巡视检查电气设备时，发现避雷器瓷套管有裂纹，应根据现场实际情况采用下列方法进行处理：

(1) 向有关部门申请停电，得到批准后做好安全措施，将故障避雷器换掉。如无备品避雷器，在考虑不致威胁系统安全运行的情况下，可采取在较深的裂纹处涂漆或环氧树脂等防止受潮的临时措施，并安排短期内更换新品；

(2) 如遇雷雨天气，应尽可能不使避雷器退出运行，待雷雨过后再进行处理；

（3）当避雷器因瓷质裂纹而造成放电，但还没有接地现象时，应考虑设法将故障相避雷器停用，以免造成事故扩大。

658. 为什么保护电缆的阀型避雷器的接地线要和电缆的金属外皮相连接？

阀型避雷器的接地线与电缆金属外皮连接的目的，主要是利用电缆外皮的分流作用来降低过电压的幅值。因为雷击线路时，很大一部分雷电流将沿电缆外皮流入大地，电缆芯上将感应出与外加电压相等但符号相反的电动势，它能阻止雷电流沿电缆芯线侵入配电装置，从而降低了配电装置上的过电压幅值。

此外，避雷器的接地线与电缆外皮相连接，还可以保证避雷器放电时加在电缆主绝缘上的过电压仅为避雷器的残压。

659. 为什么单芯电缆金属外皮要通过接地器（或保护间隙）之后才与接地体相连接？

接地器（或保护间隙）主要有两个作用：

（1）当雷电波侵入时，很高的雷电过电压将使接地器击穿，使雷电流泄入大地；

（2）在正常运行情况下，由于接地器在低电压作用下有很高的电阻，相当于电缆金属外皮一端开路，使单芯电缆中的工作电流不会在金属外皮上感应出环流，从而避免了由于环流烧损电缆金属外皮和由于环流发热降低电缆的载流量等问题。

660. 阀型避雷器运行时突然爆炸有哪些原因？

（1）在中性点不接地系统中，发生单相接地时，其他两相升高到线电压，此电压虽小于其工频放电电压，但在时间较长的过电压作用下，也可能引起阀型避雷器爆炸；

（2）电力系统发生铁磁谐振过电压时，可能使避雷器放电，从而烧损内部元件引起爆炸；

（3）避雷器阀片电阻不合格，残压虽然低了，但续流却增大了，间隙不能灭弧，阀片由于长时间通过续流烧毁而引起爆炸；

（4）避雷器瓷套密封不良，容易受潮和进水等造成内部短路从而引起爆炸。

661. FZ 型避雷器内部受潮的检修要求如何？

（1）上下密封底板位置不正，四周密封螺栓受力不均或松动使底部撬裂引起空隙或密封垫圈位置不正；

（2）密封小孔未焊牢；

（3）密封垫圈老化开裂失去作用；

（4）瓷套与法兰胶合处不平整或瓷套有裂纹。

上述检修完后，可用抽气或打气法，检验是否漏气。

若是阀片严重受潮，阀片会出现白色氧化物，这时要进行干燥，一般温度不要超过 150℃，时间不超过 12h，烘烤后要进行残压试验重新组合装配，对有放电黑点或击穿性小孔时则需更换。

避雷器分路电阻受潮使泄漏增大，可在 60~80℃ 温度下干燥 2~4h，断裂的应更换。

以上检修应由生产厂家进行。

662. 避雷器的小修检查哪些项目？

避雷器一般在每年雷雨季节前、后进行一次检查清扫和试验，称为小修。项目有：

（1）检查瓷件应无裂纹、破损，否则应更换，脏污的应清扫；

（2）导线和接地引下线应无断、脱烧伤痕迹，发现缺陷时，应予检修更换；

（3）35kV 以上避雷器的各节连接处应紧密，金属接触面应清除氧化膜及油漆；

（4）动作记录器指示数有无变化，应作记录，以分析避雷器是否动作。

663. 阀型避雷器在预防性试验时常发现哪些故障？原因如何？

规程规定每年雷雨季节前，应对避雷器进行一次检查试验，如发现下列情况，则判断设备有故障，须进行针对性大修和更换。

（1）内部受潮。FS 系列避雷器绝缘电阻低于 1500MΩ 时需进一步进行电导电流试验，如电导电流大于 5μA，则表明受潮，FZ 系列的绝缘电阻与前次测量比较有明显减小；电导电流试验，其电流大于 650μA 与前次测量相差大于 30% 以上者，可认为受潮。如只是电导电流增大则可能是分路电阻部分短路而不是受潮。

（2）工频放电电压超出规定工频放电电压过高，将使电气设备受不到保护，过低则会在内过电压下动作或雷击时不能灭弧而爆炸。

（3）电导电流下降，一般是分路电阻经长期运行后变质或断裂所致，也可能由于阀片接触不良引起。

664. 什么是氧化锌避雷器？有哪些型号？作用如何？

氧化锌避雷器是把具有优异的非线性伏安特性的氧化锌阀片，用铁盖和橡皮垫圈密封于瓷套管内而制成。内部装有强力弹簧将阀片压紧以防止阀片位移，并保证零件之间可靠地连接。

氧化锌避雷器是保护电器设备免受各种过电压危害的优良保护设备。

目前生产的氧化锌避雷器型号主要有 Y3W、Y5W、Y5C 等。Y 代表氧化锌避雷器，3、5 代表标称放电电流(kA)，W 代表无放电间隙，C 代表有串联放电间隙。在 35kV 以下系统，其型号规格齐全，已完全可替代 FS、FZ、FCD 系列，取得更好的保护效果。

665. 氧化锌避雷器在运行中有哪些特点？

Y5W 型避雷器与 FS、FZ 型相比，其阀片是用金属氧化锌为主要原件制成的，具有优异的非线性伏安特性，可不用串联间隙。保护特性仅有冲击电流通过时的残压，没有因间隙击穿特性变化所造成的复杂影响。氧化锌阀片因冲击电流波头的时间减小，而导致残压增加的特性，也比 FS 等型号阀片平稳，陡波响应特性很好。金属氧化锌避雷器没有工频续流，因而亦无灭弧问题。但是，由于金属氧化锌避雷器无串联间隙(指 Y3W、Y5W 型)，阀片不仅要承受雷电过电压或操作过电压，还要长久耐受正常的持续相电压和暂时过电压，会使阀片加速老化，缩短寿命，又因长久通过泄漏电流，使其发热，甚至超过热稳定而爆炸。因此，目前已生产带串联间隙(Y5C 型)的氧化锌避雷器，这样就能有效地消除泄漏电流及其带来的危害。此外，氧化锌避雷器不受杂散电容、环境污秽等因素引起的电压沿避雷器分布不均匀时所造成的避雷器局部过热现象。

666. 什么是复合外套金属氧化物避雷器？

传统的金属氧化物避雷器都是瓷外套，由于体积大、质量重、易破碎，安装运输不方便，逐步被复合外套金属氧化物避雷器所代替。复合外套避雷器将有机复合绝缘材料和传统的瓷外套金属氧化物避雷器技术优点集合于一起，不仅很好的保持了金属氧化物避雷器的优点，还具有电器绝缘性能好，介电强度高，抗漏痕，抗电蚀，耐热、耐寒、耐老化、防爆和良好的化学稳定性、憎水性和密封性。

667. 如何编制交流金属氧化物避雷器型号？

《避雷器产品型号编制方法》(JB/T 8459—2011)对交流金属氧化物避雷器产品型号编制说明如下：

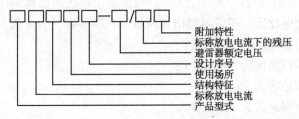

S—适用于配电；Z—适用于变电站；R—适用于保护电容器组；X—适用于输电线路；D—适用于旋转电机；N—适用于变压器(或旋转电机)的中性点；F—适用于气体绝缘金属封闭开关设备；B—适用于阻波器；T—适用于电气化铁道；A—适用于换流站交流母线；FA—适用于换流站交流滤波器

668. 交流金属氧化物避雷器对不同的使用场所如何选型？

在 GB 11032《交流无间隙金属氧化物避雷器》标准中，对不同电压等级和不同使用场所避雷器的技术参数、保护性能等做了详细的规定，选用时参照标准即可。

669. 如何确定金属氧化物避雷器主要技术参数？

避雷器的参数不仅关系到被保护设备的安全，而且也关系到避雷器自身的安全，所以避雷器参数的确定非常重要，避雷器主要技术参数的确定如下：

(1) 额定电压(U_r)：施加到避雷器端子间的最大允许电压有效值。它根据系统接地方式来确定，具体如下：

① 有效接地系统的额定电压(U_r)，$3 \sim 35kV$ 系统为 $1 \sim 1.2$ 倍的系统最高运行电压(U_m)，35kV 以上系统为 0.8 倍(U_m)；

② 不接地系统的额定电压(U_r)，$3 \sim 20kV$ 系统为 1.38 倍(U_m)，$35 \sim 66kV$ 系统的为 1.25 倍(U_m)。电机用避雷器的额定电压(U_r)为 $1.25 \sim 1.30$ 倍的电机额定电压。

(2) 持续运行电压(U_c)：允许持久的施加在避雷器端子间的工频电压有效值。持续运行电压(U_c)为 $0.75 \sim 0.8$ 倍的避雷器额定电压(U_r)。

(3) 标称放电电流(I_n)：用来划分避雷器等级的、具有 8/20 波形的雷电冲击电流峰值。在 GB 11032 标准中对此有明确规定，如果使用环境特殊时，还可以做相应的调整。

(4) 残压(保护水平)(U_{res})：放电电流通过避雷器时其端子间的最大电压峰值。它主要有雷电残压和操作残压两种，根据被保护设备的绝缘耐受水平来确定，即绝缘耐受水平/残压=配合系数 K_s，一般雷电残压配合系数 $K_s \geqslant 1.4$，操作残压配合系数 $K_s \geqslant 1.15$。

(5) 外绝缘及耐污要求(爬电比距)：根据使用地区的污秽情况来选择避雷器耐污要求，即爬电比距。避雷器爬电比距按照污秽等级分为 4 级，具体如下：

Ⅰ级轻度污秽地区为 17mm/kV；

Ⅱ级中等污秽地区为 20mm/kV；

Ⅲ级重污秽地区为 25mm/kV；

Ⅳ级特重污秽地区为 31mm/kV。

在选择爬电比距时，应注意外套的有效绝缘高度，考虑它的有效性。在Ⅲ级及以上重污秽地区用的避雷器，其型式试验中应做人工污秽试验。

670. 三相组合式金属氧化物避雷器及原理？

三相组合式避雷器实际就是创造了一种接线方式，将电力系统中相-相和相-地分别保护用的 6 只避雷器改用 4 只避雷器单元来实现，如图 7-1、图 7-2

所示。

AB 相间保护用的避雷器 A_1，由 A 和 B 单元组成；

BC 相间保护用的避雷器 B_1，由 B 和 C 单元组成；

AC 相间保护用的避雷器 C_1，由 A 和 C 单元组成；

A 相对地保护用的避雷器 A_2，由 A 和 D 单元组成；

B 相对地保护用的避雷器 B_2，由 B 和 D 单元组成；

C 相对地保护用的避雷器 C_2，由 C 和 D 单元组成。

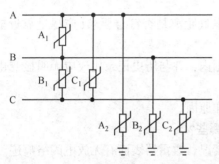 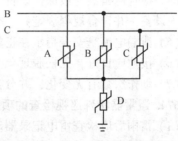

图 7-1 分相避雷器接线图   图 7-2 三相组合式避雷器接线图

671. 氧化锌避雷器运行中维护检查有何要求？

氧化锌避雷器在变配电系统使用逐渐增多，由于维护不当而常发生爆炸事故，对这种保护设备，正确的维护、检查应该做到以下几点：

(1)为防止避雷器由于污垢引起的局部过热，应定期清扫积尘。

(2)应装有动作记录器。在正常运行电压下，通过避雷器内部的电流大约为数百微安(含阻性和容性分量，主要是容性分量)。通过示波器的测量，定期监测通过避雷器电流的阻性分量的变化，判断电阻片的老化情况。

(3)应在每年雷雨季前，按规程作预防试验。

(4)避雷器原有刷漆部分，应当每 1~2 年涂刷一次。

(5)35kV 及以上避雷器顶端引线拉力不得大于 30kV，10kV 及以下避雷器引线应用软线连接。

672. 防雷接地装置在运行中应做哪些检查？

(1)检查接地线各连接点的接触是否良好，有无损伤、折断和腐蚀现象。

(2)对含有重酸、碱、盐或金属矿岩等化学成分的土壤地带，应定期对接地装置的地下部分挖开地面进行检查，观察接地体腐蚀情况。

(3)检查分析所测量的接地电阻值变化情况，是否符合规程要求。

(4)设备每次检修后，应检查其接地线是否牢固。

（5）各种防雷装置的接地线每年（雨季前）检查 1 次。

673. 避雷器的正常巡视检查项目有哪些？

（1）检查避雷器瓷套表面应不受污染，因为污染将使电压分布不均匀，可能引起部分阀片故障，影响灭弧性能，降低保护特性。当发现瓷套表面脏污时，必须及时清扫。

（2）检查避雷器引线及引下线有无烧伤痕迹和断股现象，放电记录器是否烧坏，引线上端引线处密封是否完好，密封不好逆水受潮会引起故障。

（3）均压环无松动、歪斜。

（4）检查避雷器与被保护设备之间电气距离是否符合要求（应尽量靠近被保护电气设备，并符合规程规定）。

（5）泄漏电流毫安表指示在正常范围内，并与历史记录比较应无明显变化。

（6）接地应良好，无松脱现象。

（7）动作次数有无变化，并分析动作原因。

674. 避雷器特殊巡视检查的项目有哪些？

（1）雷雨后应检查雷电记录器动作情况，避雷器表面有无放电闪络痕迹。

（2）避雷器引线及引下线是否松动。

（3）避雷器本体是否摆动。

（4）结合停电检查避雷器上法兰泄孔是否畅通。

第八章 发电安全技术

第一节 发电机试验

675. 为什么要测量发电机定子绕组的直流电阻？测量方法及注意事项有哪些？

（1）测量原因

定子绕组的直流电阻包括线棒铜导体电阻、焊接头电阻及引线电阻三部分。测量发电机定子绕组的直流电阻可以发现：绕组在制造或检修中可能产生的连接错误、导线断股等缺陷。另外，由于工艺问题而造成的焊接头接触不良（如虚焊），特别是在运行中长期受电动力的作用或受短路电流的冲击后，使焊接头接触不良的问题更加恶化，进一步导致过热，而使焊锡熔化、焊头开焊。在相同的温度下，线棒铜导体及引线电阻基本不变，焊接头的质量问题将直接影响焊接头电阻的大小，进而引起整个绕组电路的变化，所以，测量整个绕组的直流电阻，基本上能了解焊接头的质量状况。

（2）测量方法

测量发电机定子绕组直流电阻的方法有电压降法和电桥法两种。采用压降法测量时，须选用 0.5 级以上的电压表、电流表，通入定子绕组的直流电流应不超过其额定电流的 20%。采用电桥法测量时，因同步发电机定子绕组的电阻很小，应选 0.2 级的双臂电桥。

（3）测量注意事项

① 测量时必须在电机各相引出端头上进行，不允许包括本相绕组的外部引线和中性点连接的铜排。

② 测量电压、电流接线点必须分开，电压接线点在绕组端头的内侧并尽量靠近绕组，电流接线点在绕组端头的外侧。

③ 发电机定子绕组的电感量较大，当采用压降法测量时，必须先合上电源开关，当电流稳定后，再搭接上电压表，同时读取电压、电流值。断开时，应先断开电压表，再断开电流回路。

当采用双臂电桥测量时，必须先按下电源按钮，待电流稳定后（靠经验），再按下检流计按钮进行测量，测完后，必须先断开检流计按钮，再松开电源按钮。若违反上述操作顺序，则可能因绕组自感电动势过大，而损坏电桥。

④ 必须准确测量绕组的温度。若温度偏差为 1℃，会给电阻带来 0.4% 的误差，容易造成误判断。因此，要求被测绕组的温度必须处于稳定冷状态，电机绕组表面温度与周围的空气温度之差应在 ±3℃ 之内，运行电机停机后到测量时，约需相隔 48h。为了加速冷却，在条件允许的情况下，发电机在退出励磁后，可空转一段时间后再停机，必须用经校准后的酒精温度计进行测量，不能使用水银温度计，以防破损后水银滚入铁芯，影响铁芯绝缘及通风。温度计应不少于 6 支，分别置于绝缘的端部和槽部，若测量槽部的温度困难，可测定子铁芯通风孔和齿部表面温度，温度计应紧贴测点表面，并用绝缘材料盖好，放置时间不少于 15min。对装有测量进口风温温度计及定子埋入式温度计的，需同时测量。将各温度测量数据的平均值作为绕组的温度。

⑤ 为了避免因测量仪表的不同引起误差，各次测量应尽量使用同一电桥或电压、电流表。

⑥ 采用压降法测量时，应在 3 个不同电流值下测量计算电阻值，取其平均电阻值作为被测电阻值。每次测量电阻值与平均电阻值之差，不得超过 ±5%。

⑦ 发电机定子绕组的电阻值很小，交接试验标准和预防性试验规程中所规定的允许误差也很小，所以测量时必须非常谨慎仔细，否则将引起不允许的测量误差，导致判断错误。

676. 测量发电机定子绕组直流电阻后，如何分析判断测量结果？

（1）交接试验标准规定："各相或各分支绕组的直流电阻，在校正了由于引线长度不同而引起的误差后，相互间差别不应超过其最小值的 2%；与产品出厂时测得的数值换算至同温度下的数值比较，其相对变化也不应大于 2%"。

在预防性试验规程中要求："汽轮发电机转子绕组相或各分支的直流电阻值，在校正了由于引线长度不同而引起的误差后相互间差别以及与初次（出厂或交接时）测量值比较，相差不得大于最小值的 1.5%（水轮发电机为 1%）。超出要求者，应查明原因"。

其相间差别的相对变化的计算方法是，如前一次测量结果 A 相绕组比 B 相绕组的直流电阻值大 1.5%，而本次测量结果 B 相绕组比 A 相绕组的直流电阻值大 1%，则 B 相绕组与 A 相绕组的直流电阻值的相对变化为 2.5%。

（2）各相或分支的直流电阻值相互间的差别及其历年的相互变化大于 1% 时，应引起注意，可缩短试验周期，观察差别变化，以便及时采取措施。

（3）将本次直流电阻测量结果与初次测得数值相比较时，必须将电阻值换算到同一温度，通常历次直流电阻测量值都要换算到 20℃ 时的数值。

（4）测量定子绕组的直流电阻值后，经分析比较，确认为某相或某分支有问题时，则应对该相或分支的各焊接头作进一步检查。其常用方法有直流电阻分段比较法、焊接头发热试验法、测量焊接头直流电阻法、涡流探测法及 γ 射线透视法，这些专门的方法须另外参阅有关资料。

677. 测量转子绕组直流电阻的意义、方法是什么？如何分析判断测量结果？

（1）测量意义

测量转子绕组直流电阻可以发现因制造、检修或运行中的各种原因所造成的导线断裂、脱焊、虚焊、严重的匝间短路等缺陷。

（2）测量方法

其测量方法包括仪表选择、操作方法步骤等，与测量定子绕组的直流电阻相同，要求试验在冷状态下进行。

在测量有滑环的发电机转子绕组直流电阻时，为了良好地导入测量电流，准确测量电压，可以用 1.5~2mm 厚的铁皮做成抱箍，套在滑环上，用螺丝拉紧，如图 8-1 所示。电流引线压紧在螺母下；电压引线压紧在抱箍下面直接与滑环接触。为了避免电压引线端头与滑环间的接触压降加入电压测量回路，可在抱箍与导线间垫入一层绝缘物，使抱箍与电压引线隔开。

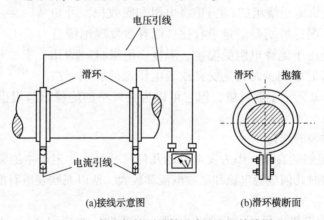

(a)接线示意图　　　　(b)滑环横断面

图 8-1　使用抱箍测量转子直流电阻接线图

若不用抱箍与滑环连接，也可用两对铜丝刷，分别将电压和电流的引线端头压接在滑环上，每个滑环上的电压与电流铜丝刷应相距 90°，不要相互接触。交接试验标准规定，对于显极式转子绕组，应测量各磁极绕组直流电阻，当误差超过规定时，还应对各磁极绕组间连接点的直流电阻进行测量，以便比较，找出缺陷所在。

（3）测量结果的分析判断

① 将直流电阻测量值换算到初次测量温度下的值或 20℃ 下的值。

② 在同一温度下，将转子绕组的直流电阻值与初次所测得结果进行比较，其差别一般不应超过 2%。

③ 如直流电阻值显著增大，说明转子绕组存在导线断裂或焊接头有脱焊、虚焊等缺陷；如直流电阻显著减小，说明转子绕组存在严重的匝间短路故障。但要注意，因汽轮发电机转子绕组总匝数较多（约 160 匝以上），若其中只有 1~2 匝短路，即使测量准确，其直流电阻值也不会超过 1%，因此直流电阻比较法反映转子绕组匝间短路故障的灵敏度很低，不能作为判断匝间有无短路的主要方法，只能作为一般监视之用。在准确测量的情况下，只有当短路线圈匝数超过总匝数的 4% 以上时，才能从直流电阻数值变化上发现问题。

678. 如何测量发电机定子绕组的(主)绝缘电阻和吸收比？

发电机定子绕组主绝缘是含漆、沥青、环氧粉云母带、玻璃丝带等复合的夹层绝缘。在直流电压作用下的等值电路见图 8-2。通过对该等值电路的分析，正确的认识发电机定子绕组主绝缘在直流电压作用下，所发生的物理过程，是正确理解定子绕组(主)绝缘电阻及吸收比测量方法的基础。

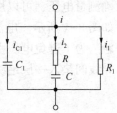

图 8-2　电气设备绝缘的等值电路

测量发电机定子绕组的(主)绝缘电阻和吸收比，可初步了解绝缘状况，特别是测量吸收比，能有效发现绝缘是否受潮，但是由于绝缘电阻受温度、湿度、绝缘材料的几何尺寸等因素的影响，尤其是受兆欧表电压低的影响，在反映绝缘局部缺陷上不够灵敏，但它可以为更严格的绝缘试验提供绝缘的基本情况。

（1）兆欧表的选择

① 应有足够的容量。因为发电机的几何尺寸较大，定子主绝缘都是夹层复合绝缘，试验时几何电容电流和吸收电流都较大，所以兆欧表应有能满足吸收过程的容量。

② 有与发电机电压相适应的电压值。预防性试验规程规定："额定电压为 1000V 以上者，采用 2500V 兆欧表"。

③ 量程要大，一般不低于 1000MΩ。

（2）测量接线

测量发电机定子绕组(主)绝缘电阻及吸收比的接线如图 8-3 所示。

兆欧表引线应有足够的绝缘水平，为了消除绕组分布电容的影响，被测相绕组两端头应用导线短接，同时将(被测相)绕组端头的绝缘表面加以屏蔽，以消除表面泄漏电流对测量结果的影响，其他两相绕组同样要首尾短接后接地。

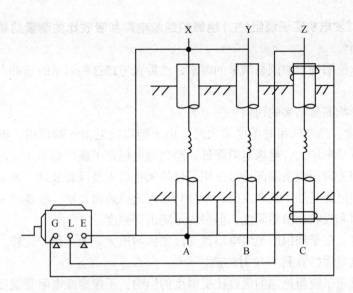

图 8-3　测量发电机定子绕组(主)绝缘电阻及吸收比的接线

(3) 测量方法步骤及注意事项

① 测量时，发电机本身不能带电，所以首先将发电机的三相出口及中性点对外的一切连线断开。

② 对被测量发电机的定子绕组相间及相对地间进行充分放电，放电时间应不少于 5min。否则，将会由于复合夹层绝缘介质中吸收的电荷没有放尽，而使测得的绝缘电阻值偏大，吸收比偏小。

③ 进行测量时，先将兆欧表"地"端子(E)引线接于发电机外壳、"屏蔽"端子(G)引出的屏蔽线接于被测相的屏蔽上，然后转动兆欧表到额定转速，表针指到"∞"时，再将兆欧表"线路"端子(L)的引线与被测相绕组导体接触。同时开始计时，读取并记录 15s 和 60s 的绝缘电阻值。

在测量过程中，兆欧表的转速应保持均匀。测量完毕，应先断开兆欧表的"线路"端子(L)，然后再停转，最后断开"地"端子(E)引线和"屏蔽"端子(G)引线，以防被试相绕组反放电而损坏兆欧表。

④ 按同样的方法，对其他两相进行测量。

⑤ 发电机由于长途运输或长期停机而受潮严重时，必须先经过干燥处理后才能进行电气试验。

⑥ 温度对绝缘电阻和吸收比影响甚大，温度每升高 10℃，绝缘电阻值约下降一半，因此为了便于对试验结果进行分析比较，试验最好选在相近温度下进行。

679. 对发电机定子绕组(主)绝缘的绝缘电阻和吸收比的测量结果，如何进行分析判断？

首先，应明确影响测量结果的因素，然后在考虑这些因素的基础上再进行分析判断。

（1）影响测量结果的因素

① 湿度：当空气相对湿度增大时，由于绝缘物毛细管的作用，吸收水分较多，致使电导率增大，绝缘电阻降低。潮气对电机定子绕组端部绝缘电阻影响较大，这是因为定子绕组端部连接处用云母带包扎后未经浸胶处理，容易受潮。顺便指出，当绝缘受潮不甚严重时，水分只浸入绝缘表面几层，很难浸入内部。因此绝缘电阻和吸收比虽然降低，但很少影响击穿强度。

② 温度：定子绕组的绝缘电阻值受温度影响很大，为了便于比较，一般都将绝缘电阻测量值换算到75℃时的值。

发电机定子绕组绝缘的吸收比受温度的影响，不像绝缘电阻受温度的影响那样显著。可以不予考虑。

（2）测量结果的分析判断

① 由于发电机定子绕组的绝缘电阻值受温度、湿度等的影响很大，因此不能统一规定其绝对数值的标准，而只能通过本次测量结果与过去测量结果的比较、三相之间的比较和同类发电机的比较加以确定。因此，预防性试验规程规定：绝缘电阻值自行规定。若在相近测量条件(温度、湿度)下，绝缘电阻值降低到历年正常值的1/3以下时应查明原因；各相或各分支绝缘电阻值的差值不应大于最小值的100%。吸收比或极化指数：沥青浸胶及烘卷云母绝缘吸收比不应小于1.3或极化指数不应小于1.5；环氧粉云母绝缘吸收比不应小于1.6或极化指数不应小于2；水内冷发电机定子绕组的吸收比或极化指数自行规定。交接试验标准中规定：各相绝缘电阻的不平衡系数不应大于2；对于吸收比，沥青浸胶及烘卷云母绝缘不应小于1.3，环氧粉云母绝缘不应小于1.6。

② 新机出厂时，在工作温度接近70℃时，定子绕组绝缘电阻最低值，可按以下经验公式计算，即

$$R = \frac{U_n}{1000 + \frac{P_n}{100}}(\mathrm{M\Omega}) \qquad (8-1)$$

式中　U_n——发电机的额定电压，V；

　　　P_n——发电机的额定容量，kV·A。

式(8-1)只考虑了发电机的电压和容量，是个极粗略的数值，因此，只能作

为最低的出厂标准。

③ 因为兆欧表的试验电压较低，所以，测量绝缘电阻和吸收比，不易发现发电机主绝缘局部缺陷。因此，不能单纯以绝缘电阻和吸收比的测量值判断绝缘状况，应与其他试验项目配合，综合分析判断后给出评定。

680. 如何进行发电机定子绕组主绝缘的直流泄漏电流试验及直流耐压试验？

（1）试验接线

为了测量准确，若现场条件具备，最好选择微安表接在试验变压器二次侧非接地端的接线，如图 8-4 所示。

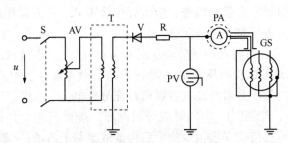

图 8-4　发电机定子绕组（主）绝缘的直流泄漏电流试验及直流耐压试验接线
S—电源开关；AV—高压器；T—试验变压器；V—硅整流二极管；
PV—静电电压表；PA—微安表；GS—发电机定子三相绕组

若因条件的限制，需采用其他接线方式时，则应尽量消除杂散电流对测量结果的影响。

（2）试验电压标准

① 交接试验标准中规定，最高直流试验电压为发电机额定电压的 3 倍。

② 预防性试验规程规定，直流耐压试验电压标准见表 8-1。

表 8-1　发电机定子绕组直流耐压试验电压标准

类　别		试验电压（额定电压倍数）
全部更换定子绕组并修好后		3
局部更换定子绕组并修好后		2.5
大修前	运行 20 年及以下者	2.5
	运行 20 年以上与架空线路直接相连者	2.5
	运行 20 年以上不与架空线路直接相连者	2~2.5
小修时或大修后		2

新装机或检修机装好端盖竣工后，必要时可用 2~2.5 倍额定电压的直流试验电压进行检查性直流泄漏电流和直流耐压试验。

（3）试验方法

① 根据被试品的情况，查阅交接试验标准或预防性试验规程，确定直流试验电压值。若直流泄漏电流试验与直流耐压试验结合进行，则应以直流试验电压值作为最高试验电压。

② 根据试验电压的大小、现场设备条件，选择合适的试验设备和接线方式，画出试验接线图。

③ 首先结合现场的条件，进行试验设备的合理布置，然后接线。合理布置的原则应是安全可靠、读数操作方便、接线清晰、高低压应尽量有明显的界限；一人接线完毕，由另一人进行检查，应做到接线正确、仪表量程选择合适、调压器处于零位，微安表短路开关应闭合。

④ 正式试验前，可将最高试验电压分成 4~5 段，在不接试品的情况下逐段升压"空试"，记录各试验电压下流过微安表的杂散电流值。"空试"结束，退下高压，拉开电源刀闸，并对滤波电容器进行充分放电。

⑤ 接上试品，按第"④"步的对应分段电压，逐段升压，并相应读取泄漏电流值。每次升压后，待微安表指示稳定后再读取泄漏电流值（一般在加压 1min 后读数）；最后升到最高试验电压值，按交接实验或预防性试验标准所要求的持续时间后，读取泄漏电流。用分段读取的泄漏电流值与相应"空试"泄漏电流值之差，作为被试品的分段泄漏电流值。

⑥ 试验完毕，先将调压器退回零位，切断调压器电源，然后使用放电棒将被试品经电阻进行充分放电，放电时间不得少于 2min。根据被试品放电火花的大小，可初步了解其绝缘状况。

⑦ 记录整理试验数据。记录内容包括被试品名称、编号、铭牌规范、运行位置、湿度、环境温度和试验数据，并绘出 $I=f(U)$ 曲线。

试验时注意以下几点：

① 试验前，将发电机出线套管表面擦拭干净，用软铜线在套管端部缠绕几圈接至屏蔽线的屏蔽芯子上，以免绕组绝缘表面泄漏电流通过微安表。

② 正式试验前应空试，以检查试验设备绝缘是否良好、接线是否正确。空试时应分段进行，所分段数和每段持续时间与正式测试时相同，读取各段泄漏电流。若在最高试验电压下，空试泄漏电流只有 $1~2\mu A$，则可忽略不计；若空试泄漏电流较大，则当正式测试时，在对应的分段泄漏电流数值内将其扣除。

空试时应加稳压电容，其值应大于 $0.5\mu F$，以保证试验电压的波形平稳，否则会带来很大误差。

③ 空试无误后，接上定子绕组端线开始正式试验。试验电压按每级 0.5 倍

的额定电压分阶段升高，每阶段停留 1min，读取泄漏电流值。升压速度，在试验电压的 40% 以前可以是任意的，其后必须是均匀的，约每秒 3% 的试验电压。

④ 在达到最高试验电压经过 1min 后，将电压均匀地降到最高试验电压的 25% 以下，电压为零后切断电源。

⑤ 每次试验完后，均需用串接 10MΩ 电阻的地线放电，然后再用地线直接放电。

（4）注意事项

① 试验时要特别注意试验电源电压的稳定。电压的平稳程度最好在 95% 以上，以免在直流耐压试验中产生附加的交流损耗，影响试验结果。较大容量的发电机的电容量较大，能满足对电压波动的要求；当发电机的容量较小时，其电容量较小，电压稳定度较差，这时应单加稳压电容。

② 试验回路应加装过电流保护装置，防止定子绝缘被击穿短路，烧坏试验设备，扩大定子绝缘的损坏程度。

③ 试验电压的测量，应尽量采用静电电压表或用测压电阻器在高压侧进行测量，以消除回路的电压降、电压脉动造成的测量误差；当缺少上述设备时，才可在低电压侧测量，通过换算求得高压侧试验电压值。

681. 为什么直流耐压试验比工频耐压试验更容易发现发电机定子绕组端部的（主）绝缘缺陷？

因为发电机定子绕组端部导线与绝缘表面间存在分布电容，在交流耐压试验时，绕组端部的电容电流沿绝缘表面流向定子铁芯，如图 8-5 所示。这样，在绝缘表面沿电容电流的方向便产生了显著的电压降，因此，离铁芯较远的端部导线与绝缘表面间的电位差便减小，因此，不能有效地发现离铁芯较远的绕组端部绝缘缺陷。而在直流耐压试验时，不存在电容电流，只有很小的泄漏电流通过端部

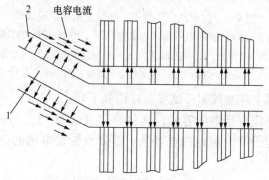

图 8-5 发电机定子绕组端部电容电流分布示意图

1—导体；2—绝缘体

的绝缘表面。因此，沿绝缘表面，也就没有显著的电压降，使得端部主绝缘上的电压分布比较均匀，因而在端部各段上所加的直流试验电压都比较高，这样就能比较容易发现端部绝缘的局部缺陷。

682. 对发电机定子绕组(主)绝缘进行工频交流耐压试验的意义是什么？

发电机的工频交流耐压试验的试验电压与其工作电压的波形、频率一致。试验时，绝缘内部的电压分布与击穿性能也与发电机运行时相一致，因此，交流耐压试验是一项更接近发电机实际运行情况的绝缘试验，再加上试验电压比运行电压高得多，故最能检查出绝缘存在的局部缺陷。此项试验对发现定子绕组绝缘的集中性缺陷，最为灵敏有效。

因此，交接试验标准中规定发电机安装后的交接时和预防性试验规程中规定大修前、更换绕组后都要进行定子绕组的交流耐压试验。

683. 画出发电机定子绕组(主)绝缘的工频交流耐压试验接线，并说明试验电压标准。

（1）试验接线

发电机定子绕组工频交流耐压试验接线如图8-6所示。

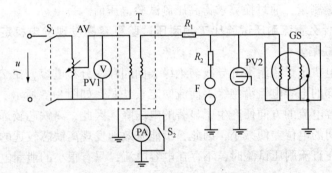

图8-6　发电机定子绕组工频交流耐压试验接线

S₁—电源开关；AV—单相调压器；T—试验变压器；PV1—低压侧监视用电压表；

PV2—静电电压表；R₁—限流电阻；R₂—球隙保护电阻；S₂—短路刀闸；

F—保护球隙；GS—发电机定子绕组；PA—毫安表

针对发电机的工频交流耐压试验，强调如下几点：

①试验变压器应有足够的容量，其估算式见式(8-2)，在运用估算公式时，需要知道发电机定子绕组对地的电容量。部分汽轮发电机的电容量如表8-2所示，可供估算之用。

$$I = 2\pi f C_x U \times 10^{-6}$$

$$S_N \geq UI = 2\pi f C_x U^2 \times 10^{-9} \qquad (8-2)$$

式中　I——发电机的电容电流，A；

　　　C_x——被试品的电容器，μF；

　　　U——试验电压有效值，V；

　　　f——电源频率，Hz；

　　　S_N——试验变压器所需额定容量，kV·A。

表 8-2　部分汽轮发电机的电容量

容量/ kW	一相绕组对其他两相绕组 及地的电容量/μF	容量/ kW	一相绕组对其他两相绕组 及地的电容量/μF
2000	0.0141	6000	0.0538
2500	0.0269	10000	0.05~0.078
4000	0.0421	12000	0.0858
5000	0.038		

小型发电机的电容量还可按下面的公式概算：

对于水轮发电机

$$3C_{ph} = \frac{KS^{\frac{3}{4}}}{(U_n + 3600)n^{\frac{1}{3}}} \qquad (8-3)$$

对于汽轮发电机

$$3C_{ph} = \frac{2.5KS}{\sqrt{U_n(1 + 0.08U_n)}} \qquad (8-4)$$

式中　C_{ph}——发电机定子绕组每相电容量，μF；

　　　S——发电机的容量，kV·A；

　　　U_n——发电机的额定（线）电压，V；

　　　n——转速，r/min；

　　　K——决定于绝缘等级的系数。对于 B 级绝缘的水轮发电机，当温度在 $t = 25℃$ 时，$K=40$；对于汽轮发电机，当温度为 15~20℃ 时，$K=0.0187$。

② 试验电压的测量必须在高压侧进行，而不能在低压侧测量后再通过换算求得高压侧的试验电压。这是因为试验变压器匝数比很大，漏抗大，而发电机的电容电流又比较大，有可能产生明显的"容升"现象，甚至发生串联谐振，从而使被试品上的试验电压升高。图 8-6 中接在低压侧的电压表 PV1 只是为了操作时监视之用。

③ 要求试验电压为正弦波形。试验时可在测量试验电压用的电压互感器（图 8-6 中未画出）的二次绕组上接示波器，检查试验电压的波形。若调压器输出电压波形畸变严重，而又没有配套的滤波器，可在调压器的输出端并联一个适当电

容量的电容器，滤掉电压中的高次谐波成份。

④ 必须配好限流电阻和球隙保护电阻；

⑤ 在试验变压器的低压侧必须装设过电流保护（图 8-6 中未画出），注意限流电阻的阻值和过电流保护整定动作值的配合。

（2）试验电压标准

U_n 表示发电机的额定电压。

① 交接试验标准规定发电机定子绕组的交流耐压试验电压如表 8-3 所示。

表 8-3　交接试验标准规定发电机定子绕组交流耐压试验电压

容量/kW	额定电压/V	试验电压/V	容量/kW	额定电压/V	试验电压/V
10000 以下	36 以上	$1.5U_n+750$	10000 及以上	3150~6300	$1.875U_n$
				6300 以上	$1.5U_n+2250$

② 预防性试验规程规定发电机定子绕组工频交流耐压试验电压如下。

全部更换发电机定子绕组并修好后的交流耐压试验电压按表 8-4 示出的标准执行。

表 8-4　全部更换发电机定子绕组并修好后的交流耐压试验电压

容量/（kW 或 kV·A）	额定电压 U_n/V	试验电压/V
小于 10000	36 以上	$1000+2U_n$最低为 1500
10000 及以上	6000 以下	$2.5U_n$
	6000~18000	$2U_n+3000$
	18000 以上	按专门协议

大修前及局部更换绕组并修好后。运行 20 年及以下者为 $1.5U_n$；运行 20 年以上与架空线路直接连接者为 $1.5U_n$；运行 20 年以上不与架空线路直接连接者 $(1.3~1.5)U_n$。

684. 发电机定子绕组主绝缘交流耐压试验的方法步骤是什么？如何分析试验结果？

（1）试验方法步骤

① 交流耐压试验前，先用兆欧表检查绝缘电阻，如有严重受潮和严重缺陷，消除后才能进行交流耐压试验。

② 按图 8-6 接线后，在空载（不接发电机绕组）下调整保护间隙，使其放电电压应在 1.1 倍的试验电压范围内，然后升高电压为试验电压，保持 2min 后，降至 0，并拉开电源开关。

③ 经过限流电阻 R_1 在高压侧短路，调试过电流保护动作的可靠性。一般情况下，其动作电流应为试验变压器额定电流的 1.3~1.5 倍。

④ 当接线调整无误后，即可将高电压引线接至发电机绕组上进行试验。升至试验电压持续 1min 后，降低电压，切断试验电源开关。

⑤ 交流耐压试验应分相加压，试验某一相时，其余两相应短路接地。

每相绕组有并联支路时，同支路间也应进行同样电压等级的耐压试验。

⑥ 耐压试验后，再次测量定子绕组绝缘的绝缘电阻和吸收比，以防止在耐压试验结束时的一瞬间，又发生绝缘击穿。

（2）试验结果的分析判断

① 在试验过程中，若未发生绝缘闪络、放电、击穿、过电流保护动作跳闸，则认为定子绕组主绝缘正常，在耐压试验后，所测得的定子绕组的绝缘电阻和吸收比与耐压试验前所测得值相比基本不变，则认为正常，否则认为绝缘有问题。

② 在试验过程中，如发现电压表指针摆动过大，毫安表指示剧增，绝缘有烧焦、冒烟、放电等现象或被试发电机有不正常的响声时，应停止试验，查明原因，加以消除后再继续试验。

685. 发电机定子绕组一相（主）绝缘泄漏电流过大时，进一步查找缺陷点的方法有哪些？各自的试验原理是什么？

（1）检查缺陷点的方法

对发电机定子绕组绝缘进行直流泄漏电流试验时，往往发生一相泄漏电流过大，电流随电压不成比例地上升、突变或波动，这表明该相绝缘体内部存在缺陷，进一步检查缺陷点的有效方法有电压分布法、局部加热法、高频微伏表法。

（2）各种检查方法的试验原理

① 电压分布法：这种检查方法适宜寻找定子绕组端部缺陷。其测量电路如图 8-7（a）所示。图中：PV1 为静电电压表；C 为测压用分压电容（或称降压电容）；R_1、R_2 为测量直流电压的分压电阻，$R_1 = 100M\Omega$、$R_2 = 1M\Omega$；PV2 是利用分压电阻测量电压的电压表，实测时，根据条件选择一种测压方法。

图 8-7（a）中的曲线 1，因正常线棒流过绝缘表面的泄漏电流 I_x 很小，所以用金属叉具测得的绝缘表面各点对地的电压数值很小，且随测点距槽口长度 l 的图像为一条直线。图 8-7（b）所示的曲线 2 为有缺陷的线棒因其体电阻 R_y 减小，致使流过绝缘表面的泄漏电流增大，所以用金属叉测得的绝缘表面各点对地的电压数值较大，且在缺陷点（图中 k 点）对应的图像出现折线，在故障点处的 $U_{x2} > U_{x1}$。由此可见，通过测量绕组表面各点对地电压后绘制曲线，即可确定缺陷点的具体部位。

制作好金属叉具是实际测量的一个重要的环节。叉具是用有弹性的金属片

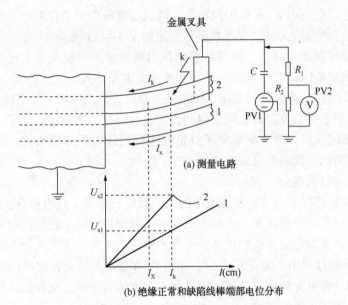

(a) 测量电路

(b) 绝缘正常和缺陷线棒端部电位分布

图8-7 电压分布法寻找定子绕组端部绝缘缺陷点的接线图

1—定子绕组绝缘正常时电位分布曲线；2—定子绕组端部绝缘有缺陷时电位分布曲线；

PV1—静电电压表；C—测压用分压电容（或称降压电容）；R_1、R_2—测压用分压电阻

（如不锈钢片、磷铜片等）制作，其长度与宽度应正好卡夹于绕组线棒为准。叉具要固定在有足够耐压水平的绝缘棒上，最好用经过试验合格的环氧玻璃布绝缘圆管，将静电电压表的降压电容 C 或分压电阻 R_1 及 R_2 等都装在绝缘管内，并用金属屏蔽线引出接到测量表计上，这样在测量操作过程中比较安全方便。

② 局部加热法：此方法适用于寻找发电机定子绕组端部绝缘的缺陷点。由前已知，当温度升高时，绝缘介质的电离增强，载流子更为活跃，绝缘的直流泄漏电流随温度（按指数规律）增大，特别是如果绝缘有缺陷时，在裂缝边缘电荷比较集中的部位再加热，促使电离，这样泄漏电流就会突然发生变化，利用这个原理，在对定子绕组施加一定的直流高压情况下，利用热吹风加热设备，对发电机定子绕组端部绝缘表面分段加热，观察测量泄漏电流的表计，若直流泄漏电流突然增大，则表明绕组绝缘被加热部位存在着缺陷点。

③ 高频微伏表法：这种方法实际上是测量局部放电。当定子绕组绝缘缺陷处的电场强度达到一定程度时便产生放电，它的放电频率可能在几百到几万（甚至更高）赫兹范围内波动。这种电磁波在靠近缺陷处最强，远离缺陷处逐渐减弱，所以可以特制一微型线圈，接收这种电磁波并转换成电动势，可根据电动势的大小判别缺陷的部位。因为电磁波的频率范围较宽，信号微弱，故需要配备适应频

率范围较宽、能测量微伏级的仪器进行检测。

686. 发电机转子绕组接地的危害是什么？接地类型有哪些？

（1）接地的危害

汽轮发电机转子绕组绝缘的故障，多表现为主绝缘的一点接地，当转子绕组仅有一点接地时，因为没有电流通过故障点，尚不影响发电机的正常运行，若又发生另一点接地而形成两点接地时，不仅故障电流可能会严重烧坏转子铁芯或护环，而且由于一部分转子绕组被短接而破坏了转子磁场的对称性，使得机组发生剧烈的振动和转子铁芯被磁化。这些都是不允许的，所以当发现转子绕组一点接地时，应迅速采取措施，投入两点接地保护或停机处理，以消除故障恢复正常运行。

（2）接地类型

按转子绕组接地的稳定性，可分为稳定性接地和不稳性接地两种。与转速、温度等因素无关的接地称为稳定性接地，反之为不稳定性接地。按其接地电阻大小，可分低阻性接地(金属性接地)和绝缘不良(非金属性接地)两种。一般过渡电阻稳定在 1000Ω 以下的称低阻性接地(金属性接地)；而大于 1000Ω 小于 $0.5M\Omega$ 的叫做绝缘不良(非金属性接地)。

687. 发电机转子绕组不稳定接地情况有哪些？

（1）高转速时接地：转子绕组绝缘电阻值，伴随着转速的升高而降低，当达到一定转速时，绝缘电阻值下降为零或接近于零。这类接地点多发生在靠近槽楔和护环的上层绕组线匝上。因为在离心力的作用下，绕组被压向槽楔底面和护环内侧，造成有绝缘缺陷的绕组接地。

（2）低转速时接地：转子在静止或低速运转时，转子绕组的绝缘电阻值为零或接近于零，但当转速升高，绝缘电阻值也随之增加；在一定高的转速下，绝缘电阻值恢复正常。

这类接地点多发生在槽部的下层绕组线匝上，因为在离心力的作用下，绕组离开槽底向槽面压缩会使接地点消失。

（3）高温时接地：转子绕组的绝缘电阻值，伴随着温度的升高而降低，当达到一定的温度时，其绝缘电阻位为零或接近零，这多是因为转子绕组随温度上升而膨胀所至，这类接地多发生在转子两侧的端部。

（4）与转速和温度都有关的接地：这是转子绕组绝缘同时受转速和温度两个因素作用而产生的接地故障。

688. 如何测量发电机转子绕组的绝缘电阻？

（1）测量方法

转子绕组绝缘电阻可在静态和动态两种情况下进行测量。

① 静态测量

交接试验标准规定测量转子绕组绝缘电阻时采用兆欧表的电压等级：当转子绕组的额定电压为 200V 以上时，采用 2500V 兆欧表；为 200V 及以下时，采用 1000V 兆欧表。预防性试验规程规定，测量转子绕组绝缘电阻均采用 1000V 兆欧表。《标准》、《规程》均规定，测量水内冷发电机转子绕组绝缘电阻用 500V 及以下兆欧表或其他测量仪器。测量时，发电机转子处于静止状态，先将两滑环短路接地放电，然后把碳刷提起，兆欧表线端子（L）接在转子滑环上，地端子（E）接在转子轴上。静态测量可检查发电机转子绕组主绝缘存在的稳定性接地故障。

②动态测量

动态测量可检查出转子绕组主绝缘与转速和温度有关的不稳定性缺陷。

空转下测量：是为了检查转子绕组绝缘在不同转速下的绝缘状况。其方法是将发电机与系统断开，励磁回路进行灭磁，将碳刷提起，在各种转速下分别测量绝缘电阻，然后绘制绝缘电阻与转速的关系曲线，从而检查出绝缘电阻受转速影响的情况。

负荷下测量：转子绕组的绝缘缺陷有时在一定的转速和温度下才能暴露出来，为此在负荷下测量转子绕组绝缘电阻是很有实际意义的。

负荷下测量转子绕组的绝缘电阻，目前我国仍限于电压表法，其原理接线如图 8-8 所示。由图示可知，流过转子绕组的电流为 I_R，转子绕组电阻为 R_1+R_2，电压表的内阻为 R_V，转子绕组对轴的绝缘电阻为 R_J，当电压表接在正、负滑环与地之间时，流过绝缘电阻 R_J 和电压表内阻 R_V 的电流分别为 I_1 及 I_2，由图 8-8（a）可得

$$U_K = I_R R_1 + I_R R_2 \qquad\qquad (8-5)$$

由图 8-8（b）可得

$$I_R R_1 = (R_V + R_J) I_1 = (R_V + R_J) \frac{U_+}{R_V} \qquad\qquad (8-6)$$

由图 8-8（c）可得

$$I_R R_2 = (R_V + R_J) I_2 = (R_V + R_J) \frac{U_-}{R_V} \qquad\qquad (8-7)$$

将式（8-6）及式（8-7）代入式（8-5）中并整理化简可得

$$R_J = R_V \left(\frac{U_K}{U_+ + U_-} - 1 \right) \times 10^{-6} (M\Omega) \qquad\qquad (8-8)$$

式中，U_K、U_+、U_- 的单位为 V；R_V 的单位为 Ω。

测量时所选用的直流电压表内阻 R_V 应足够大，否则将会带来很大的误差，

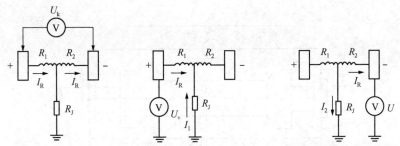

(a) 测量滑环间的电压 U_k　　(b) 测量正极滑环对轴的电压 U_+　　(c)测量负极滑环对轴的电压 U_-

图 8-8　带负荷情况下用电压表法测量转子绕组绝缘电阻的原理接线图

一般不小于 50000Ω。在现场经常选用内阻为 20000Ω/V、准确度为 1.5 级的万用表，可获得准确的测量结果。

这种测量结果，包括了励磁回路在内的综合绝缘电阻，所以测量前应保证励磁回路的绝缘良好。测量时，电压表与滑环或转子轴接触，应使用带绝缘柄的特制铜刷。

（2）测量结果的分析

预防性试验规程规定：绝缘电阻值一般不应低于 0.5MΩ；水内冷转子绕组绝缘电阻值在室温下一般不应小于 5kΩ；对于 300MW 以下的隐极式电机，当定子绕组已干燥完毕而转子绕组未干燥完毕，如果转子绕组的绝缘电阻值在 75℃时不小于 2kΩ，或在 20℃时不小于 20kΩ，允许投入运行；对于 300MW 及以上的隐极式电机，转子绕组的绝缘电阻值在 10~30℃时不小于 0.5MΩ。

689. 如何利用直流压降法查找转子绕组稳定接地点的位置？

当转子回路发生一定程度接地时，首先应将励磁回路进行分段检查，测量转子绕组以外的励磁回路是否接地，当判定接地点在转子绕组时，再用直流压降法查找转子绕组的接地点。

（1）试验接线：如图 8-9 所示。

（2）试验原理：在转子绕组 ZQ 的两端滑环 1、1′上施加直流电压后，分别测量出 U、U_1 和 U_2，然后计算出接地点的大概位置。

按 R_J 为零分析，由导体电阻的计算公式知：正滑环与接地点 A 间的电阻 R_1 =$\rho l_+/S$，负滑环与接地点 A 的电阻 $R_2 = \rho l_-/S$。根据欧姆定律，$U_1 = R_1 I$、$U_2 = R_2 I$，由电压表 PV_1、PV_2 分别测得 U_1、U_2，则

$$\frac{U_1}{U_1+U_2} = \frac{R_1 I}{R_1 I + R_2 I} = \frac{R_1}{R_1 + R_2} = \frac{\rho \times \dfrac{l_+}{S}}{\rho \times \dfrac{l_+}{S} + \rho \times \dfrac{l_-}{S}} = \frac{l_+}{l_+ + l_-} = \frac{l_+}{l_\Sigma} = l_+^*$$

$$(8-9)$$

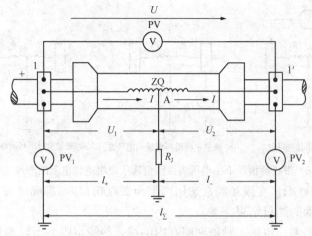

图 8-9　用直流压降法查找转子绕组接地点的试验接线

ZQ—转子绕组；1、1′—转子正、负滑环；

A—假设的转子绕组的接地点；

PV—两滑环间的电压表；

PV₁、PV₂—测量转子正、负滑环与转子绕组接地点间的电压表；

R_J—转子绕组稳定接地电阻；

l_+、l_-—正、负滑环与接地点 A 间的绕组长度；

l_Σ —转子绕组的总长度

同理

$$\frac{U_2}{U_1 + U_2} = \frac{l_-}{l_\Sigma} = l_-^* \qquad (8-10)$$

由式(8-9)、式(8-10)可知

$$l_+ = l_+^* \, l_\Sigma$$

$$l_- = l_-^* \, l_\Sigma \qquad (8-11)$$

式中　l_+^*、l_-^*——接地点距正、负滑环绕组长度与转子绕组总长度 l_Σ 的比值。

计算出 l_+ 和 l_- 后，再根据转子绕组几何尺寸，分析确定沿转子轴向和径向的大概位置。

应当指出，当 R_J 不为零时，考虑 R_J 上的压降影响后，仍可按上述公式计算 l_+ 和 l_- 的长度。

（3）注意事项：

① 要用同内阻、同量程的电压表测量 U、U_1、U_2，电压表的内阻不应小于 $10^5\,\Omega$（使用量限总内阻）。

② 要用铜刷在滑环上直接测量电压，以减小误差。

③ 测量两滑环间的电压是为了校验之用，(U_1+U_2) 不应大于两滑环间的电压 U。当 R_J 约为零时，$U \geqslant U_1+U_2$，否则要查明引起测量误差的原因。

④ 测量时必须退出两点接地保护，并采取措施，严防试验回路两点接地。

⑤ 当接地点 A 与地之间电阻不为零时，其电阻值 R_J 可按式（8-8）计算，即

$$R_J = R_V\left(\frac{U}{U_1+U_2} - 1\right) \qquad (8-12)$$

式中　R_V——电压表 PV 的内阻值，Ω。

各测量电压单位为 V；R_J 单位为 Ω。

690. 如何利用直流电阻比较法查找转子绕组稳定接地点的位置？

直流电阻比较法与直流压降法的原理基本相同，测量接线如图 8-10 所示。

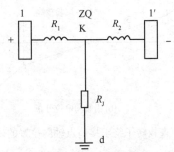

图 8-10　用直流电阻比较法测量接地电阻接线图

R_1、R_2—接地点距正、负滑环转子绕组的电阻；R_J—接地电阻；ZQ—转子绕组

在转子静止状态，用单（或双）臂电桥分别测出电阻 $R_{11'}$、R_{1d} 和 $R_{1'd}$ 值后，即可按下式求得

$$R_1 = \frac{R_{11'} - R_{1'd} + R_{1d}}{2} \qquad (8-13)$$

$$R_2 = \frac{R_{11'} - R_{1d} + R_{1'd}}{2} \qquad (8-14)$$

$$l_+^* = \frac{R_1}{R_1+R_2} \qquad l_-^* = \frac{R_2}{R_1+R_2} \qquad (8-15)$$

$$R_J = \frac{R_{1d} - R_{11'} + R_{1'd}}{2} \qquad (8-16)$$

式中　$R_{11'}$——两滑环之间的电阻，Ω；

R_{1d}、$R_{1'd}$——正、负滑环对地（轴铁芯）的电阻，Ω；

l_+^*、l_-^*——正、负滑环距离接地点间的长度与转子绕组总长度的比值。

求得 l_+^*、l_-^* 后，再按式(8-11)计算出接地点距离正、负滑环间的绕组长度。

应注意：测量引线与滑环接触必须良好，以保证测量准确。测量前应先用欧姆表(或万用表的电阻档)初测电阻的数值，然后再用电桥准确测量。转子绕组是电感元件，要正确使用电桥，以免将其损坏。

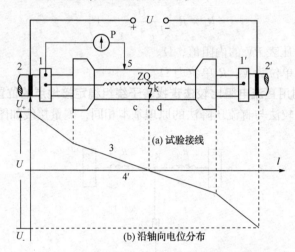

图 8-11　查找转子绕组接地点轴向位置的试验接线

691. 当转子绕组发生稳定接地时，如何利用大电流法查找接地点的具体位置？

通过直流压降法或直流电阻比较法，计算绕组的长度查找转子绕组接地点的位置，有时误差较大，而用大电流法直接查找接地点的具体位置比较准确。但需要指出，只有当被测得的接地电阻(R_j)为几欧姆以下的稳定接地电阻时，才可直接采用大电流法查找接地点；而测得的接地电阻 R_j 较高，则必须首先利用工频电流将接地点烧穿，使接地电阻 R_j 降至几欧姆的稳定电阻后，才可用大电流法查找接地点。

(1)用大电流法查找转子绕组接地点的轴向位置

大电流法查找转子绕组接地点轴向位置的试验接线如图8-11所示。

在转子本体两端(2 和 2′)间，通入较大的电流(例如 50MW 发电机的转子需通入 500~1000A)，若以接地点 k 为参考点，沿转子长度 l 的电位分布，如图8-11(b)曲线 3 所示，而与转子轴绝缘的滑环(1、1′)和转子绕组 ZQ，其电位与接地点 k 电位相同，均为零。因此，测量时，只需将检流计 P 的一端接滑环(1 或 1′)，另一端接探针 5，并将探针沿转子本体轴向移动，监视检流计的指示，当检流计指示为零或接近于零时，该处即为转子绕组接地点 k 所在转子断面的轴向位置。测量时，所加电流越大，灵敏度越高。

由于电流值、检流计的灵敏度及接地电阻值的不同，会出现一个零位区。例如：当探针从左侧向右侧移动到 c 点时，检流计指示为零；而当探针从右侧向左侧移动到 d 点时，检流计指示也为零，则实际的接地点在 c、d 两点的中间 k 点。

（2）确定转子绕组接地点径向位置的方法

查找转子绕组接地点径向位置的试验接线如图8-12所示。

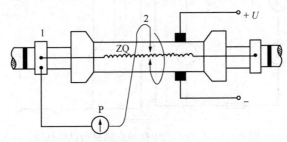

图8-12　查找转子绕组接地点径向位置的试验接线

其试验方法是，在转子的两个磁极（即两个大齿）上加直流电压，调整电流不小于500A。将检流计 P 的一端接转子一侧的滑环，如图8-12中的1，检流计的另一端2，在已经确定接地点的轴间位置，沿圆周移动，找出检流计指示为零的点。若有两个点使检流计的指示为零时，应将直流电源的两个电极改接在与磁极中心面垂直的两侧对称的小齿上，再按上述方法找出检流计指示为零的点，前后两次零值的重合处，即为接地点 k 所在的槽位。然后，取下转子护环，对转子绕组 ZQ 施加直流电压，用电压表测量接地槽线圈每匝对轴（地）的电位，电压表指示为零(或接近于零)的线匝，即为接地线匝。

试验时必须注意的是，因为通入转子轴的电流很大，所以电源引线与轴的接触必须紧密、牢固，以免烧损转子轴；试验结束时，必须先把电流减小为零，才能断开直流电源，严禁突然切断电源，以免在转子绕组上感应过电压，损坏绕组绝缘，为防止万一，试验时，必须将转子两滑环短接。

692. 如何把转子绕组较高的接地电阻通过烧穿试验变成较低的稳定接地电阻？

如需将转子绕组较高的接地电阻通过烧穿试验变成较低的稳定接地电阻，可按图8-13所示试验接线进行。图中：电流表 PA 用作监视烧穿接地点电流；灯泡 HL 用作限流和在烧穿时发亮信号；熔断器 FU 用作保护，以免电流持续时间过长，烧坏转子部件。

在试验的过程中，通入的电流应尽量小些，如不能烧穿接地点时，再按3A、5A、8A、10A 几个数值的电流逐渐增加，

但一般不应大于10A，每次持续时间为 3~5min，到时要切断电源，以防时间过长，造成转子铁芯、槽楔或护环的局部损伤。

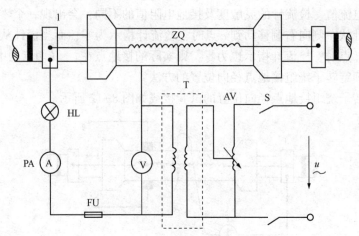

图 8-13　将转子绕组接地点烧穿的试验接线
PA—电流表；HL—指示灯；FU—熔断器；T—隔离变压器；
AV—调压器；S—电源开关

693. 如何处理转子绕组的不稳定接地故障？

运行中的发电机转子绕组接地故障，有时与转速和温度有关，表现为活动性质（如在一定的转速下出现接地，而静止后接地消失等），这就需要测试和分析转子绕组绝缘状况与运行条件的关系。为了分析接地故障与转速的关系，可在不同的转速下测定转子绕组的接地电阻。为了测定接地故障与温度的关系，可以在运行中采用改变无功负荷等办法，测定不同转子电流下的转子绕组绝缘电阻。

在处理这种活动性质的接地电阻时，首先应变活动性接地为稳定性接地，其方法是在出现接地现象的运行条件下，在转子绕组和转轴间通入适当的电流，烧穿不稳定的接地点，使其变成稳定的金属性接地，然后再按寻找稳定接地点的方法确定接地点的位置。

把不稳定接地点用电流烧穿为稳定的金属性接地的方法，与把较高的接地电阻烧穿成较低的接地电阻的方法相同。

694. 转子绕组匝间短路产失的原因和危害是什么？匝间短路是如何分类的？

（1）产生原因

① 制造工艺不良。例如：在下线、整形等工艺过程中损伤匝间绝缘；铜线有硬块、毛刺，也会造成匝间绝缘损伤。

② 运行中，在电、热和机械等综合应力的作用下，绕组产生变形、位移，造成匝间绝缘断裂、磨损、脱落；另外，由于脏污等，也可能造成匝间（尤其是转子绕组的端部匝间）短路。

③ 运行年久、绝缘老化，也会造成匝间短路。

226

（2）危害

转子绕组匝间短路故障是发电机常见性缺陷；轻微的匝间短路，机组仍可继续运行，但应注意加强监视和试验；当匝间短路严重时，将使转子电流显著增大，转子绕组温度升高，限制了发电机无功功率的输出，或者使机组振动加剧，甚至被迫停机。因此，当转子绕组发生匝间短路故障时，必须通过试验找出匝间短路点，予以消除，使发电机恢复正常运行。

（3）匝间短路的分类

按转子绕组匝间短路稳定性可分为稳定性匝间短路和不稳定性匝间短路两种。凡是与转子转速和温度等因素无关的转子绕组匝间短路称为稳定性短路；凡是与转子转速和温度等因素有关的转子绕组匝间短路称为不稳定性匝间短路。

695. 检查转子绕组稳定性匝间短路的方法有哪些？对各种方法进行简单的综合比较。

（1）检查转子绕组稳定性匝间短路的方法

检查转子绕组稳定性匝间短路的常用方法有直流电阻比较法、空载特性比较法、短路特性比较法、交流阻抗和功率损耗比较法、单开口变压器法(包括电压相量法和瓦特表法)、双开口变压器法、功率表的相量投影法、直流压降计算法。

（2）对不同方法的简单综合比较

直流电阻比较法、空载特性比较法和短路特性比较法在检查转子绕组匝间短路缺陷方面，灵敏度低，只能作为综合判断的参考方法。

交流阻抗和功率损耗比较法，单、双开口变压器法才是现场检查转子绕组匝间短路常用而有效的方法，因此，测量交流阻抗和功率损耗是交接和预防性试验中必须做的项目。它适用于各种类型(隐极式和显极式)的转子。对于隐极式转子，当做交流阻抗和功率损耗试验时，若初步判断转子存在匝间短路时，再用单、双开口变压器法进一步查找短路线匝所在的具体线槽(具有磁性槽楔的线槽不能用单开口变压器法，只能用双开口变压器法检查)。当确定出短路线匝的具体线槽后，取下一端护环，再采用直流压降计算法，即可计算出短路点所在线槽中的具体位置。

696. 为什么说直流电阻比较法、发电机空载特性比较法和短路特性比较法在发现转子绕组匝间短路缺陷方面不够灵敏？

（1）直流电阻比较法

交接试验标准和预防性试验规程中规定，在交接或大修时，都应在冷态下测量转子绕组的直流电阻，其变化不应超过2%，否则应查明原因。理论上，当绕组发生匝间短路时，直流电阻会减小，但汽轮发电机转子绕组的总匝数较多(约160匝以上)，如果其中只有一、两匝短路，即使测量准确，直流电阻减小也不超过 1%，况且实际测量难免存在误差，因此，直流电阻比较法检查转子绕组的匝间短路，其灵敏度很低，不能作为判断匝间短路的主要方法，只能作为综合分析判断的参考方法。

（2）空载特性比较法和短路特性比较法

当转子绕组发生匝间短路时，因转子绕组的有效匝数减少，使转子绕组的主磁通减小，导致发电机三相稳定的空载特性和短路特性曲线比正常时降低，但因受测量精度的限制，一般只有短路匝数超过总匝数的 3%~5% 时，空载和短路特性曲线的下降才比较明显，所以此方法，在发现转子绕组匝间短路方面，灵敏度也较低，也只能作为综合分析判断的参考方法。

在此指出，在空载特性试验中，因发电机的开路电压的大小与转子的转速有关，且为非线性，因此，在测量时转速的变化将会给测量造成一定的误差。而在短路试验中。因短路电抗(X_k)和短路电动势(E_k)均与转速成正比，一般转速在额定转速的 1/3 以上时，短路电流 I_k($=E_k/X_k$)则与转速无关，因此短路试验时，转速的波动不会引起测量误差，所以在发现转子匝间短路缺陷方面，短路特性比较法比空载特性比较法有效一些。

697. 为什么测量发电机转子绕组的交流阻抗和功率损耗能有效地发现转子绕组匝间短路故障？如何进行这项试验？

（1）有效性的原因

这一试验是在转子绕组上施加工频交流电压，测量交流阻抗和功率损耗、若绕组中存在匝间短路，当交流电压作用时，在短路线匝中产生的短路电流，约是正常线匝电流的 n 倍（n 为一个槽内绕组总匝数），它有着强烈的去磁作用，从而导致绕组的交流阻抗大大下降，电流大大增大，因功率损耗与电流的平方成正比，所以功率损耗也显著增大，通过测量转子绕组的交流阻抗和功率损耗，与原始（或以前）数据比较，即可灵敏地判断出转子绕组是否存在匝间短路缺陷。

（2）试验方法

① 试验接线：测量发电机转子绕组的交流阻抗和功率损耗试验接线如图 8-14 所示。图中仪表的量限应按具体机组而定，准确度均不得低于 0.5 级。

② 试验步骤：

按图 8-14 接好试验电路。合上电源开关 S，调节调压器使输出电压升至接近于转子额定励磁电压的 $1/\sqrt{2}$ 倍，然后逐渐降压。每下降试验电压的 15%~20%，待表计指示稳定后，读记电压、电流和功率数值。电压降至零后，切断电源开关。

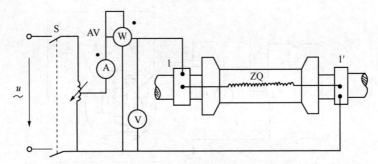

图 8-14　测量发电机转子绕组的交流阻抗和功率损耗试验接线

S—电源开关；AV—单相调压器；ZQ—转子绕组；1、1'—转子滑环

计算电机转子绕组的交流阻抗 Z，即：

$$Z = \frac{U}{I} \quad (\Omega)$$

式中　U——测量电压，V；

　　　I——测量电流，A。

③ 注意事项：

要求试验电压为正弦波，为了减小高次谐波，最好试验电源取自线电压。

试验电压的峰值不得超过转子额定励磁电压。

试验时，先升至最高电压，然后下降分段测量，目的是为了减小剩磁对阻抗的影响。

交流阻抗和功率损耗与许多因素有关，试验时必须注意在相同的状态(指静态、动态，定子膛内、膛外，护环和槽楔与本体的结合状态)和相同参数(指转速、电压)下进行测量比较。

当转子绕组存在一点接地时，试验电源不能采用具有地线的电源，否则，试验电路中应另加隔离变压器，以免造成绕组和铁芯烧损事故。

对隐极式转子应在定子膛内或膛外测量。在膛内测量时，定子回路必须断开，以免因定子绕组中产生的感应电动势引起环流，影响测量结果，另外应注意安全。在膛外测量时，转子最好与周围的铁磁物质相距 0.5m 以上，距离有钢筋的地面 0.3m 以上。

对于显极式转子一般仅要求在膛外测量，除测量整个转子绕组的交流阻抗和功率损耗外，还应在相同的电流条件下测量各磁极绕组的电压，试验电路如图 8-15 所示。

同一转子的各磁极结构相同，每个磁极绕组上的电压分布基本上一致，如果发现某个磁极绕组上的电压显著减小，就可判断该磁极绕组有匝间短路。

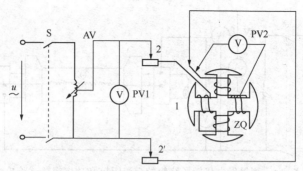

图 8-15　测量磁极绕组电压分布的接线图
S—电源开关；AV—调压器；1—显极式转子；
2—滑环；ZQ—转子绕组

　　为了寻找与转速有关的不稳定性转子匝间短路，可在转子不同的转速下进行测量。测量时将转子滑环炭刷提起，用两根带绝缘棒的铜刷，将固定的交流试验电压加在滑环上，分别测量和比较不同转速下的交流阻抗和功率损耗。此项试验，一般在发电机大修停机和开机时进行。

　　④ 分析判断：

　　预防试验规程和交接试验标准对转子阻抗和功率损耗值未作规定，只是明确指出在相同的试验条件下隐极式转子绕组的阻抗和功率损耗，与历年的数值比较不应有明显变化。当有明显变化时，应配合其他方法综合判断有无匝间短路；显极式转子各磁极绕组的阻抗和功率损耗，相互间不应有显著差别。

　　实践证明、在相同的试验条件下，测得数值与历年平均值比较，阻抗值下降在 5% 以下认为正常，下降在 5% 以上可认为转子绕组存在匝间短路，有匝间短路时，功率损耗增加的比例要比阻抗下降的比例更大些。

　　如果在某一转速下阻抗减小很多或者在额定转速下的阻抗比静态时减小 10% 以上，表明转子绕组存在与转速有关的不稳定性匝间短路。

　　在进行这一试验时，考虑到匝间绝缘的安全，所加试验电压的最大值不要超过额定励磁电压，即铁芯处于不饱和状态，此时，不仅铁芯的磁滞损失和涡流损失随试验电压的升高而增大，而且，电抗也由于铁芯不饱和而随电压的升高而增大，所以，当转子绕组绝缘完好或有稳定性短路时，其交流阻抗和功率损耗是随着试验电压的升高而连续增大，且这种增大不会突变。如果在升压过程中，阻抗及功率损耗发生跳跃的变化，则表明绕组中的匝间绝缘薄弱处被击穿，因此，试验时绘制 $Z=f(U)$、$P=f(U)$ 曲线，有利于发现（绕组匝间不稳定性短路）问题和分析判断。

698. 发电机轴电压产生的原因、危害及消除措施、测量意义是什么？

（1）轴电压产生的原因

① 磁通不对称。造成磁通不对称的原因，可能是由于定子铁芯局部磁阻较大、定子与转子气隙不均匀、分数槽电机（多为水轮发电机）电枢反应不均匀等所引起。

② 电机大轴被磁化。

③ 高速蒸汽产生静电。

由于与发电机同轴相连的汽轮机的轴封不好，沿轴的高速蒸汽泄漏或蒸汽在汽缸内高速喷射等原因使轴带电荷，这种性质的轴电压有时很高，当人触及时感到麻手。

（2）危害及消除措施

高速蒸汽产生的静电荷，不易传导到励磁机侧，在汽轮机侧也有可能破坏油膜和轴瓦，通常在汽轮机轴上装设接地炭刷来消除。

对于其他原因所产生的轴电压，如果在安装时和运行中不采取有效的措施，当轴电压足以击穿轴与轴承间的油膜时，将产生一个由发电机大轴、轴颈、轴瓦、轴承支架及机组底座为回路的轴电流，虽然轴电压不高，通常在 1V 以下，个别机组为 2~3V，但由于回路的电阻非常小，因此产生的轴电流可能很大，有时可达数百安培，轴电流会使轴承油的油质劣化，严重时会将轴瓦烧坏，被迫停机造成事故。

为了防止轴电流的产生，设计安装时，在位于发电机励磁机侧的轴承支架与底座之间已加装绝缘垫，同时将所有螺杆、螺钉（控制销）及油管等均已采取绝缘措施。

（3）测量轴电压的意义

由以上分析可知，发电机一侧的轴承支架与底座之间的绝缘垫是否保持良好的绝缘性能，对于防止发电机的轴和轴瓦的损坏以及轴承油质的劣化，保证机组的安全运行起着重要作用。因此，机组在安装时和运行中，通过测量比较发电机两端的电压和轴承与底座的电压，检查判断发电机轴承支架和底座之间的绝缘好坏是十分必要的，所以，交接试验标准和预防性试验规程中都把发电机轴电压的测量列为必做的试验项目。

699. 如何测量发电机的轴电压？

（1）试验接线

测量发电机轴电压的试验接线如图 8-16 所示。

电压表选用高内阻、0~0.5~1~3V、0.5 级的交流电压表。

（2）试验的方法

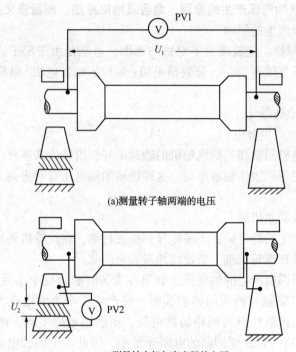

(a)测量转子轴两端的电压

(b)测量轴支架与底座间的电压

图 8-16　测量发电机轴电压的试验接线图

① 应使发电机保持在额定电压的情况下，分别在额定负载、1/2 额定负载及空载三种运行状态下进行测量。

② 按图 8-16(a) 所示，用铜刷搭接在转子轴上，测轴两端的电压 U_1。

③ 按图 8-16(b) 接线，测量轴承支架与地之间的电压 U_2。测量时，应用铜刷把发电机两侧的轴承与轴间的油膜短路。

④ 若缺少低量程的电压表，可用 12/220V 的行灯变压器升压后测量。

⑤ 安装时，轴承绝缘用 1000V 兆欧表进行检查，在运行中采用测量轴电压的方法检查。

（3）分析判断

① 若测量的 $U_1 = U_2$，说明轴承支座与地之间的绝缘良好。

② 若轴两端的电压 U_1 大于轴承与底座间的电压 U_2，即 $U_1 > U_2$，且 U_1 超过 U_2 的 10%，则说明轴承支架与底座之间的绝缘不良。

③ 若测量结果为 $U_1 < U_2$，则说明测量不准，应重测。

700. 何谓发电机的定子铁芯试验？为什么进行此项试验？

所谓发电机定子铁芯试验，就是给定子铁芯进行交流励磁，保持足够的磁通密度(一般约为 0.8~1T)，测量铁芯损耗值和历时 90min 的铁芯各部分温度，然后分析判断定子铁芯状况。

进行此项试验的原因是：发电机定子铁芯都是采用硅钢片叠装而成，并在各片间涂有绝缘漆，在长期运行中，定子铁芯因受转子旋转磁场的作用，而产生磁滞损失和涡流损失，使铁芯温度升高；硅钢片在加工过程中或在铁芯组装过程中存在的工艺问题，可能造成铁芯局部短路；电磁振动可能造成硅钢片的磨损；电机运行年久，硅钢片间绝缘发生老化。这些原因都可能导致铁芯局部涡流过大、温度过高而烧伤定子绕组绝缘，威胁机组的安全运行。因此，在新机交接时、电机绕组发生故障且铁芯受损、运行中发现铁芯局部高温、大修中怀疑铁芯短路、更新组装或更换和修理硅钢片后，均应进行定子铁芯试验。但在制造厂已进行此项试验，并有出厂报告，交接时可不进行此项试验。

701. 什么是发电机的空载特性？测录空载特性的意义是什么？

(1) 发电机的空载特性

同步发电机的空载特性是指发电机在额定转速的空载运行条件下，定子绕组端电压 U_0(或 E_0)和励磁电流 I_e 的关系曲线，即 $I=0$，$n=n_n$(n 为转子转数，n_n 为额定转数)时的 $U_0=f(I_e)$。

发电机的空载特性曲线可由标么值表示，定子电压的基准值为定子额定电压 U_n，转子电流的基准值等于定子为额定电压时的励磁电流 I_{e0}。这样画出的空载特性曲线，不论发电机的容量大小和电压高低，都是极为近似的，因此，可利用以标么值表示的空载特性来鉴别电机设计和制造的合理性。

(2) 测量空载特性的意义

空载特性曲线是发电机的最基本的特性曲线，也是决定发电机参数及运行特性的重要依据之一。空载特性与其他特性相配合可以求出电压变化率 $\Delta U\%$、纵轴同步电抗 X_d、保梯电抗 X_p、短路比 k 和负载特性等。

在进行发电机空载特性试验的同时，还可以兼顾进行定子绕组匝间耐压试验、检查定子三相电压的对称性、测定定子绕组的残压。

此外，它与以往试验结果比较，能反映转子绕组严重的匝间短路故障。

702. 如何进行发电机的空载特性试验？

(1) 试验接线

发电机空载特性试验接线如图 8-17 所示。

(2) 试验步骤

① 按图 8-17 接线。

② 将自动调整励磁装置放在手动位置，退出强行励磁和强行减磁装置，将磁场变阻器 R 调至最大位置，将差动、过流、接地保护投入运行。

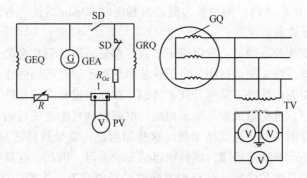

图 8-17　发电机空载特性试验接线图

GRQ—发电机转子绕组；GQ—发电机定子绕组；GEQ—励磁机励磁绕组；

GEA—励磁机电枢；SD—灭磁开关；R—磁场变阻器；

TV—电压互感器；PV—毫伏表；1—分流器

③ 将发电机升速至额定转速，且保持不变。

④ 合上灭磁开关 SD，调节磁场变阻器，慢慢调节励磁电流，逐渐增加定子电压，每增加额定电压的 10% ~ 15%，应停留片刻，同时读取并记录各仪表的读数和转速值；定子电压的最高值应该是汽轮发电机电压升至额定电压的 130%，带变压器时为 110% 的额定电压，水轮发电机电压升至额定电压的 150%（以不超过励磁电流为限）。

⑤ 对有匝间绝缘的发电机结合进行匝间耐压试验时，应在最高试验电压下进行，持续时间为 5min。

⑥ 逐渐减少励磁电流，降低定子电压，每减少额定电压的 10% ~ 15% 应停留片刻，读取并记录各仪表的指示值和转速，当磁场变阻器退至电阻最大时，拉开灭磁开关。

⑦ 拉开灭磁开关后，保持额定转速，在定子绕组的出线处测量残余电压。

（3）注意事项

① 正式试验前，应先将发电机慢慢升压至额定电压值的 20% ~ 50%，检查三相电压是否平衡，且观察发电机是否正常；如有异常，应迅速降压，切断励磁，查明原因。

② 在测录上升和下降曲线时，励磁电流只能单方向调节，严禁中途返回；否则，会因铁芯磁滞的影响，使测量结果产生误差。

③ 对于曲线的直线部分，选取的测点可少些，而当电压升至额定电压附近值时，应适当减小间隔增加测点密度。

④ 由于设备缺陷等原因，发电机无法保持额定转速，可以选定一另外的转速。

⑤ 励磁电流的调节应缓慢进行，调到某点数值时，待表计指示稳定后，再同时读数。若定子和转子的仪表不能放在同一地方时，应装设联络信号，以利于同时读数。

⑥ 因为水轮发电机定子电压升至 1.3 倍的额定电压时，励磁电流将超过额定值，所以，测录水轮发电机的空载特性曲线时，定子电压应以调节励磁电流至额定值为限。

⑦ 对无匝间绝缘的发电机不作匝间耐压试验。

⑧ 测量定子绕组残压时，灭磁开关应确认在断开位置，测量人员应戴绝缘手套，并利用绝缘棒进行测量，所用的交流电压表应是多量程的。

⑨ 在试验过程中，应派人在发电机附近监视，当发现有异常现象时，应立即跳开灭磁开关，停止试验，查明原因。

（4）分析判断

① 将各表计读数换算成实际值，其中定子电压应取三个电压表测量值的平均值。

② 在实验中，若转速不是额定值，定子电压应换算至额定转速。其换算公式如下：

$$U = U' \frac{n_\mathrm{n}}{n'} \quad \text{或} \quad U = U' \frac{f_\mathrm{n}}{f'}$$

式中　U——换算至额定转速时的定子电压，V；

　　　U'——试验时的定子电压，V；

　n_n，n'——发电机额定转速和试验时的转速，r/min；

　f_n，f'——发电机额定频率和试验时的频率，Hz。

③ 按整理的数据绘制上升和下降两条空载特性曲线，由于铁芯磁滞的影响，上升和下降两条曲线不是重合的，应按平均值绘制空载特性曲线。

④ 绘制的空载特性曲线与制造厂（或以前测得的）数据进行比较，应在测量误差范围以内。如绘制的曲线比历年数据降低很多，即说明转子绕组有匝间短路故障。

⑤ 进行匝间耐压试验时，若定子电压突然下降或发电机内部冒烟、有焦味等，都说明定子绕组匝间绝缘已损坏。

第二节　发电机结构及原理

703. 简述同步发电机的工作原理。

同步发电机主要由定子和转子两部分组成。它的定子是将三相交流绕组嵌置于由冲好槽的硅钢片叠压而成的铁芯里，它的转子由磁极铁芯及励磁绕组构成。

如果用原动机拖动同步发电机的转子，以每分钟 n 转的速度旋转，同时在转子的励磁绕组中通入一定的直流电励磁，那么转子磁极产生的磁场随转子一起以 $n(\text{r/min})$ 的速度旋转，它和定子有了相对运动，根据电磁感应原理，就在定子绕组中感应出交流电势，在定子三相绕组的引出端可以得到三相交流电势，该电势的大小用下式表示：

$$E = 4.44fN\varphi k_1$$

式中　N——每相定子绕组串联匝数；

　　　f——电势的频率，Hz；

　　　φ——每极基波磁通，Wb；

　　　k_1——基波绕组系数。

电势频率 f 决定于转子的转速 n 和磁极对数 p，它们之间的关系为：

$$f = pn/60 \qquad 或 \qquad n = 60f/p$$

式中　p——极对数。

如果定子三相绕组的出线端接三相负载，便有电能输出，发电机将机械能转换为电能。

石化企业自备电站的发电机一般是用汽轮机作为原动机，所以整个机组称为汽轮发电机组。也有部分企业采用燃气轮机做为原动机。

704. 同步发电机是如何分类的?

按原动机可分为汽轮发电机、水轮发电机、柴油发电机和燃气轮发电机。

按冷却方式可分为外冷式发电机和内冷式发电机。

按冷却介质可分为空气冷却发电机、氢气冷却发电机、水冷却发电机以及油冷却发电机等。

按结构特点可分为凸极式和隐极式发电机。

705. 同步发电机是怎么发出三相交流电的?

同步发电机定子绕组是有规律地排列的，如果按照 A、B、C 三相对称排列，那么它就发出三相交流电。转子磁场在不断地切割着定子的绕组，绕组的 A、B、C 三相存在电角度 120° 依次被切割。当切割 A 相时，A 相的感应电压到达顶值，切割 B 相时，B 相的感应电压到达顶值，切割 C 相时，C 相也是如此，因而发出了三相交流电。

706. 发电机为什么不采用三角形接法?

如果采用三角形接法，当三相不对称时，或是绕组接错时，会造成发电机电动势不对称，即 $e_A + e_B + e_C \neq 0$，这样将在绕组内产生环流，如果这种不对称度比较大，那么这个环流也很大，这样会使发电机烧毁。另一个原因是星形接法可以抵消发电机因为齿或槽铁芯而产生的三次谐波（高次谐波中影响最大的是三次谐波）。因而发电机一般都采用星形接法。

707. 功率因数的进相和迟相是怎么回事？

通常，同步发电机既发有功，也发无功，这种状态称为迟相运行，或称为滞后，此时发出感性无功功率；但有时，发电机送出有功，吸收无功，这种状态，称之为进相运行。

进相运行转为迟相运行，或相反方向变化，在发电机只需调节励磁电流就可以，在一般情况下，因负荷以感性负荷为多，发电机处于迟相运行状态。

708. 发电机运行时为什么会发热？

任何机器运转都会产生损耗，发电机也不例外，运行时它内部的损耗也很多。就大的方面来说可分为四类：铜损、铁损、励磁损耗和机械损耗。铜损指的是定子绕组的导线流过电流后在电阻上产生的损耗，即 I^2R，而且定子槽内导线产生的集肤效应额外引起损耗。铁损是铁芯齿部和轭部所产生的损耗，它有两种形式，一种是涡流损耗，另一种是磁滞损耗。涡流损耗是由于交变磁场产生感应电动势，在铁芯中引起涡流导致发热；磁滞损耗是由于交变磁场而使铁磁性材料克服交变阻力导致发热。励磁损耗是转子绕组的电阻损耗。另外，机械损耗就容易理解了。这四种损耗都将使绕组、铁芯或其他部件发热，因而发电机在运行中会发热，这种现象是不可避免的。

709. 为什么调节有功功率应调节进汽量，而调节无功功率应调节励磁？

这个问题主要是针对绕组流过无功电流或有功电流的影响而言。先讨论当绕组流过有功电流的情况。定子绕组内流过有功电流，它的方向与电动势的方向一致，这个电流在磁场中要受到力矩 F_1 的作用，而定子又是固定不动的，因而相当于转子受到 F_2 这个力矩的作用；对转子来讲，这是一个阻力矩，有功电流越大，阻力矩越大。因此，要求原动机输出力矩加大，这就需要调大进汽量。再来说当流过无功电流时的情况。以感性电流为例，感性电流滞后电动势 90°，电流流过励磁绕组此时，它所受力矩 F_1 也只是起压紧绕组而已，因此对原动机的进汽量无关，然而此时电枢反应相当强烈，定子绕组产生一个反向于转子的磁场，对转子磁场起削弱作用，它的无功减少，端电压降低。此时需要加大励磁电流。容性电流的作用与感性相反。

710. 为什么调节无功功率时有功功率不会变，而调节有功功率时无功功率会自动变化？

调无功时，因为励磁电流的变化会引起功角 δ 的变化，从式 $P_{dc} = m\dfrac{E_0U}{X_d}\sin\delta$

看出，当 E_0 增加，$\sin\delta$ 值减小时，P_{dc} 基本不变。调有功功率时，对无功功率输出的影响就较大。发电机能不能送无功功率与电压差 $\Delta \dot{U}$ 有关，这个电压差指的是发电机的电动势 $\dot{E}_0$ 和端电压 $\dot{U}_{xt}$ 的同相部分的电压差，只有这个电压差才产生无功电流。当发电机送出有功功率，电动势 $\dot{E}_0$ 就与 U_{xt} 错开 δ，这样 ab＜ac，无功电压变小了。当有功变化越大，δ 角就越大，无功电压更小，因而无功自动减小，反之，当 δ 角减小，无功会自动增加。

711. 汽轮发电机大轴上的接地碳刷是干什么用的？

汽轮发电机大轴上安装的接地碳刷，是为了消除大轴对地的静电电压用的。

汽轮机在运转过程中，由于汽机最后几级的蒸汽湿度较大，含有一些很小的水滴，这些水滴以高速度打在叶片上时，便使带负电的微粒逸出，汽机轴上就带有正电，而轴上的正电荷由于被轴瓦油膜所隔，不能泄入大地，故使大轴产生对地静电电压。电压的大小与机组的特点及所带的负荷有关，其值一般很小，但也有高达几十伏甚至上百伏的。人手触及与轴相连的部件可产生麻电现象，这种电荷长期存在可对汽机的叶轮产生损伤，所以汽轮发电机大轴上安装的接地碳刷，是为了把这些电荷泄入大地，消除静电电压用的。

712. 发电机的励磁侧轴承为什么要对地绝缘？

发电机转子在运转过程中，或多或少都有轴电势的产生，虽然这种轴电势不大，但是油膜的绝缘并不可靠，很容易被轴电势击穿，进而产生轴电流，油膜被轴电势击穿后，由于阻抗值很小，所产生的轴电流很大，进而烧坏轴瓦、轴颈，还会损坏汽机的有关部件，为了防止这种轴电流，所以在汽轮发电机的一侧（一般在励磁机侧），轴承与基础底座之间加装绝缘垫，轴承座的固定螺丝也要用绝缘管，在螺母下要垫绝缘垫圈，连到轴承座的油管也要与轴承绝缘。在电机运行时，要经常清理轴承座周围绝缘处的脏物，保持良好的绝缘。

713. 为什么水冷发电机的端部构件发热比较严重？

发电机的端部构件发热与端部的漏磁有关。端部有个分布复杂旋转的漏磁场。它是由定子绕组的端部漏磁和转子绕组的端部漏磁合成的。端部漏磁场的大小和形状与电机的结构特点和材料选用有关，在发电机运行的时候，这个漏磁场的磁通就切割端部的构件，感应产生涡流，从而产生损耗，造成端部发热，尤其用整块磁性材料制成的部件，发热就更严重。

端部构件发热，所有的发电机都存在，不过水冷电机更加严重而已，原因是水冷电机的电磁负荷大，即定子和转子的线负荷（沿电机圆周单位长度上的电流数）高，所以产生的漏磁也多，而这些部件的损耗约和磁通密度的平方成正比，所以发热就比较严重。

714. 发电机里的冷却风是怎样循环的?

发电机的风路系统是由风扇、冷却风道、铁芯通风沟、热风道、冷却器等组成。风冷发电机采用的是分段通风系统。

这种风路系统如图8-18所示。沿电机的轴向可把定子铁芯分成好几个区段,在这些区段中,有的区段的通风沟中的风是从气隙沿径向通到铁芯背部的,有的区段的通风沟中的风是从铁芯背部沿径向通到气隙的,这种通风系统,用比较简明的图来表示,就如图8-19所示。从两图中可以看到,风扇后的风分为两部分,一部分冷风从电机的两端进入气隙,另一部分冷风经定子绕组的端部(冷却端部)进入定子背部沿圆周分布的几个轴向冷风道,然后从靠近定子中部的环形冷风室,经这个区段的铁芯通风沟带走铁芯和绕组的热量,进到气隙。这部分风进到气隙后又沿轴向分为左右两路,一路沿气隙流向电机的端部,与从电机端部进入气隙的第一部分风会合后共同经过相遇处的靠近端部的一段铁芯通风沟带走热量,流向铁芯背部的环形热风室,然后到冷却器去;另一路沿气隙流向电机的中部,与从电机另一端来的,和它的经历相类似的一股风相会合,然后经电机中部的铁芯通风沟流向铁芯背部的热风室,最后也流到冷却器去。这些热风经冷却器

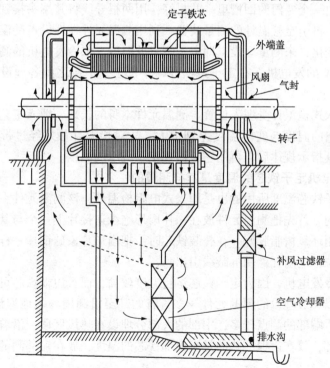

图 8-18　轴向分段通风系统

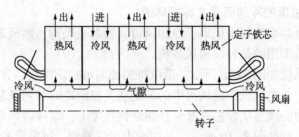

图 8-19 "二进三出"简明图

把热量传给冷却水后，再从冷却器的另一端出来，又回到风扇前。这种轴向分段的风路系统，沿轴向共分五段，从铁芯的背部来看，有两段进风，三段出风，故叫"二进三出"的风路系统。

715. 发电机定子绕组的温度是怎样测量的？

测量定子绕组温度所用的都是埋入式检温计。埋入式检温计可以是电阻式的，也可以是热电偶式的，目前发电机用的大部分是电阻式的。

电阻式检温计的测温元件一般埋在定子线棒中部上、下层之间，即安放在层间绝缘垫条内一个专门的凹槽里，并封好，用两根导线将其端头接到发电机侧面的接线盒里，再引至检温计的测量装置，利用测温元件在埋设点受温度的影响而引起阻值的变化，来测量埋设点即定子绕组的温度。水冷发电机的测温元件埋设较多，125MW 的发电机，在定子每槽线棒中部上、下层之间各埋设一个测温元件，共计 35 个。

由于埋入式检温计受埋入位置、测温元件本身的长短、埋入工艺等因素的影响，往往测出的温度与实际温度差别很大，故对检温计最好经过带电测温法校对，当确定其指示规律后，再用它来监视定子绕组的温度。

716. 发电机定子铁芯的温度是怎样测量的？

测量定子铁芯温度所用的也是埋入式电阻检温计，该测温元件在定子铁芯里是这样埋设的。首先把测温元件放在一片扇形绝缘连接片上一个与其相适应的凹槽里，然后用环氧树脂胶好。在叠装铁芯时，把扇形片象硅钢片一样选入铁芯中某一选定部位，电阻元件用屏蔽线引出。

对于水冷发电机，因为定子铁芯运行温度较高，而且边端铁芯可能会产生局部过热，所以一般埋设的测温元件较多，有的甚至沿圆周均匀地埋设好几个点。沿轴向来说，端部的测点较多，中部的大部分埋设在热风区段；沿着径向可放在齿根部或轭部，放在齿根部测的是齿根部铁芯的温度，放在轭部测的是轭部铁芯的温度。

717. 发电机的一次系统包括哪些设备？

发电机的一次系统主要包括中性点电压互感器 TV、测量保护电压互感器 TV1、自动调节励磁电压互感器 TV2、继电保护和测量仪表用的六组电流互感器、发电机 G、发电机断路器 QF1、发电机主变压器隔离开关 QS1。

第三节　发电机起动及并列操作

718. 发电机在起动升压时应注意什么？

汽轮发电机升至额定转速后，可以进行升压操作。升压前，应检查励磁装置各个开关、电位器和励磁通道选择是否正确，然后合上励磁开关，慢慢将发电机电压升到额定值。发电机电压升到额定值以后应注意以下几点：

（1）检查发电机定子三相电压应平衡。

（2）检查发电机定子三相电流等于零。

（3）核对发电机的空载励磁电压和空载励磁电流值和额定值基本一致。

719. 为什么有的汽轮发电机在起动时要对转子进行预热？

当转子绕组的铜与转子本体的钢的温差超过 30℃时，就可能会使转子导体发生残余变形。因此要进行预热。

所谓预热，就是当电机启动后在低速时，用充电机或备用励磁机的直流电将汽轮发电机的转子导体加热至 60~70℃，在这样低的速度时加热，因离心力还小，所以转子导体可以自由地伸长，达到额定转速时，导体所占的位置，不受机械应力的影响，使转子绕组在停机后不会产生残余变形。

720. 怎样利用工作电压通过定相的方法检查发电机同期回路接线的正确性？

试验前由运行人员进行倒闸操作，腾出发电厂升压变电所的一条母线，然后合上该母线的隔离开关和发电机出口断路器，直接将发电机升压后接至这条母线上。由于通过 220kV 母线电压互感器和发电机电压互感器加至同期回路的两个电压，实际上都是发电机电压，因此同期回路反映发电机和系统电压的两只电压表的指示应基本相同，组合式同步表的指针也应指示在同期点上不动。否则，同期回路的接线则认为有错误。

721. 怎样利用工作电压通过假同期的方法检查发电机同期回路接线的正确性？

假同期，顾名思义就是手动或自动准同期装置发出的合闸脉冲，将待并发电机断路器合闸时，这台发电机并非真的并入了系统，而是一种用模拟的方法进行的一种假的并列操作。为此，试验时应将发电机母线隔离开关断开，人为的将其辅助触点放在其合闸后的位置（辅助触点接通），这时，系统电压就通过这对辅助触点进入同期回路。另外，待并发电机的电压也进入同期回路中。这两个电压经过同期并列条件的比较，若采用手动准同期并列方式，运行人员可通过对发电机电压、频率的调整，待满足同期并列条件时，手动将待并发电机的出口断路器合上，完成假同期并列操作。若采用自动准同期并列方式，则自动准同期装置就自动地对发电机进行调速、调压，待满足同期并列条件后，自动发出合闸脉冲，将其出口断路器合上。若同期回路的接线有错误，其表计将指示异常，无论手动准同期或者是自动准同期都无法捕捉到同期点，而不能将待并发电机出口断路器合上。

722. 发电机并列有几种方法？各有何优缺点？

发电机的并列方法分两类：准同期法和自同期法。

满足同期条件的并列方法叫做准同期法，将转速调到额定值，合上断路器然后再合励磁开关的并列方法，即在不给励磁的情况下将发电机投入电网的并列方法叫自同期法。准同期法并列的优点是发电机没有冲击电流，对电力系统没什么影响，但如果因某种原因造成非同期并列时，则冲击电流很大，比机端三相短路时电流还大一倍。自同期法并列的优点是操作方法比较简单，合闸过程的自动化也简单；在事故状况下，合闸迅速。缺点是冲击电流大，而且，对系统有影响，即在合闸的瞬间系统电压降低。

723. 准同期并列有哪几个条件？不符合这些条件将产生什么样的后果？

我们希望在并列时，发电机不受冲击电流的影响，而且保持稳定的同步运行，这样，必须满足四个条件：

（1）发电机电压与系统电压相等。

（2）发电机电压相位与系统电压相位一致。

（3）发电机频率与系统频率相等。

（4）发电机相序与系统相序一致。

这四个条件缺一不可，如果缺其一会产生什么样的后果呢？

（1）电压不等的情况下，并列后，发电机绕组内出现冲击电流 $I = \Delta U / X_d''$，因为次暂态电抗 X_d'' 很小，因而这个电流相当大。

（2）电压相位不一致，其后果是可能产生很大的冲击电流而使发电机烧毁。相位不一致比电压不一致的情况更为严重。如果相位相差 180°，近似等于机端三相短路电流的两倍，此时，流过发电机绕组内电流具有相当大的有功成分，这样会在轴上产生冲击力矩，或使设备烧毁，或使发电机大轴扭屈。

（3）频率不等，将使发电机产生机械振动，产生拍振电流，因为两个电压相量相对运动，如果这个相对运动比较小，则发电机与系统之间的自整步作用，使发电机拉入同步，但频率相差较大时，因转子惯性冲力过大而不起作用。

（4）相序不一致，发电机与系统相间直接短路，造成很大的短路电流。

724. MZ-10 型同步表有哪几部分组成？各部分起何作用？

MZ-10 型组合同步表由频率差表、电压差表和同步表三部分组成。

频率差表是反应两并列系统的频率之差。当两频率相同时，则指针不偏转，如两频率不同时，则指针偏转。偏转的方向取决于频率差的极性，当待并系统频率大于运行系统频率时，指针向正方向偏转，反之，则向反方向偏转。

电压差表是反应两并列系统的电压差。当两并列系统电压相等时，指针不偏转，当待并系统电压大于运行系统电压时，指针向正方向偏转，反之则向反方向偏转。

同步表 S 能同时表示出两系统间的频率差与相位差。当待并系统与运行系统两者频率和相位相同时，同步表 S 指针停在同步标线上。如待并机组频率比电网频率高，指针向顺时针方向旋转，反之，指针向反时针方向旋转。频率差越大，指针旋转愈快，但当频率差大到一定程度后，由于可动部分惯性的影响，指针不再转动，而做大幅度地摆动，如频率差太大，指针就停止不动了。所以我们应规定频率差在±0.5Hz 以内时，才允许将同步表电路接通。指针与同步点所夹角度表示两电源之间的相位差，指针离同步标线越远，待并机组与电网电压的相位差越大。故此，我们可以通过对同步表 S 的观察来判断发电机是否已满足同期条件，并抓住最佳合闸时机进行发电机的并网操作。

725. 简述同步表 S 的工作原理。

同步表 S 有三个线圈，一个线圈 A 接运行系统的线电压 $U_{ab}{}'$，它产生一个脉动磁场；另两个线圈 A1 和 A2，它们在空间上相互垂直，其中一个线圈通过电阻连接待并系统的 U_{ab} 上，另一个线圈通过串联电阻 R 和电容 C 连接待并系统的线电压 U_{ab} 上。由此可使通过这两个线圈中的电流在相位上互差 90°。从理论分析中得知用两个互相垂直，空间彼此交叉 90° 的线圈，如果分别通以电气相位角也为 90° 的两个电流，则两个线圈形成的磁场为一个旋转磁场。同步表 S 就是运用旋转磁场和交变脉冲磁场的相互作用而进行工作的。

726. 怎样进行手动准同期并列？

在进行手动准同期并列时，判断待并系统与运行系统同期条件是否满足，是通过观察同步表 S 来决定的，当两系统同期条件满足时，同步表 S 的指针在 360° 范围内应是平稳、缓慢地旋转，一般希望顺时针方向旋转（说明机组频率略高于系统频率）。待观察几圈后，在同步表指针指向"12"点前的某一瞬间，手动合上发电机开关，实现并网操作。

727. 发电机同期并列操作应注意哪些事项？

发电机并列采用自动准同期或手动准同期，应注意以下几点：

（1）并列操作是一项十分重要的操作，操作时应训练操作方法，了解同期回路接线情况。在操作中注意力应高度集中，头脑冷静，不可操之过急，但又必须善于抓住每一个可能的机会，使操作顺利进行。发电机进行同期并列时，应投入相应的同期开关，严禁两只同期开关同时投入。

（2）同步表投入时间不应超过 15min。

（3）采用手动准同期并列时，在同期表匀速转动时，在同期点上应核对同期表和同步检查继电器动作一致。当同期表转动过快、跳动或停在"12"点钟不动以及其他无规律地转动时，均禁止合闸操作。

（4）采用自动准同期并列时，应核对同期装置设定的参数是否正确。采用 ZZQ-3A 自动准同期装置进行并列操作，必须先将装置切换开关切至"试验"位置，观察装置信号灯与同期表 S 指示一致，装置正常后，方可投入 ZZQ-3A 自动准同期装置。

（5）若调速系统很不稳定，不能采用自动准同期进行并列。

728. 什么叫非同期并列？非同期并列有什么危害？

同步发电机在不符合准同期条件时与系统并列，称为非同期并列。

发电机并网在电厂中是一项比较重大的操作，操作的好坏涉及到发电机及电气系统的安全，我们知道发电机与系统并网属差频并网，按准同期条件并网需实现并列点两侧的电压相近、频率相近时在相位差为 0°时完成并网操作；压差和频差的存在将导致并网瞬间并列点两侧会出现一定无功功率和有功功率的交换，只要压差和频差不大，发电机有相当承受力，不会对发电机造成危害；但是并网时的角差存在对发电机来讲将是致命的。非同期并列是发电厂的一种严重事故，它对发电机、主开关、变压器造成的破坏力极大，严重时，将导致发电机线棒松脱、绕组烧毁、端部严重变形、轴承损伤、联轴器紧固螺栓变形等。如果一台大型机组发生非同期并列，对整个供电系统影响很大，有可能使这台发电机与系统间产生功率振荡，严重影响整个供电系统的安全运行。

729. 发电机启动前应做哪些检查和准备工作？

新安装的发电机或检修后的发电机需投入运行时，在启动前，应收回发电机及其附属设备的全部工作票并索取试验数据，拆除安全措施，恢复所设遮栏。此外应进行下述检查：

（1）发电机、励磁机、整流器、引出线、冷却系统及其他有关设备应清洁完整无异常。

（2）发电机组合导线、断路器、灭磁开关、电压互感器、保护装置、自动调整励磁装置、硅整流装置等一次、二次回路情况应正常。

（3）若为发电机-变压器组接线时，则应检查变压器的连接线，变压器高压侧断路器和隔离开关情况正常。

（4）发电机滑环、整流子及电刷应清洁完整无接地现象，电刷均应在刷握内，并保持 0.1~0.2mm 的间隙，使电刷在刷架内自由移动，不能被卡住，并且，整个表面应压在滑环或整流子上，用弹簧秤检查每只电刷上的压力应保持均匀，否则，应整定电刷架上的弹簧来调整压力。

（5）继保、自动装置完好，并处于投入状态。

（6）励磁可变电阻接线无误，电阻处在最大位置。

（7）检查完毕后，测量发电机各部位绝缘电阻，完毕后进行启动前的试验：断路器、灭磁开关、励磁开关、短路开关的拉合闸试验。

（8）断路器与灭磁开关、励磁开关的联锁、闭锁试验。

（9）整流柜风机联锁试验。

（10）强励动作试验。

（11）断水保护动作试验。

（12）做机、电联系信号试验。

这样，启动前的准备工作就序，就可以做启机工作。

730. 发电机启动过程中应怎样检查？

在汽机、锅炉、电气各方面工作就序后，锅炉汽温、汽压达到一定值，进行冲转，在低速下暖机。当冲转至额定转速前，值班人员应进行下述检查：

（1）应仔细听发电机内部响声是否正常。

（2）轴承油温，轴承振动及其他运转部分应正常。

（3）整流子或滑环上的电刷因振动是否接触不良、跳动或卡死，发现应立即消除。

（4）发电机各部分温度有无异常升高现象。

（5）发电机冷却器的各种水门和风门开关是否在规定位置。

发电机经以上检查，一切情况均应正常后，可等待并列。

731. 发电机启动操作中有哪些注意事项？为什么升压时，要注意空载励磁电压和电流？

发电机启动操作过程中应当注意：断路器未合闸，三相定子电流均应等于0；若发现有电流，则说明定子回路上有短路点，应立即拉开灭磁开关检查。三相定子电压应平衡。核对空载特性，用这种方法检查发电机转子绕组有无层间短路。

升压时，根据转子电流表的指示来核对转子电流是否与空载额定电压时转子电流相符，若电压达到额定值，转子电流大于额定空载电压时的数值，说明转子绕组有层间短路，如操作正常，频率也达到额定值时，即可进行并列操作。

732. 发电机启动前，对碳刷和滑环应进行哪些检查？

（1）滑环、刷架、刷握和碳刷必须清洁，不应有油、水、灰等，否则应给予消除。

（2）碳刷在刷握中应能上下活动，无卡涩现象。

（3）碳刷弹簧应完好，压力应基本一致，且无退火痕迹。

（4）碳刷的规格应一致，并符合现场规定。

（5）碳刷不应过短，一般不短于2.5cm，否则应给予更换。

733. 发电机启动前，应做哪些试验？

（1）断路器、灭磁开关、励磁开关的合、分试验（一般在机组大修后做）。

（2）断路器与灭磁开关、整流柜的联锁试验。

（3）调速电机动作试验，要求调整平稳，转向正确，试验结束后，将转速降到最低位置。

（4）磁场变阻器调节试验，要求调整灵活，无卡住现象，试验结束后，将电阻放在最大位置。

（5）整流柜风机联锁试验。

（6）断水保护动作联跳断路器和灭磁开关试验。

（7）主汽门关闭联跳断路器、灭磁开关试验。

734. 发电机升压操作时应注意什么？

（1）升压应缓慢进行，使定子电压缓慢上升。

（2）升压过程中，应监视转子电压、电流和定子电压表指示均匀上升。定子电流应为零，若发现有电流，则说明定子回路有短路点，应立即切除励磁进行检查。

（3）电压升至额定值的50%时，应分别测量定子三相电压是否平衡。电压升至额定时，还应检查发电机零序电压$3U_0 \leqslant 5V$。

（4）升压过程中，应检查发电机、励磁机的工作状态，电刷运行是否正常，进出口风温是否正常等。

（5）升压至额定后，应检查转子回路的绝缘状况，正、负极对地电压应相等，两极对地电压之和小于极间电压的80%。

735. 为何要在滑环表面上铣出沟槽？

运行中，当滑环与碳刷滑动接触时，会产生高热，为此，在滑环表面车有螺旋状沟槽，这一方面是为了增加散热面积，加强冷却，另一方面是为了改善同电刷的接触，而且，也容易让电刷的粉末沿螺旋状沟槽排出。有的滑环还钻有斜孔，或让边缘呈齿状，也是为了加强冷却，因为转子转动时这些斜孔和齿可起风扇的作用。

736. 运行中，维护碳刷时应注意什么？

运行中的发电机，应定期用压缩空气吹净整流子和滑环表面上的灰尘，使用的压缩空气应无水分和油，压力应不超过 0.3MPa。在滑环上工作时，工作人员应穿绝缘鞋或站在绝缘垫上，使用绝缘良好的工具，并应采取防止短路及接地的措施。当励磁回路有一点接地时，尤应特别注意。禁止用两手同时碰触励磁回路和接地部分，或两个不同极的带电部分。工作时应穿工作服，禁止穿短袖衣服或把衣袖卷起来；衣袖要小，并在手腕处扣紧。更换的碳刷应是同一型号和尺寸，且经过研磨，每次每极更换的碳刷数不应过多，以不超过每极总数的 20% 为宜，对更换过的碳刷应做记录。

737. 运行中，对滑环应定期检查哪些项目？

（1）整流子和滑环上电刷的冒火情况。

（2）电刷在刷框内有无跳动或卡涩的情况，弹簧的压力是否正常。

（3）电刷连结软线是否完整，接触是否良好，有无发热，有无碰触机壳的情况。

（4）电刷边缘是否有剥落的情况。

（5）电刷是否过短，若超过现场规定，则应给予更换。

（6）各电刷的电流分担是否均匀，有无过热。

（7）滑环表面的温度是否超过规定。

（8）刷框和刷架上有无积垢。

738. 发电机并列后，增大有功、无功负荷时受什么因素限制？为什么规程规定汽轮发电机并入系统后，开始时定子只能带额定电流的 50%？

发电机并列后，有功负荷增长速度决定于原动机，汽轮发电机要根据机、炉的情况逐渐增加负荷。

突然增加负荷时，先是线圈发热，而导体或绝缘体的发热需要一个过程，并不是立即达到允许的温度的；发热就要膨胀，不同的材料膨胀能力不同，在设计发电机时是经过计算的，如果突然带负荷不超过额定电流的 50%~70%，问题不是很大，否则会出现转子导体的残余变形。

739. 为什么发电机在并网后，电压一般会有些降低？

对于发电机来说，一般都是迟相运行，它的负载也一般是阻性和感性负载。当发电机升压并网后，定子绕组流过电流，此电流是感性电流，感性电流在发电机内部的电枢反应作用比较大，它对转子磁场起削弱作用，从而引起端电压下降。当流过的只是有功电流时，也有相同的作用，只是影响比较小。这是因为定子绕组流过电流时产生磁场，这个磁场的一半对转子磁场起助磁作用，而另一半起去磁作用，由于转子磁场的饱和性，助磁一方总是弱于去磁一方。因而，磁场会有所减弱，导致端电压有所下降。

第四节　发电机运行及事故处理

740. 入口风温变化时对发电机有哪些影响？

入口风温的变化，将直接影响发电机的出力。因为电机铁芯和线圈的温度与入口风温及铜、铁中的损耗有关。而铁芯和线圈的最高允许温度是一个限定值，因为入口风温与允许温升之和不能超过这个允许温度。若入口风温高，允许温升就要小，而当电压保持不变时，温升与电流有关，若温升小，电流就要降低。反之，入口风温低，电流就可增大。

从上可见，入口风温超过额定值时，要降低发电机的出力，入口风温低于额定值时，可以稍微提高发电机的出力。出力的提高或降低多少，应根据温升试验来确定。

741. 运行中，调节有功负荷时要注意什么？

有功负荷的调节是通过改变汽门开度，即改变功角 δ 的大小来实现的。运行中，调节有功负荷时应注意：

（1）应使功率因数尽量保持在规程规定的范围内，不要大于迟相 0.95。因为功率因数高说明与该有功相对应的励磁电流小，即发电机定、转子磁极间用以拉住的磁力线少，这就容易失去稳定。从功角特性来看，送出的有功增大，δ 角就会接近 90°，这样也就容易失去稳定。

（2）调节有功应缓慢，应注意蒸汽参数的变化。

742. 发电机运行中，调节无功负荷时要注意什么？

无功负荷的调节是通过改变励磁电流的大小来实现的。在调节无功负荷时应注意：

（1）无功增加时，定子电流、转子电流不要超过规定值，也就是不要使功率因数太低。功率因数太低，说明无功过多，即励磁电流过大，这样，转子绕组就可能过热。

（2）由于发电机的额定容量、定子电流、功率因数都是相对应的，若要维持励磁电流为额定值，又要降低功率因数运行，则必须降低有功出力，不然容量就会超过额定值。

（3）无功减少时，要注意不可使功率因数进相。

743. 发电机的出、入口风温变化说明什么问题？

发电机的出、入口风温差与空气带走的热量以及空气量有关，另外，与冷却水的水温、水量也有关系。在同一负荷下，出、入口风温差应该不变，这可与以往的运行记录相比较。如果发现风温差变大，说明是发电机的内部损耗增加，或者是空气量减少，应引起注意，检查并分析原因。

发电机内部损耗的突然增加，可能是定子绕组某处一个焊头断开、股间绝缘损坏，或铁芯出现局部高温等。空气量减少可能是由于冷却器或风道被脏物堵塞等原因所致。

744. 运行中，为何要定期检查空冷小室内有无结露现象？

通常将冷却器表面上附着水珠的现象称为冷却器结露。结露的产生是由于空气中的水蒸气，碰上冷却水的温度又较低时，就可能在冷却器表面附着的尘埃微粒作用下，凝结成水珠，尤其是冷却水温与风温的差值较大时容易结露。

运行中，若出现结露，小水滴易被风扇吸入发电机内，使电机绝缘受潮，特别是定子绕组的端部引线处，沿着受潮的表面，容易引起闪络。此外，水珠使冷却器表面受潮，腐蚀铁翅，降低冷却效果。因此，应给予消除。运行中，最有效的办法就是调节冷却水的温度与冷却空气的温度在最小范围内，并将空冷器室门窗关好密闭，防止潮湿空气进入。

745. 发电机在运行中应做哪些检查？

对运行中的发电机进行正常性的检查维护，是保证发电机长期安全运行的必要措施。

运行人员应检查发电机的各部温度及振动情况；检查滑环及整流子的运行状况；检查定子绕组端部有无振动磨损以及发热变色现象；冷却器有无漏水和结露现象等。

发电机的励磁系统特别是滑环、整流子及碳刷最易出现故障，所以运行中应特别对其进行仔细检查。一般的检查内容如下：

（1）整流子和滑环表面有无油污积垢，刷架和刷握是否积灰。

（2）整流子表面应为古铜色，若为黑色和其他颜色，则说明是碳刷冒火或整流子过热。

（3）碳刷有无破碎和冒火，碳刷的磨损状况如何，若碳刷已磨损到最短长度，应立即更换新碳刷。

（4）碳刷的刷辫是否完整，与刷架的连接是否良好，有无因刷辫碰触机壳而引起短路或接地等情况。

（5）碳刷在刷握内有无摇摆和卡住等现象。

（6）碳刷有无跳动和冒火等现象。

746. 发电机解列、停机应注意什么？停机后做哪些工作？

解列、停机时应注意：

（1）发电机若采用单元式接线方式，在解列前，应先将厂用电倒换。

（2）如发电机组为滑参数停机时，应随时调整无功负荷，注意功率因数在额定值运行。

（3）如在额定参数下停机，值班人员转移有功、无功负荷时，应缓慢、平稳地进行，不得使功率因数超过额定值。

（4）等有功负荷降到一定值，停用自动调节励磁装置。

待停机后，还应完成以下工作：

（1）立即测量发电机定子绕组及全部励磁回路的绝缘电阻，如测量结果不合格，汇报有关人员。

（2）检查励磁机励磁回路变阻器和灭磁开关上的各触点，如有发热或熔化情形，则必须设法消除。

（3）检查冷却系统。

747. 发电机运行中应检查哪些项目？

（1）定子绕组、铁芯、转子绕组、硅整流器和发电机各部温度。

（2）电机有无异常振动、异音和气味。

（3）氢压、密封油压、水温、水压应正常，发电机内无漏油。

（4）引出线、断路器室，励磁开关和引出线设备清洁完整，接头无放电过热现象。

（5）发电机内无流胶、渗水等现象。

（6）冷却系统完好。

（7）电刷清洁完整无冒火。

748. 发电机并、解列前为什么必须投主变压器中性点接地隔离开关？

发电机变压器组主变压器高压侧断路器并、解列操作前必须投主变压器中性点接地隔离开关，因为主变压器的断路器在合、分操作时，易产生三相不同期或某相合不上拉不开的情况，可能产生工频失步过电压，威胁主变压器绝缘，如果在操作前合上接地隔离开关，可有效地限制过电压，保护绝缘。

749. 发电机出口调压用电压互感器熔断器熔断后有哪些现象？如何处理？

熔断器熔断后有下列现象：

（1）电压回路断线信号可能发出。

（2）自动励磁调节器供励磁时，定子电压、电流、励磁电压、电流不正常地增大，无功表指示增大。

（3）感应调节器供发电机励磁时，各表计指示正常。

（4）备励供发电机励磁时，表计正常。

处理方法如下：

（1）由自动励磁调节器供发电机励磁时，应切换到感应调压器，断开调节器机端测量开关，断开副励输出至调节器隔离开关。

（2）备用励磁供发电机励磁时，应停用强励装置。

（3）更换互感器的熔断器。

（4）若故障仍不消除，通知检修检查处理。

750. 发电机断路器自动跳闸时，运行人员应进行哪些工作？

（1）检查励磁开关是否跳开，只有当厂用变压器也跳闸时，方可断开励磁开关。

（2）检查厂用备用电源是否联动，电压是否平衡，应分情况正确处理。

（3）检查由于哪种保护动作使发电机跳闸。

（4）检查是否由于人为误动而引起，如果确认是由于人为误动而引起，应立即将发电机并入系统。

（5）检查保护装置的动作是否由于短路故障所引起，应分别情况进行处理。

751. 事故处理的主要原则是什么？

（1）首先应设法保证厂用电源。

（2）迅速限制事故的发展，消除事故的根源，并解除对人身和设备的危险。

（3）保证非故障设备继续良好运行，必要时增加出力，保证用户正常供电。

（4）迅速对已停电用户恢复供电。

（5）调整电力系统运行方式，使其恢复供电。

（6）事故处理中必须考虑全局，积极、主动做到稳、准、快。

752. 强送电时有何注意事项？

（1）设备跳闸后，凡有下列情况不再强送电：①有严重的短路现象，如爆炸声、弧光等。②断路器严重缺油。③作业完后，充电时跳闸。④断路器联锁跳闸。

（2）凡跳闸后可能产生非同期电源者，禁止无警告强送电。

（3）强送 220kV 送电线路时，强送断路器所在的母线上必须有变压器中性点接地。

（4）强送电时，应注意合闸设备的电流表和母线电压表，发现电流剧增，电压严重下降，应迅速切断，但不应将负荷电流或变压器的励磁涌流误认为故障电流。

（5）强送电后应做到：①检查线路或发电机三相电流是否平衡，以免有断线情况发生。②无论情况如何，皆应对已送电的断路器进行外部检查。

753. 常见发电机故障有哪些？

发电机在运行过程中，由于外界、内部及误操作原因，可能引起发电机各种故障或不正常状态，常见的故障有以下几种：

（1）定子故障：绕组相间短路、匝间短路，单相接地等。

（2）转子绕组故障：转子二点接地、转子失去励磁功能等。

（3）其他方面的故障：发电机着火、发电机变成电动机运行、发电机漏水漏氢、发电机发生振荡或失去同期、发电机非同期并列等。

这些故障的发生，导致发电机退出系统，更甚者烧毁某些设备，所以在日常运行维护时要特别小心，以免事故发生。

754. 发电机不正常运行状态有哪些？

发电机运行过程中正常工况遭到破坏，出现异常，但未发展成故障，这种情况称为不正常工作状态。不正常工作状态有以下几种：

（1）发电机运行中三相电流不平衡，三相电流之差不大于额定电流10%允许连续运行，但任一相电流不超过额定值。

（2）事故情况下，发电机允许短时间过负荷运行，过负荷持续的时间要由每台机的特性而定。

（3）发电机各部温度或温升超过允许值，减出力运行。

（4）发电机逆励磁运行，输送到转子中的电流磁场反向，励磁电流表反指，无功表指示正常，但不影响发电，待停机处理。

（5）发电机短时无励磁运行。

（6）发电机励磁回路绝缘降低或等于零，测量励磁回路绝缘电阻低于0.5MΩ或等于零，可能发转子一点接地信号。

（7）转子一点接地，通过测量已确认，投入转子二点接地保护。

（8）发电机附属设备故障造成发电机不正常运行状态，例如电压互感器断相，电流互感器断线，整流柜故障，冷却系统故障等。

出现上述情况均属发电机处于不正常运行状态。

755. 遇到发电机非同期并列，应怎样处理？

在不符合并列条件的情况下，合上发电机断路器，这种情况就是非同期并列。非同期并列对发电机、变压器产生巨大的冲击电流，机组将发生强烈的振动，定子电流表指示突增，系统电压降低，发电机本体由于冲击力矩的作用发出很大的响声，然后定子电流表剧烈摆动，母线电压表也来回摆动。遇到这种情况，应根据事故现象进行迅速而正确地处理。若发电机组无强烈音响及振动，可不必停机，应立即增加发电机励磁，将发电机拉入同步。若机组产生很大的冲击电流和强烈的振动，而且并不衰减时，应立即把发电机断路器、灭磁开关断开，解列并停止发电机，待转动停止后，测量定子绕组绝缘电阻，并打开发电机端盖，检查定子绕组端部有无变化情况，查明确无受损后方可再次起动。

756. 发电机发生振荡和失步，运行人员应做什么处理？

（1）定子电流表的指针向两侧剧烈地摆动，定子电流的摆动超过正常值。

（2）发电机和母线上各电压表的指针都发生剧烈的摆动，通常是电压降低，有功功率表指针在全表盘刻度上摆动。

（3）转子电流表指针在正常运行数值附近激烈地摆动。

（4）频率和发电机转速忽上忽下，发电机发生有节奏的鸣声。

（5）发电机的强行励磁装置在电压降低到额定电压的85%时，间歇动作。

遇到上述现象，应及时进行如下处理：

（1）若自动调节励磁装置未投入时，值班人员应迅速调整磁场变阻器提高发电机励磁电流到最大值。

（2）若自动调整励磁装置投入运行时，会使励磁电流达到最大值，此时值班人员应减少发电机的有功负荷，减少进汽量，有利于发电机拉入同步。

（3）采取上述措施后，经过1~2min仍不稳定，则只有将发电机解列，否则将更严重，导致失步情况发生。

757. 同步发电机变为电动机运行时，值班人员应如何处理？

与系统并列的汽轮机在运行中，由于汽轮机危急保安器误动作而将主汽门关闭，或因主汽门误动作而关闭，使发电机失去原动力而变为电动机运行。这时，发电机不能向系统输出有功，反而从系统吸收小部分有功负荷来维持转速。在这种情况下，运行人员应注意表计和光字牌指示。若无停机信号，此时不应将发电机解列，并应注意维持定子电压正常，待主汽门打开后，由司机尽快将危急保安器挂上，再带有功负荷。但有些汽轮机的危急保安器在额定转速下是挂不上的，这时可以将发电机解列，降低转速。待挂上危急保安器后，再进行并列。若有"主汽门关闭"信号出现，而又有"紧急停机"信号时，则应立即将发电机与系统解列。

758. 运行中，定子铁芯各部分温度普遍升高应如何检查和处理？

运行中，定子铁芯各部分温度和温升均超过正常值时，应检查定子三相电流是否平衡，检查进风温度和进出风温差及空气冷却器的冷却水系统是否正常。若系冷却水中断或水量减少，应立即供水或增大水量；或系定子三相电流不平衡引起，应查明原因，并予消除。此外，联系热工对仪表进行检查。

在以上处理过程中，应控制定子铁芯温度不得超过允许值，否则应减负荷。

759. 运行中，定子铁芯个别点温度突然升高时如何处理？

运行中，若定子铁芯个别点温度突然升高，应分析该点温度上升的趋势及与有功、无功负荷变化的关系，并检查该测点的正常与否。若随着铁芯温度、进出风温度和进出风温差显著上升，又出现"定子接地"信号时，应立即减负荷解列停机，以免铁芯烧坏。

760. 运行中，定子铁芯个别点温度异常下降时应如何处理？

运行中，若定子铁芯个别点温度异常下降时，应加强对发电机本体、空冷小室的检查和温度的监视，综合各种外部迹象和表计、信号进行分析，以判断是否系发电机转子或定子绕组漏水所致。

761. 运行中，个别定子绕组温度异常升高时，应如何处理？

运行中，个别定子绕组温度异常升高时，应分析该点温度上升的趋势以及与有功、无功负荷变化的关系，同时，观察对应绕组的出水温度，如也升高，则可能系导水管阻塞，此时，适当增加定子绕组进水压力，进行冲洗以消除水管中的积垢，必要时可反复冲洗直至温度降至正常值。经上述处理无效时，应控制温度不超过允许值，否则应降出力运行。

762. 三相电流不对称对发电机有什么影响？

发电机是根据三相电流对称的情况下长期运行设计的。当三相电流对称时，由它们合成产生的定子旋转磁场是和转子同方向，同转速旋转的，因此，定子旋转磁场和转子磁场相对静止，它的磁力线不会切割转子。当三相电流不对称时，将出现一个负序电流 I_2，而它将产生一个负序旋转磁场，它的旋转方向和转子的转向相反，这个负序磁场将以两倍的同步转速扫过转子表面，从而使转子表面发热和转子振动。但对于汽轮发电机，不对称负荷的限制是由发热条件决定的。

需指出的是，产生三相电流不对称的原因：一种是系统的三相负载严重不平衡，如单相电炉等，这叫稳态情况；另一种是事故时，如系统两相突然短路、非全相运行、单相重合闸动作等引起的，这叫瞬态情况。这两种情况下发电机负序电流的容许值是不一样的。对于稳态情况，一般规定三相电流之差，不大于额定电流 I_N 的 10%，最大一相不得超过额定电流。

763. 发电机失磁后，各表计的反应如何？

运行中，由于励磁回路开路、短路、励磁机励磁电流消失或转子回路故障所引起的发电机失磁后，有关表计的反应如下：

（1）转子电流表、电压表指示零或接近于零。

（2）定子电压表指示显著降低。

（3）定子电流表指示升高并晃动。

（4）有功功率表的指示降低并摆动。

（5）无功功率表的指示负值。

764. 转子发生一点接地后，对发电机有何影响？如何检查处理？

运行中，转子发生一点接地后，并不构成电流通路，励磁绕组两端的电压仍保持正常，因此发电机可继续运行。但这时加在励磁绕组对地绝缘上的电压有所增加，有可能发生转子回路的第二点接地，这是不允许的。因此，转子一点接地后，应迅速对励磁回路进行认真检查。同时考虑保护是否有误动的可能；根据某些保护构成原理，检查是不是因为接轴碳刷接触不良引起。此外，还可倒换备用励磁以找出接地范围。如果一旦确认转子一点接地，应投入转子二点接地保护，此时，严禁在励磁回路上工作，以防保护误动。

需指出的是，在转子一点接地的同时，若发电机出现振动，则应立即解列停机。

765. 发电机的过负荷运行应注意什么？

（1）当定子电流超过允许值时，应注意过负荷的时间不得超过允许值。

（2）在过负荷运行时，应加强对发电机各部分温度的监视使其控制在规程规定的范围内。否则，应进行必要的调整或降出力运行。

（3）加强对发电机端部、滑环和整流子的检查。

（4）如有可能加强冷却：降低发电机入口风温；发电机变压器组增开油泵、风扇。

766. 定子绕组单相接地有何危害？如何处理？

由于发电机中性点是不接地系统，发生单相接地时，流过故障点的电流只是发电机系统中较小的电容电流(一般要求小于2A)，这个电流对发电机没有多大危害，故发电机可以做短时间运行。但如不及时处理，将有可能烧伤定子铁芯，甚至发展成为匝间短路或相间短路，因此，定子接地后的最长运行时间不得超过30min，在这期间运行人员应立即进行下列检查和处理：

（1）对发电机所属一次系统进行全面认真地检查。

（2）若"高压厂变轻瓦斯"动作发信，可能系高压厂用变压器引起，应立即倒换厂用电或解列停机。

（3）若"主变轻瓦斯"动作发信，可能系主变压器引起，则应立即解列停机。

（4）若某定子铁芯或线圈温度不断升高，则应立即解列停机。

（5）若一时查不出原因，也无其他异常现象，而保护动作正确无误时，也应考虑立即解列停机作进一步检查。

（6）在保护盘上通过检查接于机端变开口三角侧的电压表，来判断接地点和接地性质。揿下按钮，若指针指在满刻度，则说明接地点在机端处，反之，则向中性点靠近。

767. 发电机断水应如何处理？

运行中，发电机断水信号发出时，运行人员应立刻看好时间，做好断水保护拒动的事故处理准备，与此同时，查明原因，尽快恢复供水。若30s内冷却水恢复，则应对冷却系统及各参数进行全面检查，尤其是转子线圈的供水情况，如果发现水流不通，则应立即增加进水压力恢复供水或立即解列停机；若断水时间达到 30s 而断水保护拒动时，应立即手动拉开发电机断路器和灭磁开关。

768. 引起发电机着火的原因有哪些？应如何处理？

引起发电机着火的原因很多，例如短路、绝缘击穿、绝缘表面脏污、接头过热、局部铁芯过热、杂散电流引起火花等都有可能引起电机着火。

发电机着火时在其附近可闻到焦臭味，从端盖接缝及其他不严密处可能有烟冒出，在控制室内反映为发电机定子线圈、铁芯及各部某点温度急剧升高报警，继电保护装置动作跳闸。

对于汽轮发电机，确定着火后，应立即打掉危急保安器、将发电机解列并灭磁，通知汽机开启油泵，维持转速在额定值的 10% 左右，对于高温高压汽轮机，也可投入盘车装置维持转动，开启发电机灭火装置。

对于氢冷电机，可利用二氧化碳灭火。

对于空冷电机，端盖的内侧有灭火水管，应迅速接通消防水管，用水灭火。水对于端部故障以及端头开焊事故引起的着火很有效，并且由于绝缘的防水性能较好，水分不会渗入到绝缘的内层，电机经烘干后不会影响运行。

必要时，除泡沫式灭火机及砂子外，其他对发电机绝缘没有损坏的灭火设备均可启用。因为泡沫式灭火机由于其化学物品有的是导电的，故不能在电机上使用，不然灭火后电机的绝缘性能要大大降低；而砂子灭火将给检修工作造成很大的麻烦。

769. 发电机无励磁情况下，值班人员做如何处理？

发电机无励磁情况下将异步运行，仍可带负荷运行，但只为额定容量的 50%~60%；中小型机组运行时间不超过 30min，大型机组（200MV·A 以上）从试验看只能运行 10~15min。

有些机组安装有失磁保护装置，有些没有安装该类装置。失磁保护装置内设有电压断线闭锁装置和低电压继电器。当电压二次回路断线时实行闭锁，失磁保护不会动作；当低电压继电器不动作时（母线电压不低于允许值），失磁保护也不会动作。没有安装该装置以及有以上两种不动作情况时，值班人员应采取措施，尽快恢复励磁。如果调节励磁后仍不能恢复，则应：

（1）立即停用电压校正器、复式励磁、强行励磁，并将电阻置最大位置。

（2）断开灭磁开关并减少有功负载到无励磁运行所允许的数值。

（3）查明原因尽快消除，若系工作励磁回路故障，则用出口隔离开关隔绝，起用备用励磁机，以恢复励磁。

如果励磁不能恢复，那么只有作停机处理。

770. 端电压高了或低了，对发电机本身有什么影响？

发电机电压在额定值的±5%范围内变化是允许长期运行的，而且电压降低5%，电流还可以提高5%，这是考虑电压降低会使铁耗降低。如果电压太低或太高，对电机运行就会有影响。如果电压太高，转子绕组的温度升高可能超出允许值。电压是由磁场感应产生的，磁场的强弱又和励磁电流的大小有关，若保持有功出力不变而提高电压，就要增加励磁电流，因此温度升高。另外，铁芯内部磁通密度增加，损耗也就增加，铁芯温度也会升高。而且温度升高，对定子线圈的绝缘也产生威胁。电压过低就会降低运行的稳定性，因为电压是气隙磁通感应起来的，电压降低，磁通减少，定转子之间的联系就变得薄弱，容易失步。电压一低，转子绕组产生的磁场不在饱和区，励磁电流的微小变化，就会引起电压的大变化，降低了调节的稳定性，而且定子绕组温度可能升高（出力不变的情况下）。因此，端电压过高或过低都对发电机有不良影响。

771. 频率高了或低了对发电机本身有什么影响？

按规定频率的变动范围容许在±0.5Hz，频率增高，主要受转子机械强度的限制，转速高，转子上的离心力增大，容易使转子的某些部件损坏。

频率太低，对发电机有以下几点影响：

（1）使转子两端的鼓风量减小，温度升高。

（2）发电机电动势和频率、磁通成正比，为保持电动势不变，必须加大励磁电流，使线圈温度升高。

（3）端电压不变，加大磁通，容易使铁芯饱和而逸出，使机座等其他部件出现高温。

（4）可能引起汽轮机叶片共振而断叶片。

（5）厂用电动机转速降低，电能质量受到影响。

因此，频率高了或低了对发电机本身有很大影响。

772. 允许发电机变为电动机运行吗？

任何一种电动机都是可逆的，就是说既可以当做发电机运行，也可以电动机运行，所以就发电机本身来讲，变为电动机运行是完全允许的。不过这时要考虑原动机的情况，因为发电机变电动机时，要关闭主汽门。发电机变为电动机运行后，定、转子极间的夹角 δ 变成负的，即定子磁极在前，转子磁极在后，由定子磁场拖着转子跑，它们仍不失同步，故称为同步电动机，此时电极从系统吸收有功，补偿机械损耗，而无功可以送出也可以吸收。

773. 发电机可能发生的故障和不正常工作状态有哪些类型？

在电力系统中运行的发电机，小型的为 6~12MW，大型的为 200~600MW。由于发电机的容量相差悬殊，在设计、结构、工艺、励磁乃至运行等方面都有很大差异，这就使发电机及其励磁回路可能发生的故障、故障几率和不正常工作状态有所不同。

可能发生的主要故障：定子绕组相间短路；定子绕组一相匝间短路；定子绕组一相绝缘破坏引起的单相接地；转子绕组（励磁绕组）接地；转子励磁回路低励（励磁电流低于静稳极限所对应的励磁电流）、失去励磁。

主要的不正常工作状态：过负荷；定子绕组过电流；定子绕组过电压（水轮发电机、大型汽轮发电机）；三相电流不对称；失步（大型发电机）；逆功率；过励磁；断路器断口闪络；非全相运行等。

774. 发电机甩负荷有什么后果？

由于误操作使断路器或直流系统接地造成继电器误动作等原因，可能造成发电机突然失去负荷即甩负荷的情况。对发电机本身来讲，后果有两个：①引起端电压升高；②若调速器失灵或汽门卡塞，有"飞车"（即转子转速升高产生巨大离心力使机件损坏）的危险。端电压升高由两方面原因造成，一是因为转速升高使电压升高，这是因为电动势与转速成正比的缘故；二是因为甩负荷时定子的电枢反应磁通和漏磁通消失，此时端电压等于全部励磁电流产生的磁场所感应的电动势，因为一般电厂都具有自动励磁调节装置，因此，这方面引起的电压升不会很多，如没有这种装置的，则电压升的幅度比较大，因此甩负荷时应紧急减少励磁。

775. 事故情况下发电机为什么可以短时间过负荷？过负荷时运行人员应注意什么问题？

发电机过负荷要引起定子、转子绕组和铁芯温度升高，严重时可能达到或超过允许温度，加速绝缘老化，所以在一般情况下，应避免出现过负荷。但是发电机绝缘材料老化需要一个时间过程，绝缘材料变脆、介质损耗增大、耐受击穿电压水平降低等都要有一个高温作用的时间，高温时间愈短，绝缘材料的损害程度愈轻。而且发电机满载运行温度距允许温度，还有一定的余量，即使过负荷，在短时间内也不至于超出允许温度过多。因此，事故情况下，发电机允许有短时间的过负荷。发电机过负荷的允许值与允许时间，各发电机技术参数内有备。

当定子电流超过允许值时，运行人员应该注意过负荷的时间，首先减少无功负荷，使定子电流到额定值，但是不能使功率因数过高和电压过低，必要时降低有功负荷，使发电机在额定值下运行。运行人员还应加强对发电机各部分温度的监视，使其控制在规程规定的范围内。否则，降低有功负荷。另外，加强对发电机端部、滑环和整流子碳刷的检查。总之，在发电机过负荷情况下，运行人员要密切监视、调节和检查，以防事态严重。

776. 发电机失磁后运行状态怎样？有何不良影响？

发电机在运行中失去励磁电流，使转子的磁场消失，这种可能是由励磁开关误掉闸、励磁机或半导体励磁系统发生故障、转子回路断线等原因引起。当失磁发生后，转子磁场消失了，电磁力矩减少，出现过剩力矩，脱离同步，转子与定子有相对速度，定子磁场以转差速度切割转子表面，使转子表面感应出电流来。这个电流与定子旋转磁场作用就产生一个力矩，称异步力矩，这个异步力矩在这里也是个阻力矩，它起制动作用，发电机转子便在克服这力矩的过程中做了功，把机械能变成电能，可继续向系统送出有功，发电机的转速不会无限制升高的，因为转速越高，这个异步力矩越大。这样，同步发电机相当于变成异步发电机。

在异步状态下，电机从系统吸收无功，供定子和转子产生磁场，向系统送出有功，如果这台电机在很小的转差下就能产生很大异步力矩，那么失磁状态下还能带较大的负荷，甚至所带负荷不变。这种状态要注意两点：一是定子电流不能超过额定值；二是转子部分温度不能超过允许值。

那么后有何不良影响呢？这个问题要分两方面来阐述：一是对发电机本身的影响，二是对系统有危害。

对发电机的危害，主要表现在以下几个方面：

由于出现转差，在转子表面将感应出差频电流。差频电流在转子回路中产生附加损耗，使转子发热加大，严重时可使转子烧损。特别是直接冷却高利用率的大型机组，其热容量裕度相对降低，转子容易过热。

失磁发电机转入异步运行后，发电机的等效电抗降低，由系统向发电机送进的无功功率增大。失磁前带的有功功率越大，转差也越大，等效电抗就越小，由系统送来的无功也越大。因此在重负荷下失磁，由于定子绕组过电流，将使电机定子过热。

异步运行中，发电机的转矩有所变化，因而有功功率要发生严重的周期性变化，使发电机、转子和基座受到异常的机械力冲击，使机组的安全受到威胁。

失磁运行时，定子端部漏磁增大，使端部的部件和边段铁芯过热。

发电机失磁后，对系统的影响表现如下：

失磁后的发电机，将从电力系统吸取相当于额定容量的无功功率，引起电力系统的电压下降，如果电力系统无功功率储备容量不足，将使邻近失磁发电机的部分系统电压低于允许值，威胁负载及各电源间的稳定运行，甚至导致系统的电压崩溃而瓦解，这是发电机失磁所致的最严重的后果。

一台发电机失磁引起系统的电压下降，将使邻近的发电机励磁调节器动作而增大其无功输出，因而这些发电机、变压器和线路引起过电流，导致大面积停电，扩大故障的波及范围。

777. 发电机的振荡和失步是怎么回事？

$$1 - P_{\mathrm{m}} = \frac{U_{\mathrm{xt}} E_0}{X}; \quad 2 - P'_{\mathrm{m}} = \frac{U_{\mathrm{xt}} E_0}{X'}$$

发电机并在无穷大系统上的运行情况可用功角特性来分析。设发电机经变压器和线路连接到无穷大系统的某变电所母线上，如图 8-20(a) 所示。这里 $\dot{U}_{\mathrm{xt}}$ 是系统中变电所的母线电压，X 是从发电机到变电所母线的综合阻抗，它包括发电机电抗 X_{d}，变压器电抗 X_{b}，线路 X_{L} 的等值网络电抗；其功角特性如图 8-20(b) 所示。δ 是 $\dot{E}_0$ 和 $\dot{U}_{\mathrm{xt}}$ 的向量间夹角，曲线 1 表示正常工作时的特性，原动机输入功率为 P_0，正常工作点为 a，对应角度为 δ_0。当系统发生短路时，电压 U 急剧下降，功角特性由 1 转向 2，因为转子惯性，因而 a→b 点运行，此时输入功率大于输出功率，转子加速，δ 角增大，在 c 点时转子仍有惯性，又越过 c 点。此时转子受阻力矩作用，当到达 d 点后，惯性消失，向 c 点运行到达 c 点，由于惯性又向 b 点方向，这样来回地摆动，同步转速时高时低，这就是发电机的振荡。

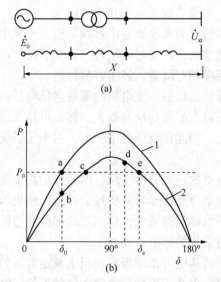

(a)

(b)

图 8-20　发电机变压器组及发电机的功角特性

振荡有两种可能的结果，一是发电机能稳定在新的工作点运行，二是可能造成发电机的失步。

当发电机在 c 点周围来回振荡时，发电机的转子和定子磁场有相对速度，这样在内部各处会感应出电流来，产生阻尼力矩，使变化的幅度越来越小，最后稳定在 c 点。如果 d 点时相对速度还没降到零，则会向 e 点发展，此时由于 δ 角很大，阻力矩小，过剩力矩很大，转子更会加速，功率平衡不了，δ 超过 180°，发电机造成失步。这里 δ_e 是临界角度，过了这个角度就会导致失步。

失步是在振荡的基础上发展而成。如果振荡一开始，功率平衡严重推敲，发电机就会造成失步。此时，转子的转速不再和定子磁场的同步转速一致。这就是振荡和失步的区别。

778. 定子绕组一相接地时对发电机有危险吗?

发电机的中性点是绝缘的，如果一相接地，乍看构不成回路，但是由于带电体与处于地电位的铁芯间有电容存在，发生一相接地，接地点就会有电容电流流过。单相接地电流的大小，与接地线匝的份额 α 成正比。当机端发生金属性接地，接地电流最大，而接地点越靠近中性点，接地电流愈小，故障点有电流流过，就可能产生电弧，当接地电流大于 5A 时，就会有烧坏铁芯的危险。

779. 转子发生一点接地可以继续运行吗?

转子绕组发生一点接地，即转子绕组的某点从电的方面来看与转子铁芯相通，由于电流构不成回路，所以按理能继续运行。但这种运行不能认为是正常的，因为它有可能发展为两点接地故障，那样转子电流就会增大，其后果是部分转子绕组发热，有可能被烧毁，而且电机转子由于作用力偏移而导致强烈地振动。

780. 发电机转子绕组发生两点接地故障有哪些危害?

发电机转子绕组发生两点接地后，使相当一部分绕组短路。由于电阻减小，所以另一部分绕组电流增加，破坏了发电机气隙磁场的对称性，引起发电机剧烈振动，同时无功出力降低。另外，转子电流通过转子本体，如果电流较大，可能烧坏转子和磁化汽机部件，以及引起局部发热，使转子缓慢变形而偏心，进一步加剧振动。

781. 短路对发电机和系统有什么危害?

短路的主要特点是电流大，电压低。电流大的结果是产生强大的电动力和发热，它有以下几点危害：
(1) 定子绕组受到很大的电磁力的作用。
(2) 转子轴受到很大的电磁力矩的作用。
(3) 引起定子绕组和转子绕组发热。

782. 汽轮发电机的振动有什么危害? 引起振动的原因有哪些?

汽轮发电机的振动对机组本身和厂房建筑物都有危害，其主要危害有以下几个方面：
(1) 使机组轴承损耗增大。

（2）加速滑环和碳刷的磨损。

（3）励磁机碳刷易冒火，整流子磨损增大，且因整流片的温度升高，导致开焊和电枢绑线断裂，造成事故。

（4）使发电机零部件松动并损坏。

（5）破坏建筑物，尤其在共振情况下。

引起发电机振动的原因是多方面的，总的来讲可分为两类，即电磁原因和机械原因。电磁原因有：转子两点接地、匝间短路、负荷不对称、气隙不均匀造成磁路不对称等；机械原因有：找正不正确、靠背轮连接不好、转子旋转不平衡、开机时暖机时间短造成各部膨胀不均匀、汽机断叶片等。

783. 打雷对发电机有危险吗？发电机都有哪些防雷措施？

雷击时放电所引起的雷电流是很大的，最大可能达到 300kA，雷电流是个非周期性的冲击波，雷电流的波长愈大，则其破坏作用愈大；雷电流的陡度愈大，则其对绝缘材料的危害性就愈大；另外雷击时还有感应过电压对电力系统也会构成危险，感应过电压的幅值可达 300~400kV，因此对低压线路也是非常危险的。

打雷对电力系统可能造成的危险后果有以下三个方面：一是线路因过电压可能发生闪络，形成短路；二是露天电气设备一旦遭受雷击可能引起设备损坏或火灾；三是由于雷击过电压可能会使变压器、发电机及其他电气设备的绝缘损坏。当发电机遭受雷击时，强烈的电流可能会将绝缘和铁芯烧毁，因此必须采取防雷措施。

发电机的防雷措施一般包括两部分，一部分是装设在母线上的避雷器，另一部分是进线保护，它的作用是将线路上传来的较强的雷电波先来一次消弱。

另外发电机中性点装 FS 阀型避雷器是为了保护中性点的绝缘，因为当三相雷电波传来时，由于中性点不接地，无处可泄，便可导致中性点出现危险的过电压，因此通过该避雷器可以保护中性点绝缘免遭破坏。

发电机和变压器直接连接时，变压器对发电机的防雷保护能起一定的作用。烟囱、主厂房顶的避雷带及避雷针也可有效的防止直击雷。

784. 发电机运行中，从窥视孔检查电机的端部，重点检查的内容有哪些？

从电机窥视孔往里看，所能见到的主要时定子线棒的端部及其他端部结构部件，重点检查的内容有：

（1）对定子线棒端部的检查

① 有无松弛

检查时要注意端部的绝缘垫块是否松动、炭化、碎裂而掉落的现象。对采用绑扎法固定的端部，应检查绑扎线是否有松脱和位移。对采用压板固定的端部，应检查螺母是否有松动掉落。

② 绝缘是否完好，是否有流胶和流漆现象；表面的漆膜有否损坏，是否有润滑油油渍；绝缘是否有裂纹；接头处有无高温痕迹；有无电晕现象等。

（2）对端部结构部件的检查

对端部的结构部件，如压圈、支架、螺母、端箍等，主要是检查其紧固的情况是否良好。有的地方也可能有过热现象，这可以观察有无变色或周围绝缘物有无被烤焦的现象来判断。

785. 什么叫电晕？电晕对电机有什么危害？

在带电导体的尖角处，由于电力线密集，即电场不均匀，局部过强，使局部的空气发生游离，即中性的原子变成带负电的电子和带正电的原子核，围绕在该尖角处，形成兰色的光圈，这种现象就叫电晕。6.3kV 及以上电压的电机，其定子线棒也可能产生电晕。

电机哪些部位容易产生电晕呢？从经验得知，下列部位产生电晕的可能性较大。

（1）线棒的出槽口处。该处，线棒导体与边端铁芯间有电力线集中，它们好似一个电容器，线棒导体与边端铁芯相当于电容器的两个极板，线棒绝缘和空气相当于电容器极板间的介质，两极间有很强的电场。

（2）定子铁芯的通风沟处。该处电力线密集于硅钢片锋锐的边角上。

（3）绝缘内部的气隙里。由于工艺关系，云母层间可能留有气隙。在电场的作用下，由于空气的介电系数比云母和其他绝缘物的介电系数小，故空气部分所加的电场强度比其他的地方强，在强电场的作用下，空气易游离而产生电晕。

（4）线棒绝缘表面和定子铁芯之间的气隙内，产生的原理和(3)相同。

（5）线棒端部与端箍包扎处，以及不同相的线棒之间。

电晕对电机是有害的，主要有以下 3 个方面：

（1）电晕使空气游离产生 O_3，而臭氧和空气中的氮化合会生成 N_2O，N_2O 又和空气中的水分化合生成硝酸或亚硝酸，酸性物便会腐蚀金属和绝缘，使铜的表面产生绿色化合物，影响散热，还会使绝缘变成白色粉末附着于线棒表面，酸性物长期作用还会使云母变脆；

（2）消耗电能；

（3）电晕使周围产生带电的离子，当电机遇到过电压时，易使绝缘击穿。

所以电晕的产生是有害的，必须采取防晕措施，目前采取的防晕措施主要是从制造上想办法。

786. 氢冷电机有可能爆炸吗？怎样防止？

根据试验得知，在密闭的容器里，氢气和空气混合，当氢气的含量在 5%~76%的范围内，且又有火花或温度在 700℃ 以上时，就有可能爆炸。这是因为，氢气和氧气(或空气)混合，在化合成水的过程中会放出大量的热，气体突然膨胀，导致爆炸。

只要制定完善的操作规程和管理制度，并严格遵守执行，及时消除缺陷，提高检修质量，坚持试验标准，加强运行监视，在思想上高度重视，氢冷电机发生爆炸事故是完全可以防止的，在运行中应注意以下事项：

(1) 定期排污，保持氢气的纯度；

(2) 保持氢压正常，不使外界空气进入机壳内；

(3) 注意防漏；

(4) 加强检测、监视及巡视，注意是否有局部过热以及金属摩擦或相碰等现象；

(5) 及时消除碳刷冒火；

(6) 电机附近不要有明火；

(7) 保持电机内没有油和水；

(8) 消除不正常的振动；

(9) 保持冷却系统正常。

787. 氢冷电机为什么可用二氧化碳作为置换的中间介质？而为什么又不能在充二氧化碳的情况下长期运行？

因为氢气和空气混合，容易引起爆炸，而二氧化碳与氢气或空气混合时都不会发生爆炸，所以可采用二氧化碳作为置换的中间介质。二氧化碳的传热系数是空气的 1.132 倍，在置换的过程中，冷却效能并不比空气差，此外，用二氧化碳作为中间介质还有利于防火。

不能用二氧化碳作为冷却介质长期运行的原因，是因为二氧化碳能与机壳内可能含有的水蒸气等化合，生成一种绿垢，附着在电机的绝缘物和构件上，这样，便使冷却效果剧烈恶化，并使机件脏污。

788. 氢冷电机提高氢压运行后要注意什么问题？

氢压愈高，氢气的密度愈大，则导热能力越高，因此在保持电机各部分温升不变的情况下，能够散发出更多的热量，这样，发电机的出力便可增加。

氢压提高后出力能提高多少，主要决定定子和转子的允许温升，一般在绕组容许温度不变的前提下，发电机出力的提高受定子绕组温度的限制。

对氢外冷的发电机，氢压提高到 2 个表压力，出力约可提高 20%，而且根据试验可知，氢压提高到超过 2 个表压力时，出力的增加就不显著了。

氢内冷发电机在提高氢压时，冷却效果更好，出力可以提高的更多些。

提高氢压时，必须解决漏氢、密封瓦漏油、密封瓦温度高等问题，正常监视运行中也应注意这几个问题。

789. 双水内冷发电机在运行中应注意哪些事项?

(1) 起动及解列时需特别注意的事项

① 冷却水应透明纯净、无机械混合物,各项水质分析指标合格。

② 起动前,开启定、转子进水阀门应缓慢,根据流量、压力情况进行调整。未带负荷时,水冷却器的二次冷却水可暂不投,以避免水温过低产生结露,注意没有通水时不可加励磁电流。在转子转动后,转子进水处的压力会因转速升高、流量增大而逐渐降低,这时应及时调整以保持正压。

③ 发电机并列后,增加负荷的速度除考虑汽机因素外,对水冷电机还要考虑:各部发热膨胀应均匀;定子端部的周期性振动应慢慢增加,以保证水接头及绝缘水管逐渐适应,避免突然产生振动而使接头的焊缝开裂;由于水冷电机的电磁负荷较高,负荷若上升过快会对定子端部造成过大的冲击力,所以要求并列后,应在 1h 内逐渐将负荷升至额定值,且上升速度要均匀。

④ 发电机解列后,定、转子冷却系统及外加通风系统应继续运行,直到原动机停下来后方可停止。此时转子的进口水压会随转速下降而升高,注意及时调整。

(2) 运行中需特别注意的事项

① 严格注意出水温度,因为水温的变化可以反映是否进水少、内部是否有漏水、发热不正常等现象;

② 经常通过窥视孔观察端部是否有漏水、绝缘引水管折裂或折扁、部件松动、局部过热、结露等情况发生;

③ 严格注意定、转子绕组冷却水不能中断,严格监视断水保护装置的运行;

④ 注意监视线棒的振动情况;

⑤ 加强各部分温度的监视。

790. 双水内冷发电机在运行中漏水的原因有哪些? 会造成哪些后果?

漏水主要有以下原因:

(1) 接头松动;

(2) 绝缘引水管老化、破裂;

(3) 焊接质量不佳或振动大引起开裂;

(4) 空心导线质量不佳;

(5) 转子绕组引水弯脚处在运行中受振动而折裂等。

漏水的后果,轻则绝缘变潮,线圈温度升高;重则造成短路事故,损坏设备。

791. 发电机定子绕组在运行中损坏,都有哪些原因?

(1) 定子绝缘老化、表面脏污、受潮以及局部缺陷等使绝缘在运行电压或过电压下击穿;

（2）定子接头过热、铁芯局部过热造成定子绕组绝缘烧毁引起击穿；

（3）突然短路的电动力造成绝缘损伤；

（4）运行中转子零件飞出，端部固定零件脱落等引起定子绝缘损坏。

792. 发电机在正常运行中发生温度升高是何原因？应如何处理？

（1）定子线圈温度和进风温度正常，而转子温度异常增高：这种情况通常是由于发电机三相负荷不平衡超过了允许值所致。此时应立即降低负荷，并调整内部供电系统，以减小三相负荷的不平衡度。

（2）转子温度和进风温度正常，而定子温度异常升高：这是由于测量定子温度用的电阻式测温元件在运行中逐步增大甚至开路所致。

（3）定、转子温度和进风温度都增高：这是由于冷却水系统发生故障所致，应检查空气冷却器是否断水或水压太低。

（4）进风温度正常而出风温度异常增高：这是通风系统失常，应停机检查。

第五节　发电机励磁系统

793. 励磁系统的作用是什么？

励磁系统的作用主要是供给同步电机的励磁绕组的直流电源，它对同步电机的作用可以从以下几个方面体现：

（1）调节励磁，可以维持电压恒定。

（2）可使各台机组间无功功率合理分配。

（3）采用完善的励磁系统及其自动调节装置，可以提高输送功率极限，扩大静态稳定运行的范围。

（4）在发生短路时，强行励磁又有利于提高动态稳定能力。

（5）在暂态过程中，同步电机的行为在很大程度上取决于励磁系统的性能。

794. 发电机对励磁系统有什么要求？

励磁系统对于发电机和电力系统运行的可靠性有很大的意义，它直接影响发电机在事故情况下的变化状态，因此发电机对励磁系统要求很高，具体表现在以下几个方面：

（1）励磁系统不受外部电网的影响，否则在事故情况下会发生恶性循环，以致电网影响励磁，而励磁又影响电网，情况愈来愈坏。

（2）励磁系统本身的调整应该是稳定的，若不稳定，即励磁电压变化量很大，则会使发电机电压波动很大。

（3）电力系统故障发电机端电压下降时，励磁系统应能迅速提高励磁到顶值，且励磁上升速度和励磁顶值都希望很大。因为强励时电动势上升愈快愈大，对维持系统稳定或继电保护动作越有利。

795. 励磁方式有哪几种？各有何特点？

随着发电机容量的不断加大，励磁方式也跟着发展，目前使用最多的仍是励磁机励磁。容量大的一般采用半导体励磁，新近发展的有离子励磁和谐波励磁。

（1）直流励磁机励磁。它实际上是一个直流发电机，优点是比较简单，不易受系统影响，调节比较稳定，但是碳刷、整流子维护麻烦，尤其是冒火问题很难解决。

（2）半导体励磁。反应速度快，调节性能优越，减少了维护的工作量，而且成本也低，但是它的工作受系统运行状态的影响很大。

（3）离子励磁。这种励磁方式的整流设备是利用汞弧整流器，其他的特点和半导体励磁一样。

（4）谐波励磁。这种方式是 20 世纪 60 年代后发展起来的新技术，它的工作原理是发电机定子槽内附加一个独立的谐波绕组，将贮存在气隙磁场中未加利用的谐波功率引出来，经可控硅整流后供给本机转子励磁。这是发电机靠自己励磁的，故有一定的优点：①具有自调节作用。②短路时有自动强励作用，而且反应速度快。③经济、可靠性好。但也同样也有它的缺点，就是工艺上所要解决的问题很多。

796. 何谓励磁电压上升速度？

所谓励磁电压上升速度是指励磁电压在强励发生后最初半秒钟内由正常电压开始的平均上升速度，常用 1s 内升高的励磁电压对额定电压的倍数来表示。此值一般要求在 0.8～1.2 之间，即 1s 内励磁电压升高 80%～120%。

797. 强行励磁起什么作用？强励动作后应注意什么问题？

当系统电压大大下降，发电机励磁电源会自动迅速增加励磁电流，这种作用叫强行励磁，强励有以下几个方面作用：

（1）增加电力系统的稳定性。

（2）在短路切除后，能使电压迅速恢复。

（3）提高带时限的过流保护动作的可靠性。

（4）改善系统事故时电动机的自起动条件。

系统电压下降时，电动机力矩减小，转速下降，当有了强励后，由于事故后电压迅速恢复，可使电动机自起动恢复至原来的转速。并且由于强励能保证迅速恢复电压，因而可能增加系统中不被切断的电动机的台数和容量。

强励倍数，即强行励磁电压与励磁机额定电压 U_e 之比，对于空气冷却励磁绕组的汽轮发电机，强励电压为 2 倍额定励磁电压，强励允许时间为 50s；对于水冷和氢冷励磁绕组的汽轮发电机，强励电压为 2 倍额定励磁电压，强励允许时间为 10~20s。强行励磁动作后，应对励磁机的整流子、碳刷进行一次检查，看有无烧伤痕迹。另外要注意电压恢复后短路磁场电阻的继电器接点是否已打开，是否曾发生过该接点粘住的现象。

798. 发电机对自动调节励磁系统的基本要求有哪些?

（1）励磁系统应能保证发电机所要求的励磁容量，并适当留有富裕（电流、电压各为 10%）。

（2）具有足够大的强励磁顶值电压倍数及电压上升速度。

（3）根据运行需要，应有足够的电压调节范围，装置的电压调差率，应能随系统的要求而改变。

（4）装置应无失灵区，以保证发电机能在人工稳定区工作。

（5）装置本身应不受外电网的影响，简单可靠，动作迅速，调节过程稳定。

799. 为什么测正极和负极的对地电压就能监视励磁系统的绝缘?

由于转子的转速很高，离心力大，电负荷较重，所以绝缘容易受损，为了及时发现转子绕组的接地故障，电机上装有转子一点接地保护，当发生转子一点接地时发出信号，正常运行过程中，也可以利用切换电压表的方法来监视转子绕组的绝缘，如图 8-21 所示。

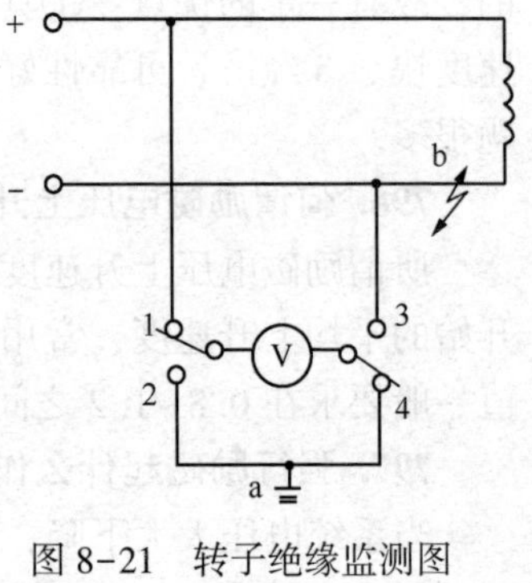

若绝缘良好时，测正极对地电压应为零，图中 1、4 接通；测负极对地电压也应为零，图中 2、3 接通。这是因为在转子回路本身没有接地点时电压表构不成回路，所以没有指示。

如果测得正极对地有电压指示，此时说明发生了负极接地，因为此时转子正、负极通过电压表和接地点构成了回路，$(+)\rightarrow1\rightarrow V\rightarrow4\rightarrow a\rightarrow b\rightarrow(-)$，能测出电压来，负极完全接地时，电压表指示为转子励磁回路全电压。如果测得负极对地有电压指示，此时说明发生了正极接地。

图 8-21　转子绝缘监测图

如果测得对地电压低于全电压，可根据下式计算出绝缘电阻值：

$$R_{\text{jy}} = R\left(\frac{U}{U_1 + U_2} - 1\right) \times 10^{-6}\text{M}\Omega$$

式中　R——电压表内阻，Ω；

　　　U——正、负极间全电压，V；

　　　U_1——正极对地电压，V；

　　　U_2——负极对地电压，V；

268

R_{jy}——励磁回路对地绝缘电阻，Ω。

判断绝缘情况好坏，应将绝缘电阻值和以往测量的结果相比较，如有较大的差别，应及时查找原因进行处理。

800. 发电机自动灭磁装置有什么作用？

自动灭磁装置是在发电机主开关和励磁开关掉闸后，用来消灭发电机磁场和励磁机磁场的自动装置，为的是在发电机切开之后尽快地去掉发电机电压，以便在下列几种情况下不导致危险的后果：

（1）发电机内部故障时，只有去掉电压才能使故障电流停止；

（2）发电机甩负荷时，只有自动灭磁起作用才不致使发电机电压大幅度升高；

（3）转子两点接地故障引起掉闸时，只有尽快灭磁才能消除发电机的振动。

801. 励磁回路中的灭磁电阻起何作用？

励磁回路中的灭磁电阻 R_{m} 主要有两个作用，其一是防止转子绕组间的过电压，使其不超过允许值，其次是将磁场能量变为热能，加速灭磁过程。

转子绕组的过电压是因电流突然断开，磁场发生突变引起的。当用整流器励磁的同步电机出现故障，在过渡过程中励磁电流变负时，由于整流器不能使励磁电流反向流动，励磁回路象开路一样，从而导致绕组两端产生过电压。该过电压的测值，据测量得知，可达转子额定电压值的 10 倍以上。

802. 励磁机的碳刷冒火可能有哪些原因？

（1）电磁方面

主要是换向不良引起火花。

（2）机械方面

① 整流子(换向器)不是整圆；

② 整流片间云母凸出；

③ 碳刷接触面磨得不光滑，接触不良；

④ 碳刷上弹簧压力不均匀或压力过大；

⑤ 碳刷在刷握里跳动或卡住；

⑥ 整流子表面不清洁；

⑦ 各换向极的气隙调整的不相等。

造成碳刷冒火，可能是某一个原因造成，也可能是好几个原因共同造成，因此必须查明原因，采取相应的措施。有些因素必须在检修时解决，也有的因素可在运行中解决，如调整弹簧压力，更换碳刷，经常用白布擦拭整流子的表面等。

（3）化学方面

整流子表面有一层氧化亚铜薄膜是有利于换向的，由于某些有害气体，如四氯化碳、丙酮、硫磺等的化学作用使薄膜破坏，也会引起碳刷冒火。

803. 运行中励磁机整流子发黑是什么原因？如何处理？

整流子发黑容易引起换向困难，还会造成其他事故，因此必须及时查明原因。整流子发黑的原因很多，下面介绍几个造成发黑的因素。

（1）碳刷电流密度过高。因碳刷的压力不均，个别碳刷或某一碳刷的电流密度过大，造成过热，使碳刷接触面上的胶合剂被高温溶解，微粒分离，附粘在整流子表面上使整流子发黑。

遇到此种情况，可适当调整碳刷的压力，或更换能够耐受高温的难于熔化的碳刷。

（2）整流子灼伤。由于碳刷冒火严重，整流子被火花灼伤，也会使整流子发黑，而且当整流子灼伤后，由于其表面粗糙不平，有麻点，经碳刷接触面的磨擦，更会使整流子发黑。这时需找出冒火的原因，并换上合适的碳刷。

（3）云母夹片凸出。云母夹片凸出会使碳刷跳离整流子，增加接触电阻而发热，并破坏碳刷间电流密度的均匀分配。由于局部电流密度增加，又会促使局部过热而造成碳刷接触面分离出微粒，造成整流子发黑。这种情况需利用检修机会锯刮云母夹片。

（4）脏污。空气中的灰尘、油烟等脏东西都可能导致整流子发黑，因为它们落入接触面后会使碳刷与整流子隔离开，从而造成局部电流密度过高，或引起火花而使整流子发黑，故经常用白布擦拭整流子表面，保持环境清洁，也是非常重要的。

804. 为什么励磁机整流子表面脏污时不允许用金刚砂纸或粗玻璃砂纸进行研磨？

对整流子接触面的研究结果表明，要获得满意的换向，必须使整流子表面与碳刷之间形成一层薄膜，由于这层薄膜电阻较大，使得换向能接近于直线换向。

这层薄膜是由以下4层构成的：

（1）整流子铜表面上的氧化亚铜。在旋转的整流子表面上，由于碳刷的摩擦，表面温度上升，形成一层磨光的棕褐色氧化亚铜。它不断被磨损，又不断产生。它的存在使整流子和碳刷之间形成一定的电阻，因而使换向接近于直线换向。另外，它还可使碳刷和铜片表面的损蚀减少。

（2）氧化亚铜上的石墨薄膜。这是从碳刷上磨下来的碳粉，起减小面间摩擦的作用。

（3）石墨薄膜上吸附着的氧气和潮气，起着润滑作用。

（4）碳刷和整流子表面间的所有剩余空间充满着的尘埃微粒和空气。这些微粒对于摩擦面来说相当于起了滚珠轴承上滚珠的作用，使面间的相对滑动摩擦减小，而且当空气电离时，还可以成为导电途径。

根据上述情况，如果氧化亚铜层遭到破坏，就会使换向发生困难，导致冒火，因此不允许用金刚砂纸或粗玻璃砂纸进行研磨，就是怕破坏氧化亚铜层，影响换向。

现在许多电厂都采用整流子表面涂铬的方法，既解决了冒火的问题，又大大减少了整流子的磨损。

第六节　发电机保护系统

805. 发电机应装设哪些保护？它们的作用是什么？

对于发电机可能发生的故障和不正常工作状态，应根据发电机的容量有选择的装设以下保护。

（1）纵联差动保护：为定子绕组及其引出线的相间短路保护。

（2）横联差动保护：为定子绕组一相匝间短路保护。只有当一相定子绕组有两个及以上并联分支而构成两个或三个中性点引出端时，才装设此保护。

（3）单相接地保护：为发电机定子绕组的单相接地保护。

（4）励磁回路接地保护：为励磁回路的接地故障保护，分为一点接地保护和两点接地保护。水轮发电机都装设一点接地保护，动作于信号，而不装设两点接地保护。中小型汽轮发电机，当检查出励磁回路一点接地后再投入两点接地保护，大型汽轮发电机应装设一点接地保护。

（5）低励失磁保护：为防止大型发电机低励（励磁电流低于静稳极限所对应的励磁电流）或失去励磁（励磁电流为零）后，从系统吸收大量无功功率而对系统产生不利影响，100MW及以上的发电机都应装设这种保护。

（6）过负荷保护：发电机长时间超过额定电流运行时动作于信号。中小型发电机只装设定子过负荷保护，大型发电机应分别装设定子过负荷和励磁绕组过负荷保护。

（7）定子绕组过电流保护：当发电机纵差保护范围外发生短路，而短路元件的保护或断路器拒绝动作时，为了可靠切除故障，应装设反应外部短路的过电流保护。这种保护兼作纵差保护的后备保护。

（8）定子绕组过电压保护：中小型汽轮发电机通常不装设过电压保护。水轮发电机和大型汽轮发电机都装设过电压保护，以切除突然甩去全部负荷后引起定子绕组过电压。

（9）负序电流保护：电力系统发生不对称短路或者三相负荷不对称时，发电机定子绕组中就有负序电流。该负序电流产生反向旋转磁场，相对于转子为两倍同步转速，因此在转子中出现100Hz的倍频电流，它会使转子端部、护环内表面等电流密度很大的部位过热，造成转子的局部灼伤，因此应装设负序电流保护。中小型发电机多装设负序定时限电流保护；大型发电机多装设负序反时限电流保护，其动作时限完全由发电机转子承受负序发热的能力决定，不考虑与系统时限配合。

（10）失步保护：大型发电机应装设反应系统振荡过程的失步保护。中小型发电机都不装设失步保护，当系统发生振荡时，由运行人员判断，根据情况用人工增加励磁电流、增加或减少原动机出力、局部解列等方法来处理。

（11）逆功率保护：当汽机主汽门误关闭，或机炉保护动作关闭主汽门而发电机出口断路器未跳闸时，发电机失去原动力变成电动机运行，从电力系统吸收有功功率。这种工况对发电机并无危险，但由于鼓风损失，汽轮机尾部叶片有可能过热而造成汽轮机事故，故大型发电机要装设用逆功率继电器构成的逆功率保护，用于保护汽轮机。

806. 按电桥原理构成的发电机励磁回路两点接地保护结构存在什么缺点?

（1）若第二点接地距第一接地点较近，两点接地保护不会动作，即有死区。

（2）若第一接地点发生在转子滑环附近，则不论第二点接地在何处，保护都不会动作(因无法投保护)。

（3）对于具有直流励磁机的发电机，若第一接地点发生在励磁机励磁回路时，保护也不能使用。因为当调节磁场变阻器时，会破坏电桥平衡，使保护误动作。

807. 发电机低压过电流保护中的低压元件的作用是什么?

发电机过电流保护整定动作电流时，要考虑电动机自起动的影响，将使过电流元件的整定值提高，降低了灵敏性，为了提高过电流元件的灵敏性，采用低电压元件，应躲开电动机的自起动方式下的最低电压。

低压元件作用是更易区别外部故障时的故障电流和正常过负荷电流；正常过负荷时，保护装置不会动作。

808. 发电机为什么要装设定子绕组单相接地保护?

发电机是电力系统中最重要的设备之一，其外壳都进行安全接地。发电机定子绕组与铁芯间的绝缘破坏，就形成了定子单相接地故障，这是一种最常见的发电机故障。发生定子单相接地后，接地电流经故障点、三相对地电容、三相定子绕组而构成通路。当接地电流较大时，能在故障点引起电弧，将使定子绕组的绝缘和定子铁芯烧坏，也容易发展成危害更大的定子绕组相间或匝间短路，因此，应装设定子绕组单相接地保护。

发电机单相接地电流允许值，见表 8-5。当发电机单相接地电流不超过允许值时，单相接地保护可带时限动作与信号。

表 8-5　发电机单相接地电流允许值

发电机额定电压/kV	发电机额定容量/MW	接地电流允许值/A
6.3	≤50	4
10.5	50~100	3
13.8~15.75	125~200	2*
18~20	300	1

注：* 对于氢冷发电机接地电流允许值为 2.5A。

809. 利用基波零序电压的发电机定子单相接地保护的特点及不足是什么？

特点：①简单、可靠；②设有三次谐波滤过器以降低不平衡电压；③由于与发电机有电联系的元件少，接地电流不大，适用于发电机-变压器组。

不足：不能作为 100% 定子接地保护，有死区，但一般小于 15%。

810. 为什么在水轮发电机上要装设过电压保护？其动作电压如何整定？

由于水轮发电机的调速系统惯性较大，动作缓慢，因此在突然甩去负荷时，转速将超过额定值，这时机端电压有可能高达额定值的 1.8~2 倍。为了防止水轮发电机定子绕组绝缘遭受破坏，在水轮发电机上要装设过电压保护。

根据发电机的绝缘状况，水轮发电机过电压保护的动作电压应取 1.5 倍额定电压，经 0.5s 动作于出口断路器跳闸并灭磁。对采用可控硅励磁的水轮发电机，动作电压应取 1.3 倍额定电压，经 0.3s 跳闸。

811. 发电机-变压器组运行中，造成过励磁的原因有哪些？

变压器的电压是由铁芯上的绕组通过电流后产生的。其关系为：$U = 4.44fNBS$。其中绕组匝数 N 和铁芯截面积 S 都是常数，工作磁密 $B = U/(4.44fNS)$ 即 $B = U/(K \cdot f)$，因此可以看出当电压升高或频率降低时都会引起变压器过励磁。

另一方面大型变压器的工作磁密 $B_1 = 1.7~1.8T/m^2$，饱和磁密 $B_2 = 1.9~2.0T/m^2$，非常接近。而对于发电机来说，它的允许过励磁倍数还有低于升压变压器的允许励磁倍数。所以都容易饱和，对发电机和变压器都不利。

造成过励磁的原因有以下几个方面：

（1）发电机-变压器组与系统并列前，由于误操作，误加大励磁电流引起。

（2）发电机启动中，转子在低速预热时，误将电压升至额定值，则因发电机、变压器低频运行而造成过励磁。

（3）发电机解列时，解列减速，若励磁开关拒动，使发电机低频引起过励磁。

（4）发电机-变压器组出口断路器跳开后，若自动励磁调节器退出或失灵，则电压和频率均会升高，但因频率升高慢而引起过励磁。即使正常甩负荷，由于电压上升快，频率上升慢(惯性不一样)，也可能使变压器过励磁。

（5）系统正常运行时频率降低也会引起。

812. 大型汽轮发电机保护为什么要配置逆功率保护？

在汽轮发电机机组上，当机炉动作关闭主汽门或由于调整控制回路故障而误关汽机主汽门，或机炉保护动作关闭主汽门而发电机出口断路器未跳闸时，发电机失去原动力变成电动机运行，从电力系统吸收有功功率，此时逆功率对发电机本身无害，这种工况对发电机并无危险，但由于残留在汽轮机尾部的蒸汽与叶片摩擦，汽轮机尾部叶片有可能过热而造成汽轮机事故，所以逆功率运行不能超过3min，故大型汽轮发电机要装设配置逆功率保护，用于保护汽轮机。

参 考 文 献

[1] 杜松怀．接地技术[M]．北京：中国农业出版社，1995．

[2] 李景禄．实用电力接地技术[M]．北京：中国电力出版社，2002．

[3] 解广润．电力系统接地技术[M]．北京：水利水电出版社，1991．

[4] 杨有启．用电安全技术[M]．北京：化学工业出版社，1996．

[5] 王庆斌．电磁干扰与电磁兼容技术[M]．北京：机械工业出版社，2002．

[6] 陈晓平．安全技术[M]．北京：机械工业出版社，2004．

[7] 顾希如．电磁兼容原理、规范和测试[M]．北京：国防工业出版社，1988．

[8] 袁连声．安全用电技术[M]．北京：电子工业出版社，1990．

[9] 蒋昌绥．工业企业电网接地问题[M]．北京：水利电力出版社，1994．

[10] 王浩，李高合．电气设备试验技术问答[M]．北京：中国电力出版社，2001．

[11] 张庆河，李盈康．电气与静电安全：第2版[M]．北京：中国石化出版社，2015．

中国石化出版社电气类图书目录

书名	定价/元
油库防爆电气设备	19.00
油库电气设备	48.00
石油化工安全技术与管理丛书	
电气与静电安全(第二版)	66.00
石油化工安全问答丛书	
电气安全技术问答(第二版)	58.00
炼油工业技术知识丛书	
电气设备	25.00
石油化工安装工程技能操作人员技术问答丛书	
电气安装工	40.00
中国石化员工培训教材	
炼化电气设计实用指南	48.00
职业技能鉴定石油石化行业题库试题选编	
电气值班员	65.00
高职高专系列教材	
油库电工技术应用与电气安全	48.00
高等院校"十一五"规划教材	
油库电气设备及防爆	28.00
普通高等教育"十三五"规划教材——化工安全系列	
电气安全	38.00